重介质旋流器
分选效果磁调控技术

樊盼盼 著

北 京
冶 金 工 业 出 版 社
2025

内 容 提 要

本书针对重介质旋流器分选密度难以在线调控的技术性难题，以单段旋流器模拟三产品重介质旋流器二段，以粗煤泥为分选对象，从永磁磁系的构建、电磁磁系的构建、多级磁系的构建及磁场导磁强化、旋转磁系设计等磁场特性方面，以重介质分配规律、粗煤泥分选效果、磁场有限元模拟等作为评价指标，揭示了重介质旋流器分选效果调控与磁场特性之间的内在关系，提出了重介质旋流器分选效果磁调控策略。

本书可供选煤行业的工程技术人员、研究人员等阅读，也可供相关专业高等院校师生等参考。

图书在版编目（CIP）数据

重介质旋流器分选效果磁调控技术／樊盼盼著.
北京：冶金工业出版社，2025. 6. -- ISBN 978-7-5240-0224-6

Ⅰ. TD94

中国国家版本馆 CIP 数据核字第 20251FT614 号

重介质旋流器分选效果磁调控技术

出版发行	冶金工业出版社	电　　话	(010)64027926
地　　址	北京市东城区嵩祝院北巷 39 号	邮　　编	100009
网　　址	www.mip1953.com	电子信箱	service@ mip1953.com

责任编辑　王梦梦　美术编辑　吕欣童　版式设计　郑小利
责任校对　梁江凤　责任印制　范天娇
北京印刷集团有限责任公司印刷
2025 年 6 月第 1 版，2025 年 6 月第 1 次印刷
710mm×1000mm　1/16；11.5 印张；223 千字；174 页
定价 80.00 元

投稿电话　(010)64027932　投稿信箱　tougao@cnmip.com.cn
营销中心电话　(010)64044283
冶金工业出版社天猫旗舰店　yjgycbs.tmall.com
（本书如有印装质量问题，本社营销中心负责退换）

前　　言

　　煤炭是我国的基础能源和重要原料，受限于环保压力，煤炭洁净利用是必然趋势，煤炭洗选加工作为实现煤炭清洁利用的有效途径，已成为煤炭生产和高效利用过程中不可或缺的重要组成部分。作为煤炭洗选加工的主要设备，三产品重介质旋流器得到广泛应用。然而，传统重介质旋流器在分选过程中存在二段分选密度难以在线调控的缺陷，显著制约了选煤厂分选效率的提升和生产的灵活性。因此，三产品重介质旋流器二段分选密度的在线调整是各选煤厂亟待解决的技术性难题。

　　本书系统总结了作者及所在团队近年来在重介质旋流器分选效果磁调控领域的研究成果。为了解决三产品重介质旋流器二段分选密度的在线调整的技术性难题，本书创新性地引入磁场作为调控手段，重点探索了不同磁场特性条件下-3 mm粗煤泥重介质旋流器的分选效果。本书主要内容包括重介质旋流器的工作原理与现状、磁场调控原理及试验设计、试验结果与分析等；还通过详细探讨重介质旋流器在煤炭选矿中的应用现状及其存在的技术缺陷，系统阐述如何通过设置磁场特性调整分选密度；最后，通过磁调控试验对粗煤泥分选效果进行评价与讨论。本书不仅适用于选煤行业的工程技术人员、研究人员等，还可供相关专业的高等院校师生等参考。

　　本书撰写过程中，得到了很多师长与前辈的大力支持，在此向所有给予支持和帮助的人表达诚挚的感谢！特别感谢我的导师樊民强教授在研究工作期间及成书过程中的悉心指导，感谢王拴连、彭海涛、孔令帅、冯聪、陈忠钰、戚凯华等师兄弟的大力帮助与支持！还要特别感谢国家自然科学基金及太原理工大学学科建设经费对本书相关研究工作的资助，感谢太原理工大学化学与化工学院和矿业工程学院提供的优越的科研平台，使得本书相关研究工作顺利开展。同时，本书撰写过程中，参考了一些相关领域的文献资料，在此向文献资料的作者表示感谢。

　　由于作者水平所限，书中不妥之处，敬请读者批评指正。

樊盼盼

2024 年 12 月

目　　录

1 绪 论

煤炭是我国的基础能源和重要原料，即使在煤炭行业整体低迷的现状下，当前及今后一段时期内仍是我国的主要能源。受限于环保压力，煤炭洁净利用是必然趋势，煤炭洗选加工作为实现煤炭清洁利用的有效途径[1]，已成为煤炭生产和高效利用过程中不可或缺的重要组成部分[2]。作为煤炭洗选加工的主要设备，三产品重介质旋流器得到广泛应用[3]，其优点，比如体积小、处理量大、无运动部件、分选效率高等显而易见；其缺点也不容忽视，二段分选时，重介质密度检测和调整比较困难，实际应用中很难实现以单一密度悬浮液既保证精煤质量，又兼顾中煤与矸石分选，因此在生产中经常顾此失彼。

重介质旋流器二段分选密度传统调节方法是改变二段溢流管插入深度或更换底流口[4]。改变溢流管插入深度，理论上可实现分选密度的在线调控，由于选煤厂工作条件的特殊性，调节手轮常因年久失修而形同虚设，现场实际应用中很难对其进行调整；更换底流口时需停产停车，容易带来物料堆积和管路堵塞等，并且当煤质在短时间内连续变化时，泵的频繁启停不仅影响其工作寿命，操作上也不现实。因此，三产品重介质旋流器二段分选密度的在线调整是各选煤厂亟待解决的技术性难题。

随着磁场技术的发展，将磁场应用于重介质旋流器也崭露头角，并且逐渐成为新兴研究热点。立足于三产品重介质旋流器分选密度难以在线调整的技术性难题，本书将磁场引入重介质旋流器，通过构建与旋流器同轴的螺线管电磁场和其他形式磁场，以不同磁场特性下重介质旋流器产品灰分为宏观指标，以浮沉试验结果为评定指标，辅以磁场模拟手段，综合考虑磁场特性条件和旋流器操作条件，研究磁性颗粒在旋流器中的运移、富集规律，揭示分选密度与磁场特性的对应关系，确定在给定入料悬浮液密度前提下提高或降低分选密度的技术关键，建立磁场双向调控重介质旋流器分选密度的方法体系，为工业装置的开发奠定理论基础，最终解决选煤工业中三产品重介质旋流器二段分选密度难以在线调控的技术难题，对提高重介质旋流器的选煤效率和自动化水平具有重要意义。

1.1 重介质旋流器分选密度调节方法研究进展

早在 1965 年，苏联固体可燃矿物精选研究所和乌克兰选煤科学研究所就着手研制三产品重介质旋流器，并于1974年应用于选煤工业生产。他们巧妙地利用了非均质分选介质的浓缩现象，实现了以单一低密度悬浮液分选介质系统一次分选出精煤、中煤和矸石三种产品的目的。但若要调节其第二段分选密度，则须停产更换底流口，且不能无级调节，难以保证中煤产品质量稳定，故一直未得到大规模推广。

最早能控制二段密度的旋流器是1977年意大利特拉伊-费洛研制的三产品重介质旋流器——Tri-Flo分选机[5]。如图1-1所示，由于有两个介质入口，因此一段和二段的密度可分别调控，大大简化了选煤工艺流程，同时还能减少建厂投资及生产费用，这种旋流器多用于金属矿选矿。

针对旋流器分选密度的调节方法，国内外学者从重介质旋流器的结构参数和工艺参数等进行了一系列的改进工作，并取得了一定成果。两段旋流器的各个结构由于工艺条件的给定已成固定值，除溢流管插入深度可调外，因此无其他改进的地方，赵树彦等人[6-7]通过调整重介质旋流器

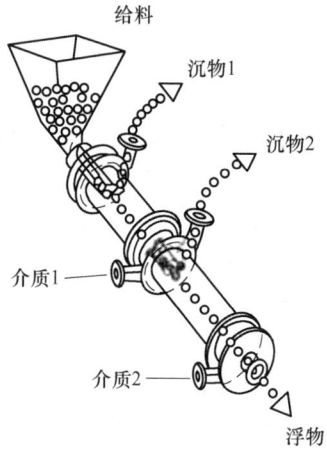

图 1-1　Tri-Flo 分选机

二段溢流管插入深度改变分选密度并申报了专利，该技术被旋流器制造厂家广泛使用，并取得了一定的实际效果；在随后的工业实际应用中，又根据实际生产需要，作了进一步的研究开发与结构完善。

但在实际应用过程中，选煤厂工作条件的恶劣性，润滑工作不能及时到位，生产一段时间后调节轮便如同摆设，从而导致二段溢流管插入深度不能顺利调节，不能实现在线调节的目的，尤其在煤质短时间内连续变化时已不能进行有效调整[8]，因此更换合适底流口也成为另一种调整途径。对底流口进行更换，虽在一定程度上可对旋流器工况进行调整，但也暴露了一定的弊端。首先，底流口的更换需要停产停车，各种选煤设备的频繁启停不仅对使用寿命带来一定的影响，还有可能造成物料在管路的沉积、堵塞；其次，底流口与溢流管口径的配比（锥比），有一定的限制关系，不能随意调整，底流口过大精煤损失增大，底流口过小又容易造成矸石口的堵塞，底流口过大或者过小都会带来工况的不稳定。

受一段旋流器切向出料的启发，赵树彦研制出一种新型结构重介质旋流器，如图1-2所示。将二段旋流器底流口由轴向出料改为切向出料，通过液压或气压装置调节反压，改变底流排放量。切向底流出口的形状既可为非圆形，又无中心空气柱，此方法无须停产，在不影响一段分选密度的前提下，可以做到无级调节二段分选密度。该结构具有简单可靠、操作方便灵活、分选技术先进和投资省、

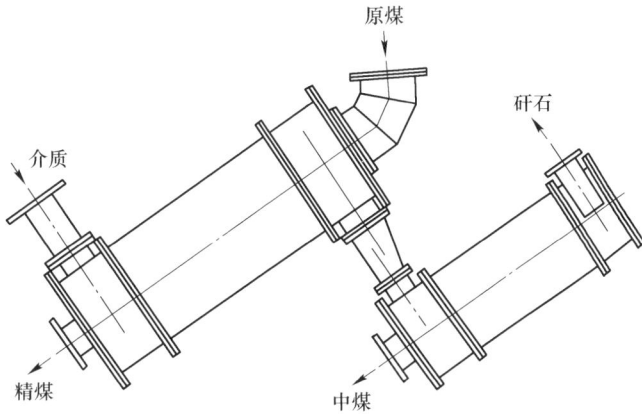

图 1-2 新型三产品重介质旋流器

电耗低等许多优点，在第一台工业型样机投产后的 8 年时间里，已有 31 座选煤厂在新建或改建中采用，其中 16 座选煤厂已投入生产，并正在受到越来越多的选煤同行的关注[9]。虽然在一定程度上该结构重介质旋流器获得了一定成果，但同时又暴露出一些缺点与不足，由于二段出料口基本为高密度高灰分矸石，物料浓度较高，排出物流动特性差，容易带来反压口的堵塞。

底流口过流断面的改变直接影响旋流器分选工况，影响效果也最明显。对于底流口结构上的改进，国内外学者也实施了相关的尝试工作，并且提出利用弹性材料制作分级旋流器底流口，利用液压或气压装置对其提供一定的压力，这样，底流口口径的大小便随着压力的改变而无级改变，进而实现旋流器的不同分离粒度。国内学者赵静等人[10]在弹性底流口外安装抱箍结构，通过抱箍的挤压对底流口进行连续调整，调节方便快捷，并且调整可靠性高。有学者设计出一种类似于输液管路的滚轮挤压软管的无级变口径装置，将软管连接到底流口处，上下调节滚轮位置，滚轮的位置不同，则软管的过流断面面积便不同，同样实现了无级调节口径的目的，从而可实现快速、方便的无级变径。

由于重介质选煤入料粒度范围宽，底流口的减小易造成底流口堵塞，弹性材料变形量大、在低温和高速冲击等工作条件容易变形与磨损，因此，此种弹性底流口并未在重介质选煤设备上得到广泛应用。胡娟等人[11]根据现场生产工作经验，针对二段旋流器压力的调控提出一种新的设想，将三产品重介质旋流器一、二段之间的连接直管改为楔形直管，一段旋流器出口截面积大，二段旋流器入口截面积小，造成二段压力提高，进而提高分选效果。一段出口与二段入口截面积相差越大，二段入料压力越高，这样二段的入料速度就越大。由此，可以利用加压装置对一、二段之间的连接管进行无级调节，以此来调节和控制二段的入料压力。这种方法只是一个设想，实施起来有一定的难度，一方面，连接管的楔形度没有参照可循，面临与底流口调节时同样的问题，对于调整机构的灵敏度必须有较高水平的要求；另一方面无论怎样调节都受一段旋流器入料压力的限制，二段入料压力总比一段的入料压力低，因此调范围比较不大。

张力强[12]通过旋流器内部能耗的组成、分布和影响因素等进行系统的总结及理论研究，得出了相对较完整的能量耗损理论体系。针对旋流器的入料方式对内部流场、能耗、分选精度影响巨大，设计了蜗壳渐变型入料结构两产品重介质旋流器。借助于 Fluent 对旋流器内流场进行分析，发现蜗壳型入料结构的旋流器较常规入料型旋流器的切向速度高，且内部速度对称性较好，旋流器内流场的偏心问题也得到了很好的改善，内部流场稳定、能耗低，分选精度高。主选区域内蜗壳型旋流器沿轴向的切向速度以及轴向速度较常规曲线大，为原煤的有效分选提供了充足的动力，保证了分选精度的同时起到了增加处理量的作用。

B. Wang[13]、K. W. Chu[14]、J. Chen[15]等人通过数值模拟研究了颗粒粒径、颗粒密度、重介质密度对重介质旋流器内流动的影响，模拟结果表明：颗粒在重介质旋流器运动的主导力为阻力和压力梯度力，二者分别与颗粒直径的平方成正比，与颗粒直径的立方成正比。随着磁铁矿粒度的增大，磁铁矿颗粒的偏析严重，导致磁铁矿的密度差和偏移量增大；随着颗粒密度的增加，操作压力、介质分流和差值均减小，即改变颗粒的直径可以对旋流器的分选密度产生影响。Michael O'Brien[16]指出，在重介质旋流器中，底流密度随压力的增大而增大，溢流密度随压力的增大而减小，分离密度随进料介质密度的增大而增大，总结了在进料介质中需要一些非磁性物质来提高在较低的进料介质密度下旋流器的稳定性。

王瑞等人[17]以重介质旋流器内部流体和颗粒的速度分布以及重力场中固液两相流中刚性颗粒受力分析为理论基础，对重介质旋流器分选下限进行了研究，得出结论：悬浮液黏度减小为原来的 $1/n$，旋流器的分选下限将减小为原来的 $1/\sqrt{n}$。杜焕铜等人[18]指出，重介质悬浮液的密度是根据产品灰分要求来确定的。当入料压力和旋流器结构参数都稳定的状态下，增大悬浮液密度，旋流器的底流密度和溢流密度都变大，即分选密度升高。悬浮液的密度会在一定范围内波动，正常情况下不会影响分选效果，但密度波动过大时，将会对分选效果产生很大的影响。

曹辉等人[19-20]以三产品重介质旋流器为基础，开发出一套新型重介质旋流器装备，如图 1-3 所示。通过增加旋流器的筒体长度，使物料有足够的时间被分选开，同时分选密度也会相应提高，实际分选效果也会更好。

考虑到压力的影响，卫中宽[21]提出了一种新的设计改进方法，提出了二段双供介三产品重介质旋流器概念，并研究了其相关的配套设备与工艺。该系统结构为：一段旋流器的底流产品作为第一个给介口来料；另一个给介口则可以单独

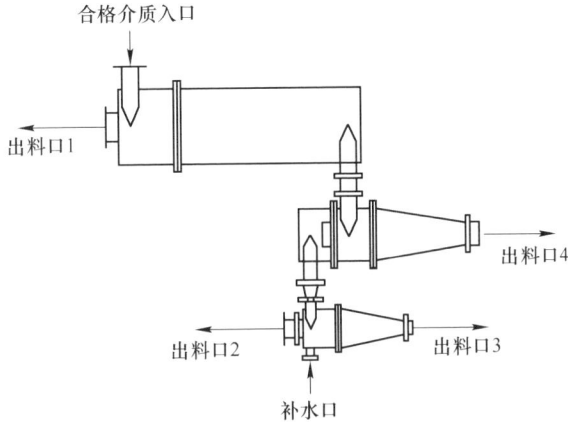

图 1-3 新型重介质旋流器[20]

配备一股纯磁铁矿粉介质流，这样就可以精确调节二段旋流器的分选密度。这种新型的双供介三产品重介质旋流器（见图 1-4），最大的优点就是利用成熟的泵调节方法来实现旋流器分选效果的在线精确调节，与改变溢流管插入深度或者更换底流口等方法相比更简单，更易于自动控制。

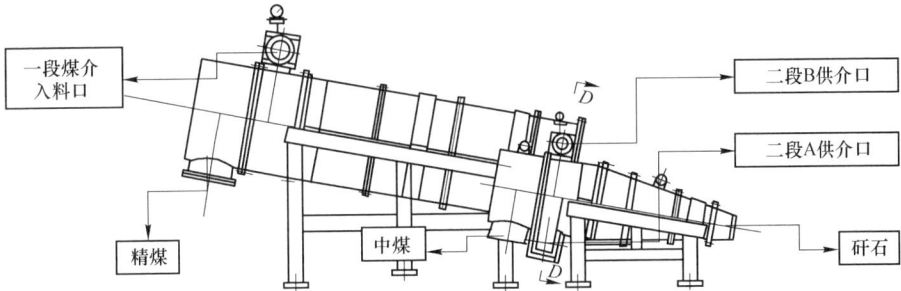

图 1-4 双供介系统示意图

然而，这种设计思路固然新颖，但实际操作起来可能会有一定的难度。首先，新介质的密度、用量与二段旋流器入料密度息息相关，而涉及二段密度，其在线连续测定和控制要求灵敏度高，实施起来较难；另外，另一股介质密度的大小和煤泥含量高低等都会对分选效果产生影响，需要一套相对精确的数学模型，用于计算给介量、给介时间、给介浓度等一系列指标。鉴于以上实施的困难性，此种方法目前仍处于理论阶段，并没有在各选煤厂得到实际应用。

1.2 磁力旋流器的研究与发展现状

磁力旋流器与普通旋流器的区别在于，磁力旋流器是在普通旋流器离心力场中增加了磁场力，磁力的方向主要有三种：（1）磁力与离心力一致，主要用于含磁性颗粒矿浆脱泥、脱水作业；（2）磁力指向旋流器中心，能使粒度合格的单体磁性颗粒进入溢流区，主要用于解决磨矿分级过程中水力旋流器的反富集问题；（3）磁感线方向与离心力垂直的，主要用于重介质选别作业。按磁力旋流器的作业范围，下面介绍磁力旋流器的分类。

1.2.1　磁力旋流器在选矿领域的研究现状及进展

1.2.1.1　永磁磁力旋流器

选矿用永磁磁力旋流器应用较早也较广泛，其分选矿物主要有海滨沙、磁铁矿、钛磁铁矿等。现常用选矿磁力旋流器见诸报道的主要有以下几种，其主要区别在于永磁磁系放置的位置不同。

A　磁系位于入料口段

此类磁力旋流器主要用于磨矿后的细粒级磁铁矿处理工艺[22]。其特点在于将磁铁沿入料口边壁一侧放置，目的在于使磁性重颗粒在进入旋流器之前即被磁铁产生的磁场力吸引到边壁，进入旋流器腔体后即紧贴旋流器内壁旋转向下移动。利用此方法的磁力旋流器经试验证明，预先对磁性颗粒进行分层排布的方法避免了颗粒与颗粒之间、颗粒与液相之间的相互干扰作用，提高了流场的稳定性。同时，在对磁铁矿进行选别的试验中发现，磁铁放置的最佳位置是旋流器的入口位置而不是意想中的沿入料口成排放置。此种磁力旋流器使磁铁矿回收率提高了 13%，并且不改变产品的含水量。

B　磁系位于旋流器内部

此类磁力旋流器是选矿工作者尤罗夫等人[23]为了解决传统水力旋流器处理天然磁铁矿和焙烧磁铁矿脱水脱泥时带来的磁性夹杂的问题，使用磁系为永磁铁，分别放置在给矿管入口处（外磁系）和溢流管口入口处（内磁系）。外磁系的作用是对进入旋流器内的磁性矿粒预先磁化，使之进入腔体前产生磁化作用，由于剩磁的存在而相互吸引形成磁团聚体，从而在进入旋流器后粒度增大导致离心力增大而抛向外壁，在重力的牵引作用下从沉沙嘴排出。内磁系的作用则是对要进入溢流中的一些细粒级磁性颗粒进行磁力吸引，同样使之在磁场的磁化作用下形成絮团，当絮团在磁极表面达到一定质量时，由于重力的作用沉降[35]，从底流口排出成为精矿。在国外的某选矿厂应用此种磁力旋流器处理焙烧磁铁矿一段磁选前的矿浆，与原磁力脱水槽相比，可预先脱除占给矿总量将近30%的细粒级单体脉石矿物，精矿品位也提高了 2.0%～2.5%。

C　磁系位于旋流器锥段

W. A. P. J. Premaratne 等人[24]对传统磁力旋流器锥部进行了改造，在旋流器锥段外部安装了一台永磁场耦合器，耦合器内部是由极性交替的永磁铁构成。磁铁矿团聚颗粒在交变永磁场作用下不断翻滚，磁团聚体不断团聚与分散，增强了金属矿的进一步淘洗作用，将其中混杂的单体脉石矿物及中、贫连生体不断排出。在从海滨沙中回收金属钛的试验中，回收率提高了 5%，细粒级金属品位也提升了很多。

1.2.1.2 电磁磁力旋流器

电磁磁力水力旋流器的设计按有用矿物的排料方式主要分为两种类型。第一种类型溢流型磁力旋流器，将磁性颗粒吸引到旋流器的中心部位，由溢流管排出。其设计目的主要是解决细粒铁矿选别过程中的磁力反分级问题。第二种类型是底流型磁力旋流器，在旋流器的周边配置了几组电磁铁，将磁性颗粒吸引到旋流器的边壁，沿旋流器外螺旋线向下运动，最后由底流口排出。

A 溢流型磁力旋流器

溢流型磁力旋流器是 A. G. Fricker[25] 在对磁铁矿进行分选时，针对磁铁矿等矿物的磁性特点，将磁场力与离心力复合叠加设计出来的。其目的是把钛磁铁矿从铁砂中回收，强化磁性物的回收。此种磁力旋流器的结构特点是将圆周式马鞍形电磁铁嵌插在旋流器柱段腔体，中空的电极棒顶端相连，内电极与外电极呈同心圆，线圈则位于两磁极之间，因为外磁极的面积比内磁极的大，磁场梯度沿径向向内递增，因此磁性颗粒在径向向内的磁场力作用下从溢流排出，非磁性重颗粒从底流排出。通过选别人工配置的铁砂矿试样表明，磁场力沿径向向外递减的磁系放置结构能够有效地分选磁性矿粒和石英。

上述溢流型磁力旋流器是依靠经验研制成的，尚存在许多结构与理论上的不足之处，通过改进仍有可能改善选别性能。在磁铁矿的磨矿分级作业中，为了改善水力旋流器的反富集问题，李茂林、郭娜娜等人[26-27] 设计了一种新的溢流型磁力旋流器，如图 1-5 所示；其原理同样是使粒度合格的铁精矿从旋流器溢流排出，避免过磨现象的发生；结构特点为新型磁力旋流器通过添加中心导磁棒，构成闭合磁路，在柱体和锥部以上空间内形成指向中心的磁场力，粒度合格的磁性颗粒在磁场力、离心力及径向阻力等径向力的共同作用下向旋流器中心运动进入溢流；通过数学推导和磁场分析软件模拟，得到磁铁矿完全按粒度分级时溢流型磁力旋流器所需提供的径向磁场力。

在实际分级试验中，对不同操作条件和工艺条件下溢流型磁力旋流器的选别结

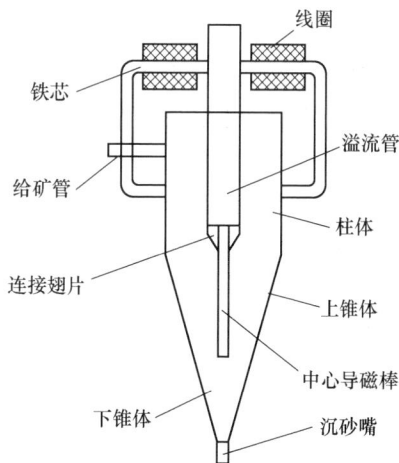

图 1-5 新型溢流型磁力旋流器

果进行了对比研究。试验结果证明，此种溢流型磁力旋流器可以较好地消除由等沉效应带来的反富集问题，能够提高分级效率。在进行的给矿矿浆浓度试验和入料压力试验中发现，当给矿矿浆浓度高于一定值后，溢流产品中的全铁品位、磁铁矿回收率以及分级效率均急剧变差，对此给出的原因是高浓度条件时磁铁矿在磁场作用下发生了磁团聚，导致了分选效果恶化。

　　B　底流型磁力旋流器

　　与溢流型磁力水力旋流器排精矿方式不同的是，由 Watson 和 Amoako-Gyamphi 设计的底流型磁力水力旋流器[28-29]。将两组相对放置的电磁铁放在旋流器周边，磁场力将磁性颗粒吸引到旋流器内壁处，在重力及离心力的作用下沿器壁向下运动，由底流口排出，非磁性颗粒则由于其密度相对较低而在上升水流的作用下从溢流排出。在对人工配置的铁砂矿进行选别的试验中，综合考虑精矿产品中磁性物和非磁性物的含量，最终得出励磁磁场强度和磁性物及非磁性物含量之间的统计关系。

　　在此基础上，英国 Boxmag-Rapid 磁力装置制造有限公司设计出多磁极底流型磁力水力旋流器（MCTU）[30]，与上述磁系结构的不同之处在于应用了多组极性交替的外磁极沿周边放置，这种结构具有比 Watson 型磁力旋流器更大的磁场梯度，产生更大的径向磁场力，加强磁性颗粒向旋流器边壁的运动从底流口排出。对人工配置的脉石矿物与磁铁矿的混合矿样进行选别，得到磁场强度与回收率之间特定的关系；当磁场强度增大到特定值后，在一定的给矿浓度下，可实现磁铁矿回收率99%的效果。Ganson 等人对这种旋流器磁极对数进行了研究，设计出多磁极：四磁极、六磁极、八磁极、十二磁极，并指出八极磁系时效果最佳。

　　Freeman 等人[31]对上述的磁力水力旋流器进行了总结，不管它们是属于溢流排出类型，还是底流排出类型，都很难在实际生产中推广应用。其原因是：（1）没有采用新型磁性材料，这些设备都要有相应的磁源提供具有一定强度的磁场，因此都采用非常复杂的电磁磁系，这无疑给设备制造带来一定的困难；（2）磁场的作用范围很小，这就限制了旋流器的尺寸，影响了旋流器的处理量；（3）旋流器分选室内磁场较弱时效果不明显，磁场较强时又容易形成磁团聚，导致非磁性物及贫连生体的夹杂。

　　C　螺线管型磁力旋流器

　　以上所述磁力旋流器，其共同特点是磁场力方向沿径向方向。南非学者 J. Svoboda 等人[32-33]采用与旋流器同轴线的简单线圈取代水平对向放置的电磁铁，这样，作用在磁性颗粒的合力角度可以通过改变线圈的励磁电流强度进行调节。在以硅铁矿为重介质分选金伯利岩的工业试验中，配置密度为 $2.3 \sim 2.6 \ g/cm^3$ 的悬浮液，通过施加磁场，调节磁场强度和线圈的合理位置，可控制重介质的密度场分布，使底、溢流的密度差在-0.1~0.8 g/cm³ 之间变化，降低了重介密度场的浓缩程度，提高了悬浮液稳定性。试验中发现，在保证了分选精度的同时降低了旋流器的分选密度。

在 J. Svoboda 的研究基础上，同课题组的 L. L. Vatta 等人[34]又相继进行了系列实验，在试验方法上进行了改进，分别采用两个同轴心薄线圈放置在旋流器锥部，通过改变磁场强度对其进行试验研究。试验结果不仅验证了 J. Svoboda 之前的研究结论，即磁场的施加可以调节重介质旋流器分选密度，另外还发现，每个特定的磁场强度都会有一个与之相对应的合适的密度差，当线圈置于某些特殊位置下可降低旋流器的精矿产率，在其所用旋流器规格和线圈规格下，当线圈在旋流器锥部中间位置时精矿产率最低。试验结果表明磁场强度不能超过一定值，否则过大的磁场强度扰乱了旋流器内重介质的流动形态，分选效率降低。

1.2.2 磁力旋流器在选煤领域的研究现状及进展

与选矿用磁选设备不同，选煤用磁力旋流器内重介质悬浮液沿径向形成不同密度的分选床层，主要按密度对煤样进行分选。磁场的施加，一方面能改变磁性重介质的运移规律，进而引起旋流器内密度层分布的变化，对分选效果产生影响；另一方面，如同选矿设备工作原理，旋流器内磁性颗粒在磁场的磁化作用下同样会发生磁团聚现象，而旋流器内磁团聚现象的发生会引起介质颗粒粒度的增大，分选效果变差，对旋流器工况带来不利影响。因此，合理利用磁场，使之既能合理改变悬浮液密度层分布，又能避免磁团聚现象的发生，是一个需要解决的技术性问题。

磁力旋流器在选煤中主要用于分选效果的调控[35-36]。借鉴 Svoboda 的设计思想，马亭亭等人[37]在直径 50 mm 的有机玻璃旋流器上，设计了两种不同厚度的线圈对磁场作用进行初步探索。通过调整线圈与旋流器的相对位置，并考察不同位置对磁场强度影响，报道了相关试验的研究成果。通过一系列重介质分配试验和粗煤泥分选试验，初步得到以下结论：在重介质旋流器筒体段设置薄线圈，当磁场强度较弱时可以提高旋流器分选密度；在旋流器锥段设置厚线圈，当磁场强度较强时可以降低旋流器的分选密度。

同样，赵龙等人[38-39]也就电磁场对分选密度的影响进行了研究，为使旋流器分选空间内的磁场更均匀，提高试验效果，其在旋流器锥部缠绕一定量线圈，通过励磁线圈产生的电磁场来代替电磁铁产生的磁场。通过对磁场模拟结果，初步确定了线圈基本参数和电流值范围。通过调节磁场强度并在磁场作用下进行带煤分选试验，并对产品进行浮沉分析，绘制了磁场作用下旋流器的分配曲线，根据分配曲线查出分选密度。试验结果表明，在磁场作用下分选密度提高了 0.03 g/cm³。通过 ANSYS 有限元分析软件，揭示了磁力旋流器的分选机理，认为：分选密度的提高是由于"分离锥面"密度的升高造成的,而"分离锥面"密度的升高则是在磁力较弱时外旋流中的磁性颗粒向分离锥面的聚积造成的,此时内旋流的溢出量提高;当电流强度继续增大时,磁场力越来越大,受磁场影响的磁铁矿粉量也越来越大,磁铁矿粉大量向内移动,一部分继续增大"分离锥面"的密度,另一部分则直接进入溢流,从溢流产品排出,宏观表现为底流悬浮液密度的降低与分选密度的上升[39]。

柴兆赟等人[40]在重介质旋流器外部施加新型的磁场发生器,并对磁场发生器结构进行优化,通过 ANSYS Maxwell 有限元模拟软件模拟磁场发生器下旋流器内部颗粒受力情况,模拟结果表明,重介质旋流器中心区域磁场很弱,磁性颗粒所受磁场力几乎为 0,从旋流器中心向旋流器边壁移动,随着径向距离的逐渐增大,旋流器磁性颗粒所受磁场力也越来越大,并在旋流器内径处达到最大值。根据模拟数据进行旋流器带介试验研究,通过调整励磁电流改变磁场强度。随着电流强度的增加,底流密度由 1.454 g/cm^3 增至 1.604 g/cm^3,溢流密度由 1.162 g/cm^3 降至 1.126 g/cm^3,理论分选密度由 1.440 g/cm^3 增至 1.566 g/cm^3,说明所施加的磁场改变了旋流器内部密度场的分布,使得旋流器分离锥面向器壁方向移动。

1.2.3　磁力旋流器在其他领域的研究现状及进展

在污水净化、纺织等作业过程中,水质中杂质种类繁多,物理性质各异,研究者设计出一种电磁磁力旋流器,其结构如图 1-6 所示。电磁旋流器结构比较复杂,在其筒段缠绕有电磁线圈用以产生磁场力,以中空的、可以导电的电极棒作为溢流管,同时产生径向电场力[41]。试验中,通过对杂质粒子的预先分析,对其分别施加磁场力、电场力或者二力共同施加,并改变二力的大小关系,同时与离心力叠加,强化了微小水滴、沙粒、油、有机物和无机的混合物颗粒回收,完成重产物与轻产物、导电性与非导电性、磁性与非磁性颗粒的分离。该装置主要应用在印染纺织行业中,对工业废弃污水的净化具有很高的效率,使废弃物达到环境承载水平,对污水净化起到了很好的作用,为去除细粒、有机物和无机物的杂质,达到水的循环利用标准提出了新思路。

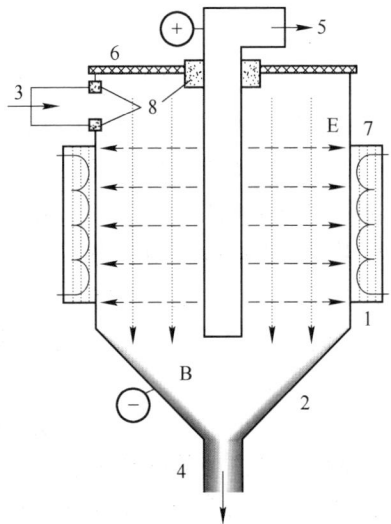

图 1-6　电磁磁力旋流器

1—柱体;2—锥体;3—进料管;4—底流口;5—溢流管;6—盖板;7—绕线管;8—绝缘管

在电火花加工过程中，加工液中夹杂的加工渣影响加工液的进一步循环使用。在当前现状下，由于其平均粒径小（15~25 μm），很难利用一种方法对其进行分离。针对此问题，有学者提出用磁力旋流器[42]来对电火花加工液中的残留加工渣进行提取分离。其工作原理为：所设计电磁结构内部嵌有一圈铁氧体用来增大磁力。工作时，在原有水力旋流器的基础上，将电磁耦合结构安装在磁力旋流器锥体下端，对电磁结构间歇通电，通电时，螺线圈在励磁电流作用下依靠铁芯能使磁场形成闭合回路，磁场力强化了铁磁性颗粒的沉降，使其吸附于旋流器锥体下部的铁氧体内壁处；断开电流后，磁性颗粒失去磁场力的吸力由底流口排出，达到脱除磁性微细粒的目的。其优点主要是结构简单，成本低廉，处理能力大，并且可在线循环使用。

刘世超[43]对上述部分磁力旋流器所用磁场进行了模拟分析，对各类磁力旋流器的磁场工作原理进行了阐释，并对旋流器内颗粒受力进行相应的模拟计算，得出各类旋流器正常工作的磁场范围，对后续工作的研究具有一定的指导意义。

1.3 其他磁-重复合分选设备的研究现状及进展

近年来，随着磁场技术的发展，各种磁力复合设备随之产生，将磁场广泛与浮选柱、旋流器、跳汰机、螺旋溜槽等选煤选矿机械设备相结合，应用于复合力场下的提铁降硅、脱泥除杂、贵金属分选等方面，并取得了良好效果。

1.3.1 磁选柱

随着钢铁工业对磁铁精矿品位要求的进一步提高，湿式弱磁选机已很难胜任对于强磁性矿物的选别工作，精矿产品中容易夹杂非磁性和弱磁性的矿物，因此有必要研发新型磁选设备以满足生产需要。鉴于此，20 世纪 90 年代，刘秉裕等人[44-45]研制出一种新的电磁式磁重选矿机。因其外形与浮选柱类似，再加上励磁装置的引入，因此被命名为磁选柱。试验中，对磁选柱的结构尺寸、磁场特性、分选原理及分选效果进行了分析。

磁选柱结构主要由四部分组成：上部为给料部分和溢流集料槽，中间部分为磁选柱分选工作腔与电磁磁系组，下部为提供冲洗水的给水管和精矿排放管，整个磁选柱的电磁磁系组由外部连接励磁电源控制。其磁系特点为：电磁磁系组由多个短直线圈间隔叠落，采用从上而下的直流间断方法对线圈依次通断电，使各位置线圈处磁场时有时无，并形成顺次下移的循环磁场。强磁性矿物在磁场力的作用下团聚，并在磁力与重力的牵引下沉降，由精矿排出管排出，成为高品位磁铁矿精矿。磁铁矿精矿在下落过程中不断地聚合与分散，使夹杂在磁团聚体中的中贫连生体矿物及单体脉石不断被上升水流淘洗出来，并向上移动，由尾矿槽溢出成为尾矿。工业试验中发现，通电周期越长，上升水流的淘洗作用越强，对精矿品位的提高越有利。相比于筒式弱磁性磁选机获得 60% 左右品位的磁铁矿精矿，磁选柱一次精选可得到品位 65% 的高品位磁铁矿精矿，提铁降硅效果十分明显。

总体上来看，磁选柱在磁铁矿精选方面是非常高效的，但任何设备都不是完美无缺的，在工业生产实践中其仍然存在进一步完善的必要性和可能性。磁选柱自从应用以来，针对现场应用过程中的问题进行了不断的改进与发展，主要包括对分选腔体和磁系的改进，由人工调整操作转向智能化自动调整操作，进一步提高了精矿产品质量，降低了用水量，提高了磁场能量利用率。

1.3.2　磁力跳汰机

跳汰分选作业广泛应用于具有不同密度和粒度的各种矿物的分选，当待分选产品各组分之间的密度和粒度差异不大时，就难以进行选择，因此可以考虑根据矿物磁性的不同，通过引入磁场力人为增大部分磁系颗粒的有效重力使之与其他组分区别开来，并配合跳汰机的风水制度，而将不同矿物区别开来，实现了磁铁矿与脉石矿物的高效分离，生产出合格的铁精矿[46-47]。该设备的推广应用，对我国选冶企业经济效益的提高具有重要意义。

1.3.3　磁力微泡浮选柱

国外学者 Mustafa Birinci 等人[48]在对磁铁矿阳离子浮选石英的试验中，研制出一种新的浮选设备——磁力微泡浮选柱，沿浮选柱轴向设置三个不同厚度的线圈，形成一个磁力向下的漏斗状磁场，来抑制磁铁矿的上浮。磁力微泡浮选柱的显著特点是：石英砂作为主要的脉石矿物在阳离子捕收剂作用下上浮，铁矿物则在抑制剂（糊精、淀粉、腐殖酸等）的作用下被沉降。

通过对石英和磁性物混合体的分选试验，在外加磁场的作用下，完成从磁铁矿中在无抑制药剂条件下选择性浮选石英，分选效率从不施加磁场时的 0 增长到 88%，分选效率在磁场的作用下明显提高。试验表明，磁场消除了在反浮选石英中对淀粉抑制剂的需求并且控制磁场能，使磁铁矿即使在高的胺浓度情况下也受到抑制。磁场作用区域和磁场分布形状对浮选效率有很大的影响，合理布置电磁线圈成为获得高性能磁力微泡浮选柱的重要条件，也为后续磁场调控旋流器磁系设计提供了新思路。

1.3.4　磁力螺旋溜槽

磁力螺旋溜槽的结构与普通溜槽相同，只是在溜槽分选面的下面贴上永磁铁。磁力螺旋溜槽的研制是为了克服现有常规螺旋溜槽针对磁性物料选别时磁性微细粒回收效率低的问题。其工作过程与常规螺旋溜槽无异，矿浆内磁性颗粒同时受到自身重力、离心力、摩擦力及磁铁提供的磁场力作用，运动状态受水流特性支配。磁性颗粒在附加磁场力的作用下发生团聚沉入分选槽面下层，在循环流的带动下不断被输送到溜槽内缘，同时循环流又不断将内缘淘洗出的低密度矿物输送到外缘，整体运动达到平衡后磁性矿物与非磁性矿物的分带过程结束。将分离器放置于出口的合适位置即可实现磁性与非磁性颗粒的分离。相比于常规螺旋溜槽，磁力螺旋溜槽对磁性物料的回收更有效，精矿产率比非磁力螺旋溜槽高7%，且其中夹杂的金属锌含量降至1.8%[49]。

除螺旋溜槽外，应用较早的还有另外两种螺旋流磁选机，分别称为螺旋沟槽磁选机和螺旋流超导磁选机。其工作原理与磁力螺旋溜槽类似。第一种螺旋沟槽磁选机是由科恩等人发明，这种磁选机采用超导磁铁，并且将超导磁铁放置在分选槽面中间，分选槽面有一定的倾斜角度。工作过程与螺旋溜槽类似，入料矿浆沿切线给入后：一方面在入料动力的作用下物料向前运动；另一方面同样产生类似于溜槽的二次循环流，将矿浆中的磁性矿粒输送到超导磁铁附近，依靠磁力的作用在内缘循序下移。由于分选槽面是倾斜的，非磁性颗粒留在外缘，故将分离器放置于分选槽面的合适位置处，即可实现矿浆流中磁性颗粒与非磁性颗粒的分离。第二种是埃萨等发明的，称为离心磁选机或螺旋流超导磁选机。这种磁选机的结构特点是以中空的柱体作为分选腔，分选腔内部插入圆柱形超导磁铁，矿浆在分选腔中螺旋流动时，在超导磁铁产生的径向磁场力作用下，矿浆流中的磁性颗粒由于磁场力的吸引移向内壁，而非磁性颗粒则在离心力的作用下偏离到外壁，将分离器放到分选腔出口合适位置处，即可将矿浆分成含有磁性颗粒的矿浆和不含磁性颗粒的矿浆。

以上三种磁力分离设备在原理上是相似的，即通过外加磁场提供的磁力引起磁性颗粒的富集浓缩，在分选槽面的特殊形状下完成磁性颗粒与非磁性颗粒的分带，实现磁性产品和非磁性产品的分离作业。

1.3.5 磁力流化床

磁力流化床与普通流化床的区别在于磁力流化床附加有外部的磁场力，磁性颗粒受力方面除受到与普通流化床相同的重力、浮力、流体拖曳力之外，还受外部磁场力及磁化颗粒之间的相互磁吸引力。磁力流化床在化工、环保、能源等领域具有重要应用，其基本结构如图1-7所示，磁力流化床表现出的流化状态的不同与所施加的磁场强度大小有关。

对于磁力流化床的分类，目前常用的分类方法有按流化介质划分的，也有按磁力线方向划分的，比如用于两相分离的液-固流化床、气-固流化床，用于三相分离的气-液-固磁场流化床以及轴向磁场流化床和横向磁场流化床等。

目前针对磁力流化床的基础研究，最早是由 Rosensweig 和 Zhu 等人[50-51]利用此装置对煤炭进行了分选；樊茂明等人[52-53]以从热电厂粉煤灰中回收的磁珠（主要为 Fe_2O_3、Fe_3O_4）为重介流化介质，将其用于干法选煤，分选时可能偏差 E_p 为 0.066，有效地消除了普通流化床中存在的分选后物料返混现象，分选精度较高。骆振福等人针对小于 6 mm 煤炭进行了横流式磁稳定流化床的研究[54-56]；在以其研制的横流式磁稳定气固流化床分选试验中，高密度分选可能偏差 E_p 为 0.085，低密度分选可能偏差为 0.075，说明所研制的

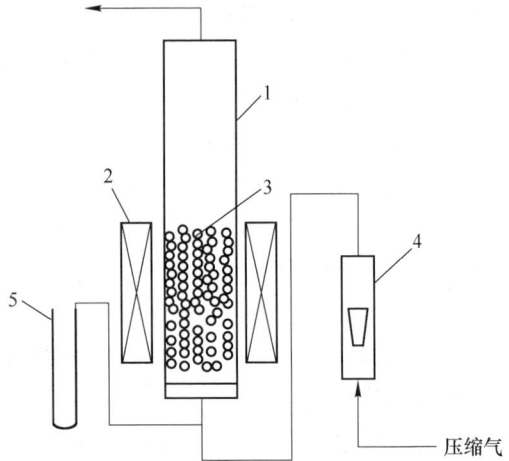

图 1-7　磁力流化床
1—流化床；2—电磁线圈；3—颗粒；
4—流量计；5—U 形管

横流式气-固磁稳定流化床分选模型机对-6.0+0.5 mm 细粒煤分选效果较好。

1.3.6　磁力分级机

磁力分级机[57-60]主要组成部件为入料系统、位于中心的超导磁铁棒、锥形分选器和位于磁铁棒不同位置处的捕集器。磁力分选分级机的工作过程为：在给料半径处，磁性颗粒与其他非磁性颗粒分开，非磁性颗粒沿着分选漏斗的表面上升，磁性颗粒则沿着分选表面向下运动；具有最高磁化率的磁性颗粒在上端即被吸引到捕集器中，具有较低磁化率的颗粒则在继续向下移动的过程中被不同高度处的捕集器吸引，具有最低磁化率的颗粒则最晚被吸引，整个过程实现了按矿物磁性大小进行分离。其结构特点与现有磁选设备相差很大，磁场发生器是一根棒形超导体，外形方面与旋流器锥体部分相似，颗粒运动方向与溢流型磁力旋流器类似。

1.3.7　高梯度磁力分离

利用高梯度磁场使物料分离是一个物理过程，物料在磁场中受到不同的磁力、重力、流体黏滞力的作用而达到分离的目的。近年来各国学者在探索磁选分选工艺的研究中不断取得进展，高梯度磁分离技术便是其中被认为是适用范围较广且很有前途的一种新技术，国内外的科研工作者也在这方面做了大量的工作。

高梯度磁选机的发展，是在高岭土生产中需要提纯而逐渐形成的，并于 1969

年 MEA 公司制成了第一台工业用的高梯度磁选机。为了使高梯度磁分离技术用于分选矿物，麻省理工学院与 MEA 公司合作，研制成功了连续工作的转环式高梯度磁选机[61]。M. M. El. Tall 研究了高梯度磁选法进行钼精矿脱铜的试验效果，所用磁选设备为 L-4-20 型高梯度磁选机，最高场强为 2 T。试验结果表明，钼精矿中铜含量（质量分数）由 0.8% 降到 0.5%，高梯度磁选在铜钼分离上具有明显效果。Y. S. Kim 等人用高梯度磁选从黑矿的浮选铅精矿中脱出硫化铜矿物的试验进行铜铅分离，试验结果的铜精矿品位高达 46.8%，铜精矿含铅不高，因而铅精矿的回收率也很高。因此，高梯度磁选使得铅铜更有效地分离。

中南大学孙仲元教授[62]也利用高梯度磁分离技术针对有色金属矿高梯度磁选、稀有金属矿高梯度磁选、非金属矿高梯度磁选等方面做了大量的研究工作，如利用高梯度磁分离技术进行铜钼分离、铜铅分离、钨锡分离、高岭土提纯、粉煤灰除铁等。这些利用高梯度磁场进行选矿的试验都取得了较好的效果，特别是研究的振动-鼓动高梯度磁选和有色金属硫化矿高梯度磁选已处于国际领先地位。卢东方等人[63]针对高梯度磁选机物料分散性差、夹杂严重，对于粗精矿精选作业富集效率低，强离心力导致弱磁性矿物过粉碎进而影响分选精度等问题，在结构上吸收了离心设备的优点，开发了旋流高梯度磁选机，如图 1-8 所示。旋流高

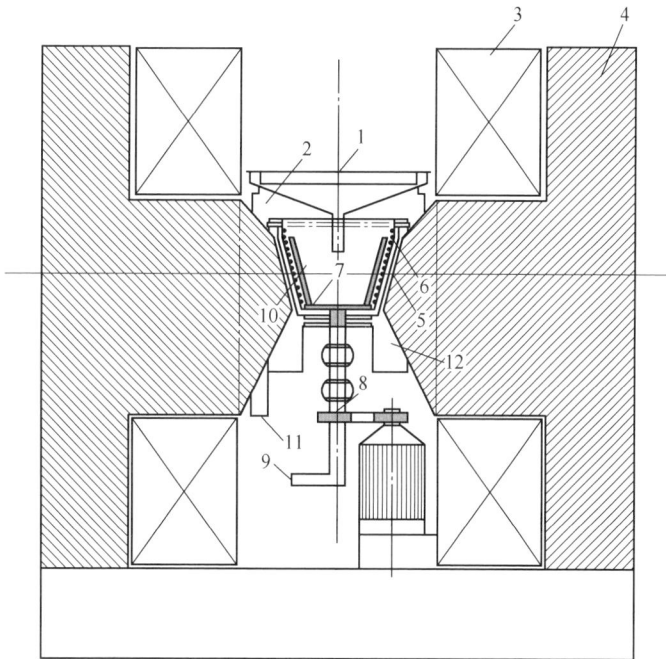

图 1-8 旋流高梯度磁选机的结构

1—给矿口；2—尾矿溜槽；3—激磁线圈；4—磁轭；5—磁极；6—磁介质；7—转子；8—回转轴；
9—反向冲洗水入口；10—分选腔；11—尾矿出口；12—反向冲洗水腔

梯度磁选机利用颗粒物理性质的差异，提高了不同性质物料的可选性，可以通过调节离心力及背景磁场强度，进而调整颗粒受力的大小，使颗粒的物理性质差异达到最大。由于物料的分选在离心场中进行，缓解了夹杂现象，调高了精矿的品位。通过试验旋流高梯度磁选机可有效提升精矿回收率，具有处理量大、不易堵塞、分选范围宽等优点。

　　上述有关高梯度磁分离技术方面的研究，都是以常规分选方法难分选的矿物为目的而进行的，主要是选矿方面的应用。近几年，随着科学技术的进步，高梯度磁分离技术已广泛应用于工业废水处理、"三废"治理、化学物质的提纯与分离、生物学中细菌和细胞的分离、燃煤脱硫除灰等。

2 试验原料、研究内容及研究方法

本章主要内容包括重介质旋流器试验系统的构建、试验所用矿样性质分析、试验方法及试验效果评定方法介绍等。其中，系统构建部分主要包括试验设备硬件选型及软件测量系统构建等。

2.1 试验系统的构建

结合笔者课题组之前的研究成果，以原有实验平台为基础，系统配置了以三组进口压差式密度传感器为主要检测设备，多功能稳流可调直流电源为辅助设备，以空心螺线电磁线圈为磁场发生器，配合调整磁场高度的试验、自动测控系统，初步完成了以面向对象化操作为目标的PLC试验控制系统分选体系的构建。在此试验平台上，取代传统悬浮液密度检测需要人工手动量取计算等落后操作试验方法，一套具有现代化、科技化、简单化、精确化等较先进试验工作平台初具规模，为后期试验的顺利进行打下良好基础。

2.1.1 试验系统及主要设备选型

分选系统的搭建主要包括煤泥重介质旋流器、混料桶、变频器、渣浆泵、搅拌桶等设备的选型和安装，主要分选设备为两台不同规格及处理量的煤泥重介质旋流器，工况指示部件有电磁流量计、压力表等。

试验装置布置如图2-1所示，试验平台共三层，布置方式参考工业模式，整个系统搭建在钢结构试验平台上，渣浆泵、搅拌桶、电气控制柜等调控部件布置在最底层，以方便设备的安装、操作与检修；二层主要为数据采集系统，包括入料、底流、溢流压差式密度检测计等；三层主要为复合力场分选系统，即煤泥重介质旋流器及线圈高度的调整支架等。旋流器底流溢流分别进入相应集料箱，缓冲后依靠重力流入二层U形管式密度检测系统，最后回流入搅拌桶物料再循环。本书主要内容为磁场对重介质旋流器密度场变化规律的影响，试验过程中，需要在旋流器周边产生磁场，为最大限度地减少导磁性材料磁场的干扰，旋流器分选系统周边区域所用的法兰、螺丝、支架、集料箱等均采用不导磁材料制作。试验系统搭建完成后整个系统三维立体图，如图2-1所示。

试验所用设备选型如下。

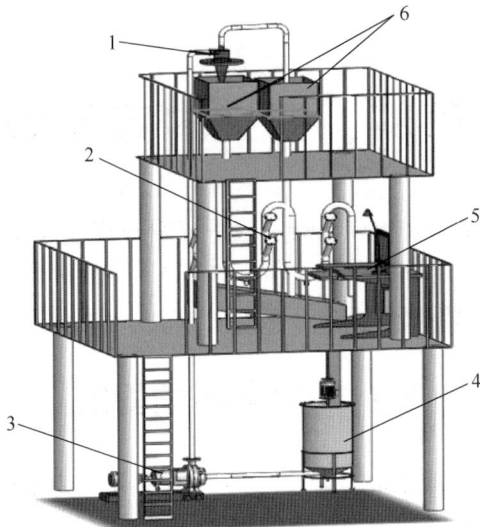

图 2-1　试验系统图

1—旋流器及线圈磁系；2—U 形压差式密度计；3—电机、渣浆泵；
4—搅拌桶；5—实时控制及数据采集系统；6—底溢流集料槽　　　彩图

（1）煤泥重介质旋流器。三产品重介质旋流器实际上是由两台两产品重介质旋流器串联组装而成，从分选原理上与两段三产品串联式工艺没有差别。我国三产品重介质旋流器第一段旋流器主要为圆筒形，有压给料的三产品重介质旋流器二段主要为圆锥形，即 DSM 型。旋流器结构各个参数之间既有其独立性，又相互影响、相互关联，因此重介质旋流器分选密度与分选效果的好坏，是受各参数的共同影响。试验过程中所用两台不同直径 DSM 型煤泥重介质旋流器外形，如图 2-2 所示。直径 150 mm 煤泥重介质旋流器为山东威海海王旋流器有限公司设计与制造，其入料形式为渐开线入料方式，材质为高强度耐磨聚氨酯，小时处理量为 20 m³。试验所用 ϕ100 mm 旋流器采用 304 不导磁不锈钢自行设计加工制造，其入料方式为方口渐缩式切线入料，小时处理量为 12~16 m³。两组旋流器的主要结构参数见表 2-1。

（2）试验中所用电磁线圈为铜质漆包线均匀密绕而成的空心线圈，按直径大小分别定义为大线圈和小线圈，ϕ150 mm 旋流器配用大直径线圈，ϕ100 mm 旋流器配用小直径线圈。两种线圈规格尺寸见表 2-2。

（3）试验使用的矩形钕铁硼（NdFeB）永磁体充磁方向均为厚度方向，牌号为 N35 的永磁体尺寸规格为 40 mm×20 mm×5 mm，牌号为 N52 的永磁体尺寸规格为 60 mm×20 mm×10 mm。永磁体的性能参数见表 2-3。

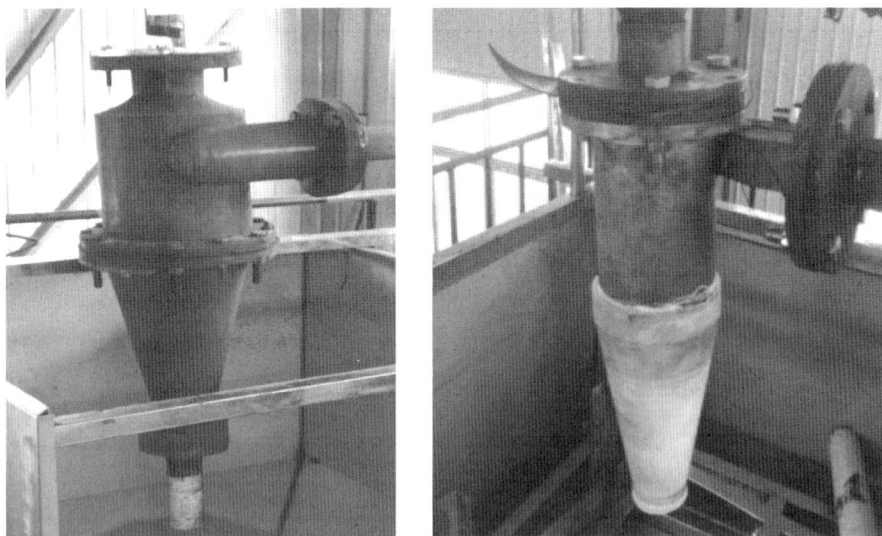

图 2-2　试验所用旋流器

表 2-1　旋流器的主要结构参数

结构参数	符号	$\phi150$ mm 旋流器	$\phi100$ mm 旋流器
内径/mm	D_c	150	100
筒高/mm	H_c	185	170
入料口/mm	D_i	48×48	30×15
溢流管插入深度/mm	L_v	125	95
溢流管直径/mm	D_o	36	35、40、45
底流口直径/mm	D_u	20、24	16、20、24
锥角/(°)	α	20	20

表 2-2　线圈的规格尺寸

结构参数	符号	大线圈	小线圈
内径/mm	φ_i	290	130
外径/mm	φ_o	430	230
高度/mm	H	10	20
匝数/N	N	728	303

表 2-3　永磁体的性能参数

牌号	剩磁 B_r/T	矫顽力 H_c/kA·m^{-1}	最大磁能积 BH_{max}/kJ·m^{-3}
N35	1.180~1.230	868	263~287
N52	1.430~1.480	796	398~422

　　单块 N35 永磁体的表面磁感应强度为 1939 Gs，单块 N52 永磁体的表面磁感应强度为 3714 Gs，试验中，采用叠加永磁体的方法，提高永磁体表面的磁感应强度，研究不同磁感应强度下永磁场对重介质旋流器分选密度的影响规律。

　　用高斯计测得叠加后不同磁极厚度下永磁体表面的磁感应强度值，N35 和 N52 永磁体不同磁极厚度下的表面磁感应强度值，如图 2-3 所示。

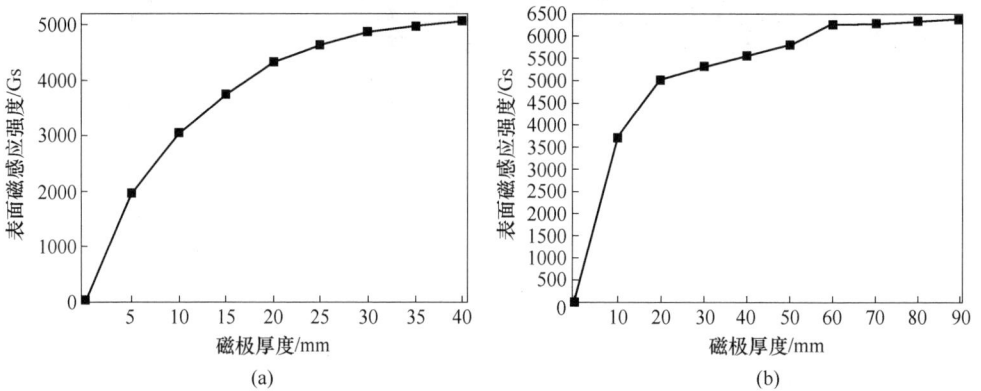

图 2-3　N35/N52 永磁体不同磁极厚度下表面磁感应强度
(a) N35；(b) N52

　　由图 2-3 可以看出，N35 永磁体钕铁硼矩形永磁体多块叠加后，其表面磁感应强度值随着磁极厚度的增加逐渐增大，磁极厚度从 5 mm 增大到 20 mm 时，永磁体表面磁感应强度值由 1939 Gs 增大到 4323 Gs，增幅较大；随着磁极厚度的继续增加，从 20 mm 增大到 40 mm 时，其表面磁感应强度值从 4323 Gs 增大到 5057 Gs，此阶段，由于磁场随距离的增加而衰减明显，表面磁感应强度值随着磁极厚度的增加较缓慢，符合永磁场空间矢量叠加的性质。

　　N52 钕铁硼矩形永磁体对块叠加后，其磁感应强度值随磁极厚度的增加而增大的变化规律与 N35 钕铁硼矩形永磁体的叠加规律基本一致。单块 N52 钕铁硼矩形永磁体的表面磁感应强度值为 3714 Gs，随着磁极厚度的增加，其表面磁场强度先增加较快后增长缓慢，当磁极厚度增大到 90 mm 时表面磁感应强度值达到 6392 Gs。

　　(4) 混料桶。试验中所用搅拌桶为天津华联矿山机械厂生产，搅拌桶直径 0.5 m，容积 0.124 m^3，由电机皮带驱动叶轮高速旋转，将矿浆充分混合均匀。

（5）变频器。变频器选用丹弗斯 FC51 系列变频器，功率 15 kW，用于调节渣浆泵电机转速，进而改变旋流器入料压力和入料流量。

（6）渣浆泵。渣浆泵选用石家庄强大渣浆泵生产的型号为 50hs-c 座式渣浆泵，最大流量 100 m³/h，最高扬程 60 m，额定转速 1300~2700 r/min。

（7）磁选机。选用试验室用小型电磁磁选机，试验结束后，用磁选机来回收磁性介质以实现重复利用。

（8）密度传感器。选用三套高精度密度传感器，为德国进口 FMD78 的微差压力变送器，型号为 FMD78-ABA7F21B31AA，$L=1000$ mm，精度为 ±0.075%。

差压测量高度控制在 20~30 cm，测出的差压值在 PLC 中转换为密度值，在实时数据显示系统中直观显示底流、溢流及入料密度的变化与波动。

（9）其他主要仪器仪表。试验中主要仪器仪表有流量计、压力变送器等，试验中的流量计为电磁流量计，型号为 LD050-F/ZB/P4/AC/if/316L，精度为 ±0.5%。压力变送器型号为 Txy20-T1-K-G-S1-A-A-M1-C1-1，测量范围 0~1.0 MPa。试验中励磁电源为直流可调式稳压电源，型号为 NHWY 60 V-60 A，可调电压 0~60 V，可调电流 0~60 A。

2.1.2　实时数据采集系统的建立

数据采集系统能为试验系统的进展提供最基本的管控依据，主要工作是对整个生产过程中的生产数据进行实时采集和转化，是整个生产过程管理系统的基础部分，同时对各个操作室或车间办公室进行指导。对数据采集系统的首要要求是生产过程实时数据经数据采集系统采集和预处理后，仍要保证其准确性、实时性、一致性、可靠性和完整性，然后才能充实到实时数据库（RTDB）和核心数据库（KDB）之中，以便实现生产过程监控及其他的高级应用。

本试验中数据采集系统主要应用于介质分配试验过程。在数据采集系统监控层方面，首先进行了 WinCC 与 PLC 的 OPC 通信设计，在此基础上，依据分选工艺进行了基于 WinCC 组态环境的人机界面系统开发，包括工艺流程画面、实时曲线画面、报表记录画面，形成完整的重介质旋流器分选过程数据采集系统。通过 PLC 控制系统，不仅能够实现在线连续记录试验数据，还能通过工艺流程曲线实时观察并掌握试验系统的工作状况。试验完毕后，保存试验过程数据记录文档，提取数据，计算不同试验条件下旋流器内介质分配规律，按需求根据记录数据绘制不同试验条件以及励磁电流作用下旋流器底流、溢流的密度变化曲线等。

监控画面设置为多层显示结构，以方便操作人员翻页，图 2-4 所示为操作界面，可进行初始参数设定、零点校正、实时参数显示和对设备的控制。在工艺流程画面中，将所测的数据以曲线图表示，工艺流程逼真、简洁，从画面上可以一目了然地掌握试验运行过程中的情况，读取参数的实时值，根据分选要求调整压

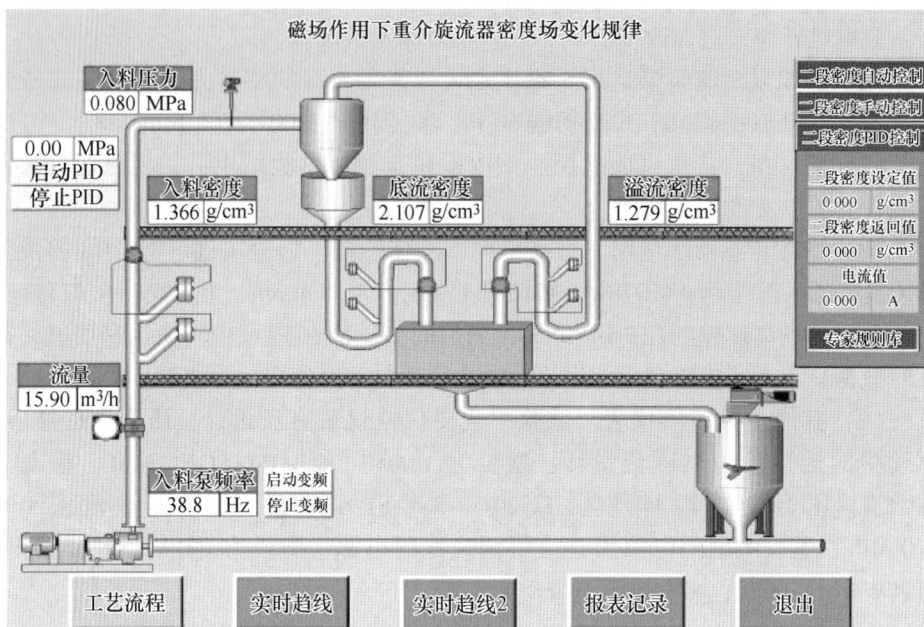

图 2-4　控制显示系统

力等。当进行介质分配试验时，旋流器底流溢流密度在线显示及记录，加载励磁电流前后旋流器工况稳定后的入料、溢流、底流介质密度在线显示。

2.2　试验样品性质分析

2.2.1　样品粒度组成分析

　　试验中全部所用煤样为山西焦煤集团公司某选煤厂入洗原煤，原煤经 3 mm 分级筛筛分，试验所用为筛下产品。对筛下产品进行筛分分析，测定试验煤样的粒度组成，为保证筛分试验具有充分的代表性，试验煤样按《生产煤样采取方法》（MT/T 1034—2006）的规定采取，筛分试验根据国家《煤炭筛分试验方法》（GB/T 477—2008）的规定进行。用筛孔尺寸分别为 1 mm、0.5 mm、0.25 mm、0.125 mm 的标准筛筛分、称重、记录、结果处理后，得到原煤的筛分分析结果（见表 2-4）。从试验煤样的粒度组成可以看出，该煤样中各粒级产率相差较大，其中粗粒级的量较多，+1 mm 粒级产率最高，达到 35.00%，为主导粒级，+0.25 mm 粒级累计产率达到 72.28%，其他粒级各所占比重较小，−0.25+0.125 mm 粒级物料含量最少，只占全样的 9.68%。

表 2-4　试验煤样粒度组成

粒级/mm	产率/%	灰分/%	累计/%	
			产率	灰分
+1	35.00	46.39	35.00	46.39
−1+0.5	16.10	29.34	51.10	41.02
−0.5+0.25	21.98	28.92	72.28	37.79
−0.25+0.125	9.68	25.14	81.97	36.29
−0.125	18.03	26.74	100.00	34.57
合计	100.00	34.57		

该煤样灰分较高，原煤合计灰分为 34.57%。从各粒级的灰分变化情况看，+1 mm 粒级灰分最高，为 46.39%，其他各粒级的灰分相差不大，都在 25%~30%之间，说明煤质较均匀。细粒级煤的灰分较粗粒级的灰分低，说明细粒级中含纯煤较多，并且煤质较脆，在洗选加工过程中应尽量避免过粉碎现象。细粒级灰分比合计灰分低，说明原煤中矸石泥化现象不严重。

2.2.2　样品密度组成及可选性分析

2.2.2.1　样品密度组成

根据国家标准《煤炭浮沉试验方法》（GB/T 478—2008）对原煤筛分后各粒级进行浮沉试验与密度组成分析。先用氯化锌配置浮沉试验所需的各密度级重液，密度范围包括 1.3 g/cm³、1.4 g/cm³、1.5 g/cm³、1.6 g/cm³、1.7 g/cm³、1.8 g/cm³ 和 2.0 g/cm³，将煤样经过各密度级重液浮沉，清洗氯化锌后，烘干、称重、计算产率并化验灰分。整理浮沉报告表得到各粒级原煤的密度组成，见表 2-5~表 2-8。

表 2-5　+1 mm 粒级原煤的密度组成

密度级 /g·cm⁻³	产率 /%	灰分 /%	浮物累计/%		沉物累计/%		分选密度 δ(±0.1)	
			产率	灰分	产率	灰分	密度/g·cm⁻³	产率/%
<1.3	9.06	4.23	9.06	4.23	100.00	45.49	1.30	26.86
1.3~1.4	17.80	8.54	26.86	7.09	90.94	49.73	1.40	26.62
1.4~1.5	8.82	17.67	35.69	9.70	73.14	59.79	1.50	15.27
1.5~1.6	6.45	26.95	42.14	12.34	64.31	65.59	1.60	9.91
1.6~1.7	3.46	35.17	45.60	14.08	57.86	69.91	1.70	7.55
1.7~1.8	4.09	42.10	49.69	16.38	54.40	72.13	1.80	7.14

续表2-5

密度级 /g·cm⁻³	产率 /%	灰分 /%	浮物累计/%		沉物累计/%		分选密度δ(±0.1)	
			产率	灰分	产率	灰分	密度/g·cm⁻³	产率/%
1.8~2.0	6.10	52.55	55.79	20.34	50.31	74.58	1.90	6.10
>2.0	43.97	77.64	100.00	45.49	44.21	77.64		
合计	100.00	45.49						

表2-6　+0.5-1 mm粒级原煤的密度组成

密度级 /g·cm⁻³	产率 /%	灰分 /%	浮物累计/%		沉物累计/%		分选密度δ(±0.1)	
			产率	灰分	产率	灰分	密度级/g·cm⁻³	产率/%
<1.3	5.57	2.16	5.57	2.16	100.00	31.23	1.30	47.01
1.3~1.4	41.44	6.84	47.01	6.29	94.43	29.63	1.40	55.65
1.4~1.5	14.21	16.20	61.22	8.59	52.99	47.59	1.50	20.35
1.5~1.6	6.14	25.75	67.36	10.15	38.78	59.22	1.60	9.70
1.6~1.7	3.56	34.11	70.92	11.35	32.64	65.60	1.70	5.84
1.7~1.8	2.28	41.00	73.20	12.28	29.08	69.51	1.80	4.69
1.8~2.0	4.83	51.63	78.03	14.71	26.80	71.98	1.90	4.83
>2.0	21.55	76.53	100.00	27.97	21.97	76.53		
合计	100.00	27.97						

表2-7　+0.25-0.5 mm粒级原煤的密度组成

密度级 /g·cm⁻³	产率 /%	灰分 /%	浮物累计/%		沉物累计/%		分选密度δ(±0.1)	
			产率	灰分	产率	灰分	密度级/g·cm⁻³	产率/%
<1.3	9.47	1.11	9.47	1.11	100.00	30.31	1.30	42.06
1.3~1.4	32.58	5.37	42.06	4.41	90.53	33.36	1.40	45.73
1.4~1.5	13.14	14.91	55.20	6.91	57.94	49.10	1.50	20.36
1.5~1.6	7.21	25.00	62.41	9.00	44.80	59.14	1.60	10.66
1.6~1.7	3.44	33.23	65.86	10.27	37.59	65.69	1.70	6.87
1.7~1.8	3.42	40.82	69.28	11.78	34.14	68.96	1.80	5.99
1.8~2.0	5.14	51.65	74.42	14.53	30.72	72.10	1.90	5.14
>2.0	25.58	76.20	100.00	30.31	25.58	76.20		
合计	100.00	30.31						

表 2-8 −0.25+0.125 mm 粒级原煤的密度组成

密度级 /g·cm⁻³	产率 /%	灰分 /%	浮物累计/%		沉物累计/%		分选密度 δ(±0.1)	
			产率	灰分	产率	灰分	密度/g·cm⁻³	产率/%
<1.3	44.96	4.18	44.96	4.18	100.00	25.08	1.30	62.94
1.3~1.4	17.98	12.30	62.94	6.50	55.04	42.16	1.40	23.53
1.4~1.5	5.54	22.02	68.49	7.75	37.06	56.64	1.50	9.27
1.5~1.6	3.73	37.17	72.21	9.27	31.51	62.73	1.60	6.25
1.6~1.7	2.52	42.35	74.74	10.39	27.79	66.16	1.70	6.95
1.7~1.8	4.43	56.14	79.17	12.95	25.26	68.54	1.80	9.67
1.8~2.0	5.24	66.96	84.41	16.30	20.83	71.18	1.90	20.83
>2.0	15.59	72.60	100.00	25.08	15.59	72.60		
合计	100.00	25.08						

由表 2-5~表 2-8 可以看出，原煤各粒级低密度物与高密度含量最高，其中，−1.4 g/cm³ 密度级在各个粒级含量最高，分别为 26.86%、47.01%、42.06% 和 62.94%；>2.0 g/cm³ 密度级含量次之，分别为 43.97%、21.55%、25.58%、15.59%，其他各密度级在各个粒级中产率均较低。对于−0.25+0.125 mm 粒级，<1.3 g/cm³ 密度级含量最高，为 44.96%，中间密度级较少。

灰分含量上，<1.3 g/cm³ 和 1.3~1.4 g/cm³ 两个低密度级灰分较小，其他各密度级灰分均随着密度级的升高而升高，>2.0 g/cm³ 密度级基本为全部的矸石等杂物，灰分含量也最高。

从分选密度 δ(±0.1) 含量看，对于+0.25 mm 粒级，1.3~1.5 g/cm³ 三个低密度级的 δ(±0.1) 含量最高，邻近密度级含量多，因此若要分选低灰或者超低灰精煤较难；>1.5 g/cm³ 各高密度级的 δ±0.1 含量较低，将分选密度设定在此值时分选较容易。

2.2.2.2 原煤可选性分析

煤的可选性是指通过分选改善原煤质量的难易程度。可选性曲线是根据浮沉试验结果绘制的表示煤炭可选性的一组曲线，也可以说是密度组成的曲线。试验所用煤样各粒级可选性分别用可选性专业绘制软件绘制，如图 2-5 所示。

悬浮液的密度场特性是由重介质性质和煤泥含量共同决定的，要保证旋流器的正常分选，需要配置的悬浮液具有一定的稳定性和流变性。重介质的粒度组成特性是影响这两种性质的重要因素。磁铁矿粉粒度过粗，分选精度差，介质流变性差，需要加大外部搅拌作用保持悬浮液的稳定性；介质粒度过细时，稳定性提高了，但悬浮液黏度增大而导致分选效果的降低，同时也会恶化介质回收质量。

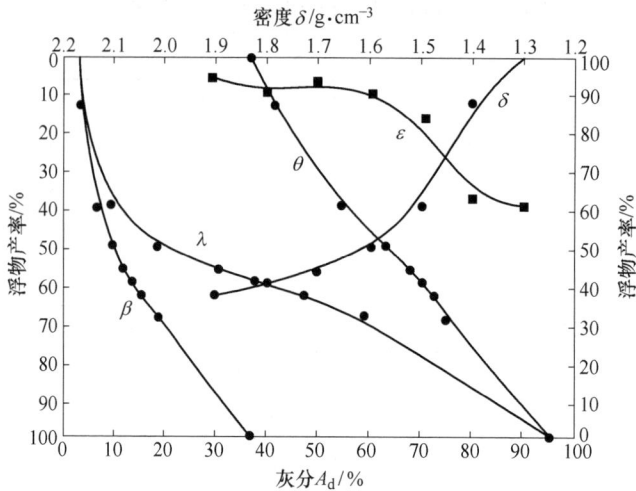

图 2-5　入料+0.125 mm 原煤的可选性曲线

　　磁铁矿粉用作加重质时，要求其磁性物的质量分数不小于95%，密度不小于4.5 g/cm³，而且用于重介质旋流器的磁铁矿粉−0.025 mm 粒级的质量分数占85%以上。试验中所用重介质由古交屯兰选煤厂提供，粒度组成见表2-9。经测定，磁铁矿粉真密度为 4.4 g/cm³，磁性物含量92%以上，粒度组成上−0.045 mm 粒级含量为85.85%。

表 2-9　磁铁矿粉的粒度组成

粒级/μm	产率/%	累积产率/%
+0.074	3.16	3.16
−0.074+0.045	10.99	14.15
−0.045+0.038	5.28	19.43
−0.038+0.025	11.79	31.22
−0.025	68.78	100.00
合计	100.00	

2.3　试验及评价方法

　　本书试验方法主要包括介质分配试验、旋流器带煤试验及个别试验点的浮沉试验。介质分配试验是指单纯磁铁矿粉悬浮液在不同试验条件下的底流溢流密度变化及分配试验。除以上试验方法外，还包括磁系磁场模拟，利用有限元模拟分析软件 ANSYS 对试验中所用不同磁系进行磁场特性模拟计算及磁场力计算，从理论上解释试验现象产生原因，并对后续试验进行指导。下面介绍各试验具体操作方法及评价指标。

2.3.1 介质分配试验研究方法

介质分配试验过程中，将一定质量磁铁矿粉在搅拌桶中经充分搅拌后配置成一定密度悬浮液，由入料泵有压给入煤泥重介质旋流器，调节变频器调整试验所需入料压力和介质流量。密度检测传感器均采用 U 形管压差式密度计，试验过程中，待系统稳定后启动 PLC 控制系统，自动记录分选过程中的入料密度、底流密度、溢流密度数据。试验完毕，保存数据记录文档，调出试验过程数据，绘制不同试验条件下旋流器底流、溢流的密度变化曲线。根据相应时间段数据的各励磁电流下密度的平均值，计算相应励磁电流下的产品平均密度，并通过溢流介质产率公式（2-1）计算不同磁场特性下重介质分别进入旋流器底流和溢流的分配率，以此作为磁场作用的一个表征手段，研究不同试验条件下旋流器内介质分配规律。

溢流介质产率采用以下公式计算：

$$溢流介质产率 = \frac{(\rho_2 - \rho_0) \cdot (\rho_1 - 1)}{(\rho_2 - \rho_1) \cdot (\rho_0 - 1)} \times 100\% \tag{2-1}$$

式中 ρ_0，ρ_1，ρ_2——入料密度、溢流密度、底流密度。

介质分配试验以连续检测的旋流器底流、溢流的密度为宏观指标，通过对旋流器中磁铁矿粉的分配规律研究，能够得到不同线圈位置和磁场强度对旋流器内介质分配影响的基本规律，为后续带煤试验提供一定基础。

2.3.2 重介质选煤试验研究方法

重介质选煤条件试验时，将一定量−3 mm 煤泥加入配制好的一定密度悬浮液中，煤泥质量浓度 100 g/L。调节离心泵及回流阀形成循环流，在循环流的带动下使煤样与重介质悬浮液搅拌混合。混合均匀后，调节变频器，使矿浆以稳定压力泵入煤泥重介质旋流器。改变磁场特性条件及相关操作条件，分别进行各不同条件下的选煤试验，对不同磁场强度下旋流器底流、溢流产品分别同时采样，用 0.125 mm 标准筛脱介，对+0.125 mm 以上产品烘干称重，并筛分为−3+1 mm、−1+0.5 mm、−0.5+0.25 mm 及−0.25+0.125 mm 粒级，分粒级化验灰分。重介质分选下限一般为 0.1 mm，因此 0.125 mm 以下粒级细煤泥不考虑，脱介后介质用磁选机回收。

条件试验中，磁场特性试验包括励磁电流强度、励磁线圈放置位置、励磁线圈组合方式、导磁结构、旋转磁场等磁场特性对分选试验效果的影响，相关操作条件试验包括磁场作用下入料压力、入料悬浮液密度、旋流器安装角度等对分选试验效果的影响等。粗煤泥分选条件试验中，采用单因素逐项试验法，最后得到各不同磁场特性、不同操作条件下旋流器底流和溢流产品的灰分变化规律。

　　参考前述条件试验结果，在分选效果较好的磁场特性条件下重新进行细化电流强度试验。重新接取试验样品，分粒级化验各产品灰分，并进行浮沉试验，根据浮沉试验结果绘制分配曲线，从分配曲线上读取相应试验条件下的分选密度，计算可能偏差等。分选密度 δ_{50} 是直接影响分选效果的一个指标。在此密度下，颗粒进入溢流和底流的概率相等。分选密度从分配曲线上可直接查得。分选精度用可能偏差 E_p 衡量，可能偏差 E_p 计算公式为：

$$E_p = \frac{1}{2}(\delta_{75} - \delta_{25}) \tag{2-2}$$

式中　　δ_{75}，δ_{25} ——进入底流概率为 75% 和 25% 的颗粒密度。

　　可能偏差 E_p 越大，表示其分选精度越低；E_p 小，其分选精度越高。

　　最后，结合精、尾煤灰分参数指标，评价磁场对重介质旋流器分选效果的影响规律。

2.3.3　ANSYS 有限元磁场分析方法

　　利用 ANSYS 有限元分析计算软件中的磁场模拟模块对试验所用磁系进行磁场特性分析。模拟计算之前首先进行模型准确性验证，通过修改设置参数不断减小模拟值与实际测量值之间的误差，在模拟计算值与计算方法能准确代表实际线圈磁场后，对所用磁系进行不同电流下磁场强度与磁场力的计算，进而综合分析磁性颗粒在此磁场特性下的运移、富集规律，并对试验现象进行解释。

3 永磁场调控重介质旋流器分选效果

3.1 永磁场调控分选效果可行性分析

由伯努利方程可知，当管路的管径变化时，通过管路的流量和压力将会发生变化。当管径变小时，通过管路的流量变小，所产生的压力变大。因此，变径的效果以流量和压力的变化来表示。

3.1.1 永磁场对管路流量及压力的影响

为了观察不同变径管管路的流量、压力变化，采用不同规格的变径管进行试验。各变径管管径与流量、压力的变化关系曲线如图3-1所示。

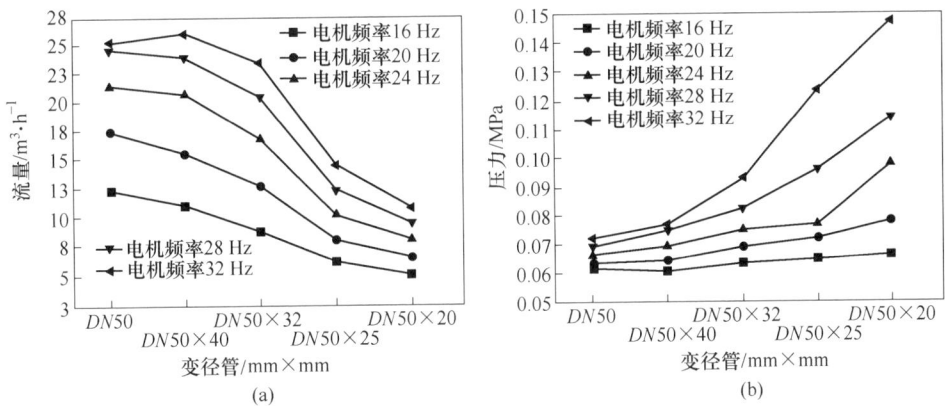

图 3-1 变径管管径与流量(a)、压力(b)关系曲线

由图3-1可以看出，电机频率相同时，随着变径管直径的减小流量逐渐减小。同一变径管下，随着电机频率的增大流量逐渐增大。随着变径管直径的减小压力逐渐增大。同一变径管下，随着电机频率的增大压力逐渐增大。

3.1.2 永磁场对管路变径效果的影响

3.1.2.1 磁极厚度对管路变径效果的影响

试验过程中磁极厚度分别为 0 mm、5 mm、10 mm、15 mm、20 mm、25 mm、

30 mm、35 mm、40 mm，永磁体与管路的相对位置如图3-2所示。

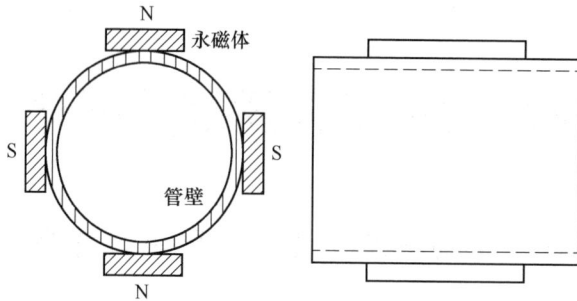

图 3-2　永磁体与管路的相对位置

为比较永磁体磁场对管路的变径效果，试验过程中采用 DN50 mm×40 mm 变径管作对照。图 3-3 给出了外加磁场非导磁圆管和变径管的磁极厚度与流量、压力关系。1~5 分别指电机频率为 15 Hz、20 Hz、25 Hz、30 Hz、32 Hz 时加磁场非导磁圆管管路的流量和压力值；6 ~ 10 分别指电机频率为 15 Hz、20 Hz、25 Hz、30 Hz、32 Hz 时 DN50 mm×40 mm 变径管管路的流量和压力值。

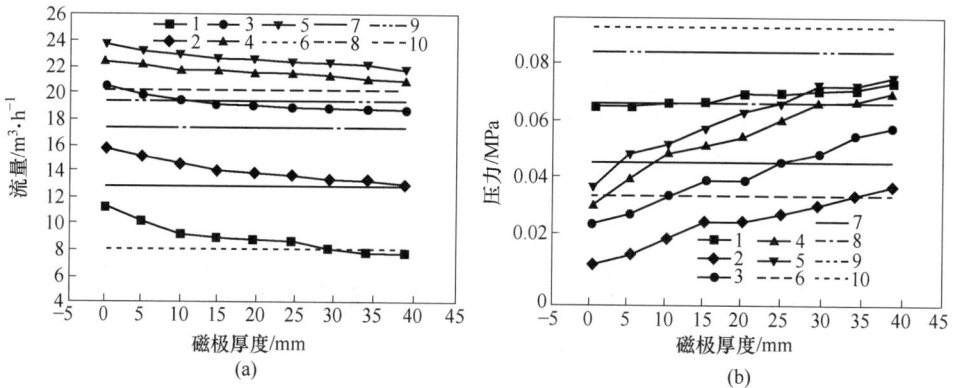

图 3-3　磁极厚度与流量(a)、压力(b)关系曲线

由图 3-3 可以看出，对于加磁场非导磁圆管，随着磁极厚度的增加，相同电机频率下流量呈下降趋势。低频率 15 Hz 时，流量的下降幅度最大，说明增加磁场可以降低矿浆的流量，其改变程度在低频率下更为明显。随着电机频率的增大，入料压力增大，相同频率下流量的降低程度减小。电机频率为 15 Hz、磁极厚度为 10 mm 时，管路的流量小于 DN50 mm×40 mm 变径管的流量。电机频率为 20 Hz、磁极厚度为 40 mm 时，其流量与 DN50 mm×40 mm 变径管的流量相当。因此，说明外加磁场可以使 50 mm 管径的过流断面缩小至 40 mm。

对于加磁场非导磁圆管，电机频率一定时，随着磁极厚度的增加，压力逐渐增加，且增加的幅度逐渐减小。当磁极厚度增加到一定程度时，压力增长缓慢，有趋于饱和的趋势。当磁极厚度相同时，随着电机频率的逐渐增大，压力也呈增大趋势。随着磁极厚度的增加，各电机频率下加磁场非导磁圆管的管路压力值与变径管的管路压力越接近。

3.1.2.2 轴向位置对管路变径效果的影响

在前述试验的基础上在管的轴向上增加一排永磁体，永磁体与管路的相对位置及轴向磁极的极性排列如图3-4所示。

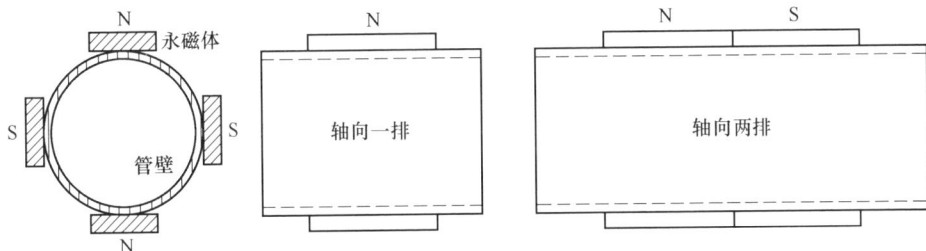

图 3-4　永磁体与管路的相对位置及轴向磁极的极性排列

试验过程中仍采用 DN50 mm×40 mm 变径管作对照。图 3-5 为轴向两排时加磁场非导磁圆管和 DN50 mm×40 mm 变径管的磁极厚度与流量、压力的关系曲线。图 3-5 中，1~5 分别指电机频率为 15 Hz、20 Hz、25 Hz、30 Hz、32 Hz 时加磁场非导磁圆管管路的流量和压力值；6~10 分别指电机频率为 15 Hz、20 Hz、25 Hz、30 Hz、32 Hz 时 DN50 mm×40 mm 变径管管路的流量和压力值。

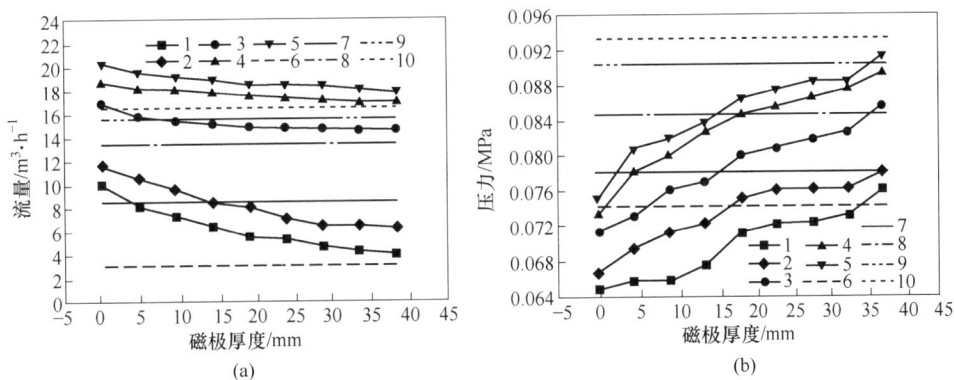

图 3-5　磁极厚度与流量(a)、压力(b)关系曲线

由图 3-5 可以看出，对于加磁场非导磁圆管，随着磁极厚度的增加，相同电机频率下流量呈下降趋势。低频率 15 Hz 时，流量的下降幅度最大。随着电机频率的增大，相同变频下流量的降低程度减小。当频率较低（15 Hz、20 Hz）时，加磁场非导磁圆管与变径管管路流量有交点，可见，此时加磁场可使 50 mm 管径

减小到 40 mm。对于加磁场非导磁圆管，电机频率值一定时，随着磁极厚度的增加，压力逐渐增加；当磁极厚度增加到一定程度时，压力增长缓慢，有趋于饱和的趋势。当磁极厚度相同时，随着电机频率的逐渐增大，压力也呈增大趋势。当频率较低（15 Hz、20 Hz、25 Hz）时，加磁场非导磁圆管与变径管压力有交点，但对应的磁极厚度值与流量变化交点对应的磁极厚度值不一致，主要是由于变径管与永磁体磁场形成的变径口形状不相同，阻力不同。

　　为了比较轴向一排和两排永磁体的变径效果，对以上数据进行整理，得到不同电机频率下 DN50 mm×40 mm 变径管在轴向一排和轴向两排永磁体时流量和压力关系，如图 3-6 和图 3-7 所示。

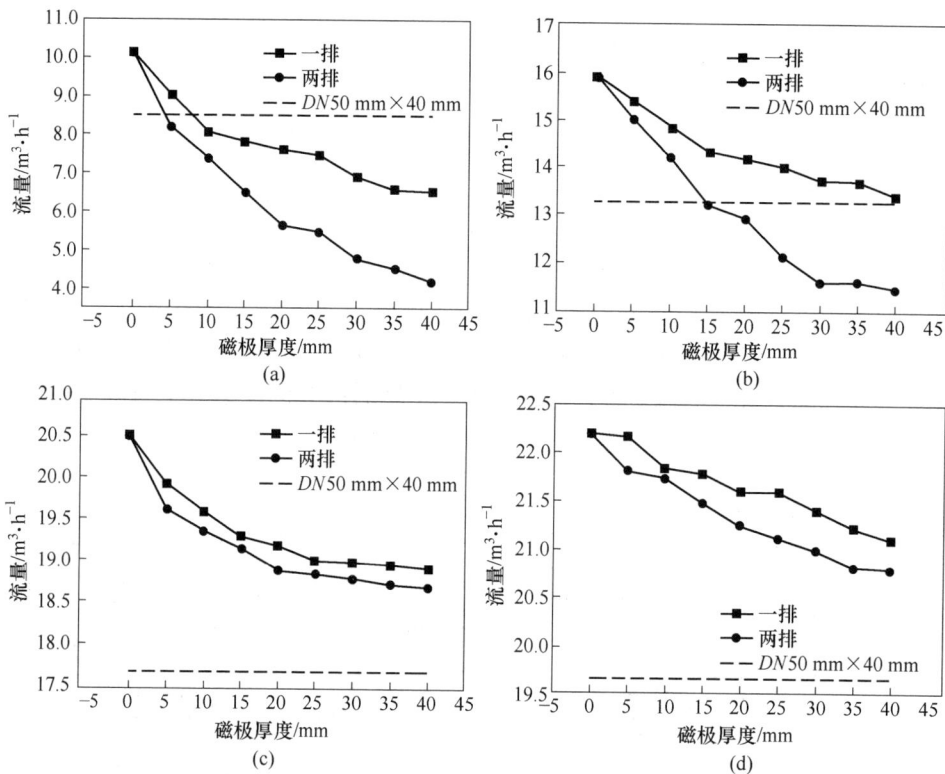

图 3-6　各电机频率下的流量
（a）电机频率 15 Hz；（b）电机频率 20 Hz；（c）电机频率 25 Hz；（d）电机频率 30 Hz

由图 3-6 和图 3-7 可以看出：

（1）电机频率相同时，随着磁极厚度的增加即磁场强度的增加，流量逐渐降低，二排永磁体排列比一排永磁体排列时流量降低的幅度大。当频率较低，15 Hz、20 Hz 时，二排排列相比一排降低得更多，15 Hz、20 Hz 时加磁场非导磁圆管管路的流量与 DN50 mm×40 mm 变径管管路流量均有交点。

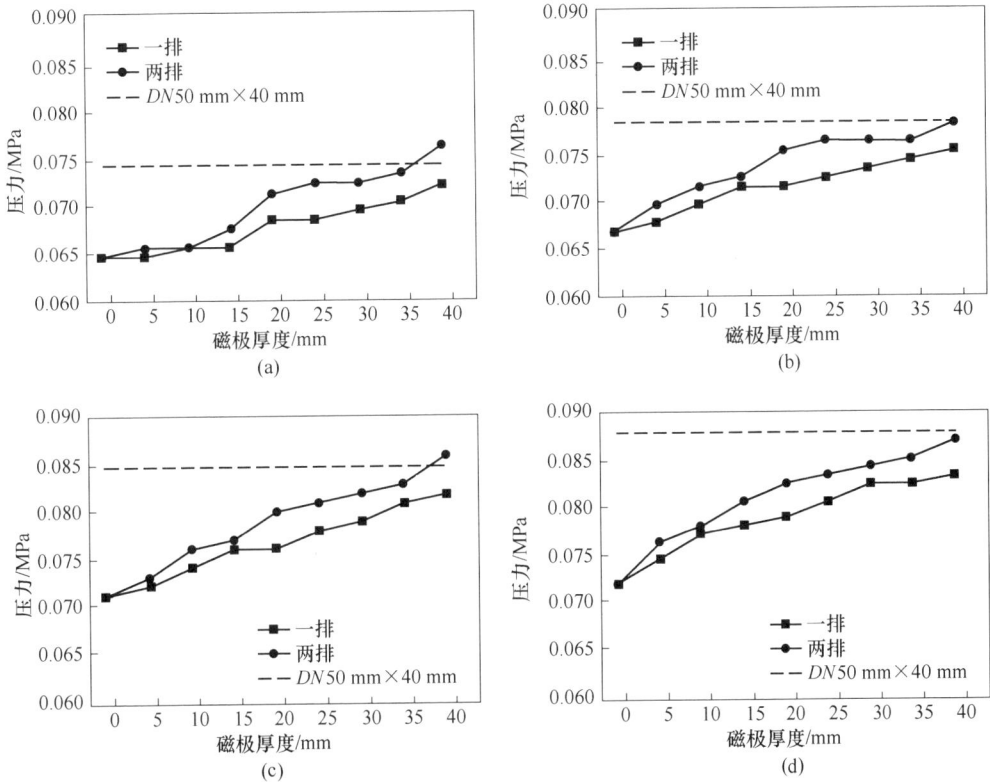

图 3-7 各电机频率下的压力

（a）电机频率 15 Hz；（b）电机频率 20 Hz；（c）电机频率 25 Hz；（d）电机频率 30 Hz

（2）电机频率相同时，随着磁极厚度即磁场强度的增加，压力逐渐增大，二排排列时的压力大于一排排列时的压力，变化幅度也比一排排列时大。电机频率 15 Hz、20 Hz、25 Hz 时，二排排列时加磁场非导磁圆管管路压力与 DN50 mm× 40 mm 变径管管路压力有交点。

在外加磁场作用下，溢流管矿浆中的磁铁矿粉吸附到管壁使溢流管的实际过流断面变小，从而流量减小、压力增大，实现变径。之所以能实现变径，与磁性颗粒在磁场中的运动形态有密切的关系。在外加磁场中，铁磁性颗粒在磁力的作用下形成磁链，磁链的长度方向总是与外加磁场方向保持一致；且形成的磁链具有一定的强度，在磁性矿粒达到饱和磁化以前，背景场强越高，磁链的强度也越高，吸附越紧密。

3.1.2.3 磁场作用下磁铁矿粉的吸附形态

在四磁极永磁场，极性交替排列（N-S-N-S）、磁极厚度为 5 mm 时，对管内径向和轴向的磁感应强度进行了测量。测试点分别为永磁体棱角处、永磁体磁极面中心及两磁体连线中心，其中轴向测试点为永磁体磁极面中心、距磁极面中心

10 mm、距磁极中心 20 mm、径向测试点为管壁处、距管壁 7.5 mm、距管壁 15 mm。管内径向和轴向磁感应强度的测量位置示意图如图 3-8 所示。

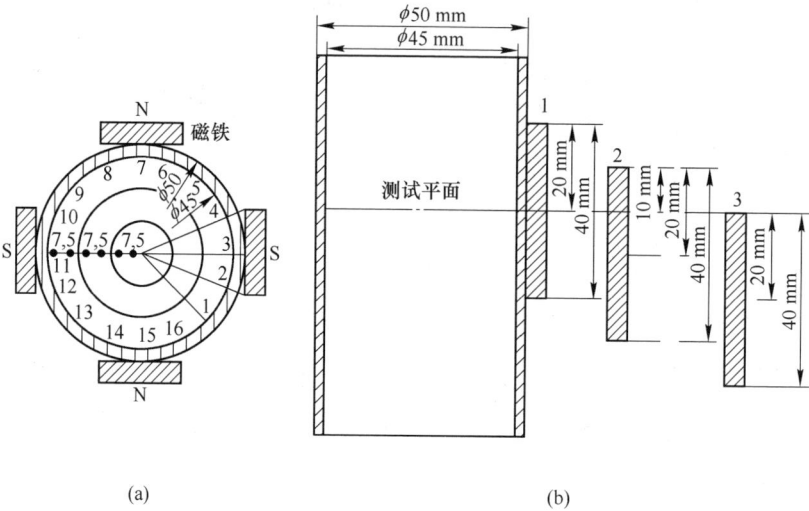

图 3-8　管内磁感应强度测量位置

（a）径向测试位置及测试点；（b）轴向测试位置

测试结果如图 3-9 所示。图 3-9 中，1~3 分别为永磁体中心位置处、管壁处、距管壁 7.5 mm、距管壁 15 mm 处磁感应强度；4~6 分别为轴向距磁铁中心 10 mm 处、管壁处、距管壁处 7.5 mm、距管壁 15 mm 处磁感应强度；7~9 分别

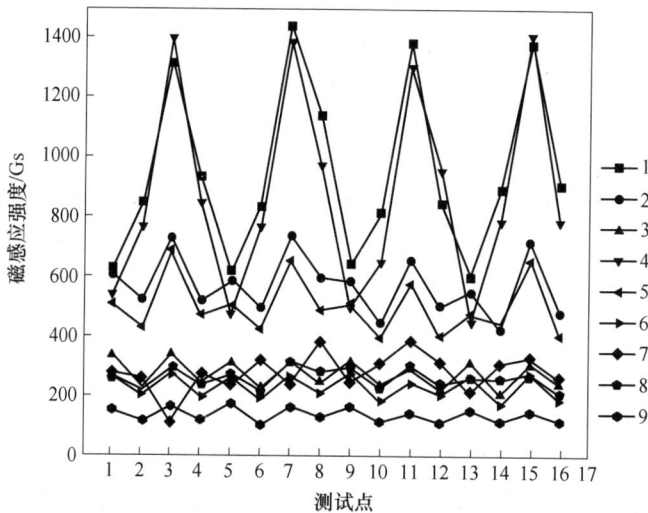

图 3-9　管内的磁感应强度

为轴向距磁铁中心 20 mm 处、管壁处、距管壁 7.5 mm、距管壁 15 mm 处磁感应强度。

由图 3-9 可以看出：

（1）在轴向和径向上，磁感应强度沿管的圆周长度上呈波浪形变化趋势。在所有测试点中，点 3、7、11、15 处即永磁体中心处磁感应强度最大，点 2、4、6、8、10、12、14、16 处即永磁体棱角处磁感应强度基本相等。

（2）径向上，管的圆周长度上磁感应强度在管壁处变化幅度最大。随着与管壁距离的增大，变化幅度逐渐变小；当距管壁处 15 mm 处时，磁感应强度上下波动，变化较小，基本趋于水平。

（3）在轴向上，管的圆周长度上磁感应强度在永磁体中心处变化幅度最大，随着与磁铁中心距离的增大，变化幅度逐渐减小；当距永磁体中心 20 mm 时，磁感应强度上下波动，变化较小，基本趋于水平。

综上所述，在轴向、径向及圆周方向上均存在磁场梯度，有利于磁铁矿粉的吸附。为了更好地了解磁铁矿粉在磁场中的吸附形态，对不同永磁体极性组合磁铁矿粉在磁场中饱和吸附下进行拍照记录，如图 3-10 所示。

(a)	(b)	(c)	(d)

图 3-10 磁铁矿粉的吸附形态

（a）单块永磁体；（b）轴向 N-S 排列；（c）径向 N-N(S-S)排列；（d）径向 N-S 排列

由图 3-10 可以看出：

（1）磁铁矿粉在磁场中按磁感线方向运动。在永磁体棱角的地方磁铁矿粉分布较密集，在磁极面中心部分吸附较疏散。

（2）当两块永磁体按 N-S 极性排列时，由于有闭合的磁力线形成，在磁体接触的地方形成较密实的磁铁矿粉层，在磁极面的其他部分，磁铁矿粉仍按磁场线的分布方向吸附。

（3）当两块永磁体按 N-N（S-S）极性排列时，由于同性相斥，磁铁矿粉仅在各个永磁体的磁极面作用范围内吸附。

3.2　永磁场作用于溢流管对分选效果的影响

3.2.1　对重介质分配规律的影响

本节主要介绍旋流器内的介质分配规律，各个密度的测量主要通过密度测量部分的压差式压力变送器，压力变送器将管路的压差换算成密度通过 PLC 传回到显示器。

试验过程中，将矿浆配到所需密度，待系统运行稳定后开始在溢流管处放置永磁体，通过观察显示器各个密度趋势线，待平稳后记录此时的时间，密度测量时间为 2 min。将记录时间段内的密度取平均值即为该条件下的密度，并换算成溢流介质产率。

（1）永磁体在溢流管上的布置方式为一排。

为寻找最佳分选效果的底流口大小，试验过程中采用了三种底流口：$\phi 14$ mm、$\phi 20$ mm、$\phi 24$ mm。在各个底流口下，改变布置在溢流管的永磁体磁极厚度，考察旋流器内的介质分配规律。

底流口 $\phi 14$ mm 时的试验结果如图 3-11 所示。

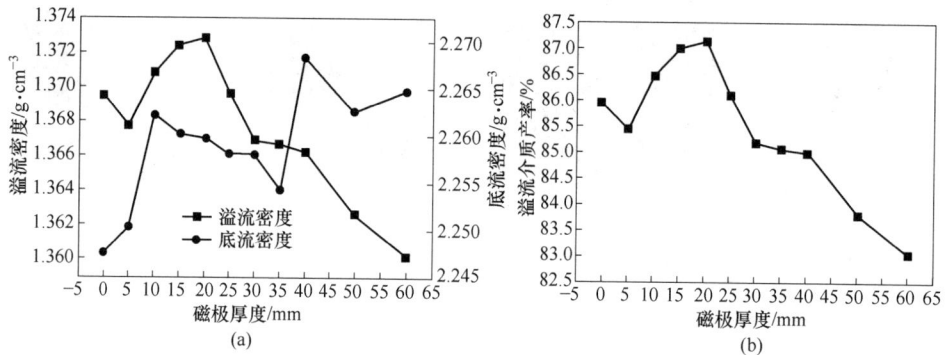

图 3-11　底流口直径为 14 mm 时，不同磁极厚度下的溢流/底流密度（a）及介质产率（b）

由图 3-11 可知，磁极厚度由 0 mm 增加到 20 mm 时，溢流密度呈现上下波动；当磁极厚度由 20 mm 增加到 60 mm 时，溢流密度逐渐降低，从 1.37 g/cm³ 降低到 1.36 g/cm³。底流密度呈现上下波动，波动幅度较小。随着磁极厚度的增加，溢流介质产率变化趋势与溢流密度变化趋势一致。磁极厚度由 0 mm 增加为 5 mm 时，溢流介质产率降低 0.5% 左右，降幅较小。当磁极厚度增加到 20 mm 时，溢流介质产率逐渐增大，由 85.41% 增加到 87.14%，增加 1.73 个百分点。而后随着磁极厚度的继续增加，溢流介质产率逐渐下降，当磁极厚度为 60 mm 时，溢流介质产率降为 83.04%。磁极厚度由 20 mm 增加到 60 mm 时，溢流介质产率降低约 4 个百分点。

底流口 $\phi20$ mm 时的试验结果如图 3-12 所示。

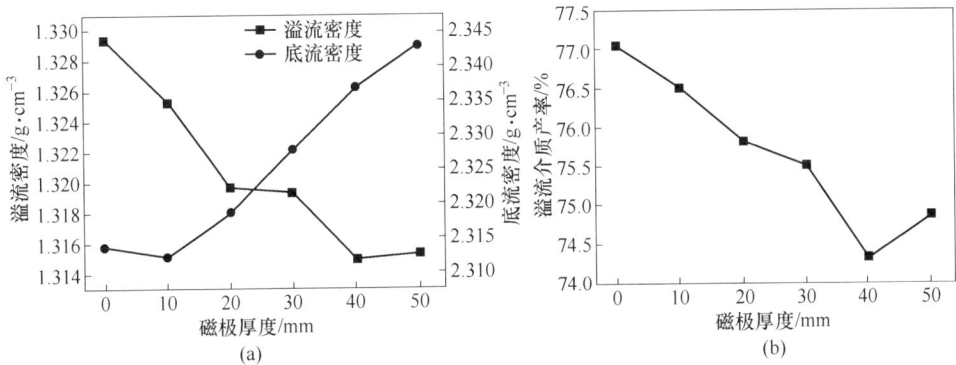

图 3-12 底流口直径为 20 mm 时，不同磁极厚度下的溢流/底流密度(a)及介质产率(b)

由图 3-12 可知，当底流口为 $\phi20$ mm 时，随着磁极厚度的增加，溢流密度逐渐降低，由 1.32 g/cm³ 降低到 1.31 g/cm³；底流密度逐渐增大，由 2.31 g/cm³ 增加到 2.34 g/cm³。随着磁极厚度的增加，溢流介质产率变化趋势与溢流密度变化趋势一致。当磁极厚度由 0 mm 增加到 40 mm，溢流介质产率逐渐降低，由 77.05%降低到 74.31%。当磁极厚度由 40 mm 增加到 50 mm 时，溢流介质产率略有增加，由 74.31%增加到 74.86%。分析认为，可能是当磁极厚度为 50 mm 时，磁场扰乱了旋流器内工况，效果变差。

底流口 $\phi24$ mm 时的试验结果如图 3-13 所示。

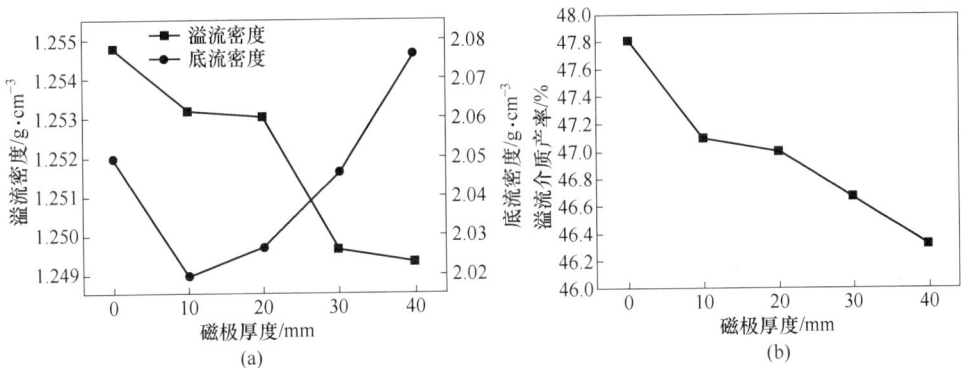

图 3-13 底流口直径为 24 mm 时，不同磁极厚度下的溢流/底流密度(a)及介质产率(b)

由图 3-13 可知，底流口为 $\phi24$ mm 时，随着磁极厚度的增加，溢流密度逐渐降低，由 1.255 g/cm³ 降低到 1.249 g/cm³；底流密度先降低后逐渐增加，磁极厚度由 10 mm 增加到 40 mm 时，底流密度由 2.02 g/cm³ 增加到 2.07 g/cm³。随着磁极厚度的增加，溢流介质产率变化趋势与溢流密度变化趋势一致。当磁极厚度由 0 mm 增加到 30 mm 时，溢流介质产率由 46.32% 增加到 47.81%，增大约 1.5 个百分点，增幅较小。当继续增加磁极厚度到 40 mm 时，溢流介质产率降低到 47.11%。

（2）永磁体在溢流管上的布置方式为两排。

永磁体两排布置在溢流管上的试验采用同样三种底流口。在各个底流口下，改变布置在溢流管的永磁体磁极厚度，考察旋流器内的介质分配规律。

底流口 ϕ14 mm 时的试验结果如图 3-14 所示。

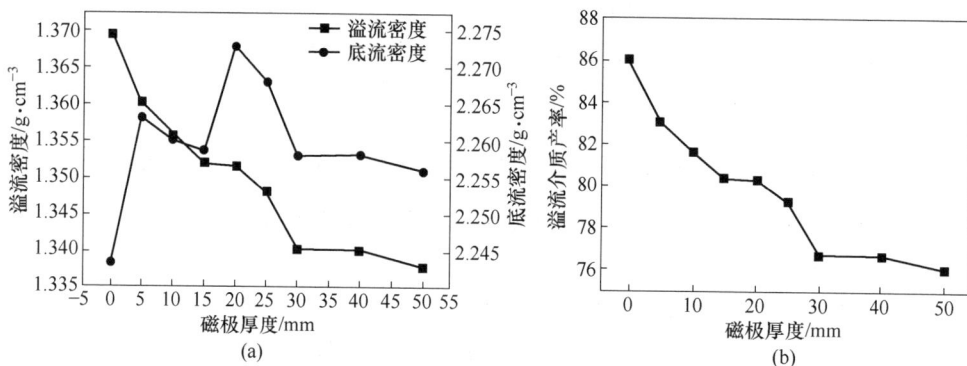

图 3-14　底流口直径为 14 mm 时，不同磁极厚度下的溢流/底流密度(a)及介质产率(b)

由图 3-14 可知，底流口为 ϕ14 mm，随着磁极厚度的增加，溢流密度逐渐降低，由 1.37 g/cm³ 降低到 1.34 g/cm³；底流密度呈现上下波动，波动幅度较小。随着磁极厚度的增加，溢流介质产率变化趋势与溢流密度变化趋势一致。当磁极厚度由 0 mm 增加到 50 mm 时，溢流介质产率 85.95% 降低到 76%。磁极厚度由 0 mm 增加到 30 mm 时，溢流介质产率降低 9.23%，降低的幅度较大。

底流口 ϕ20 mm 时的试验结果如图 3-15 所示。

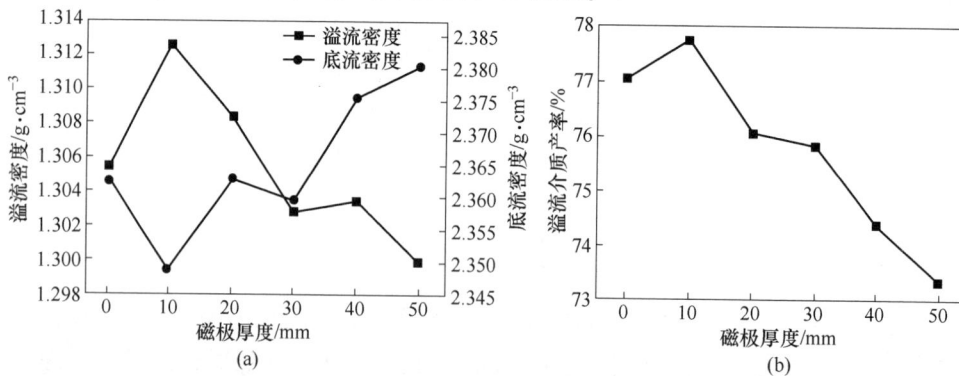

图 3-15　底流口直径为 20 mm 时，不同磁极厚度下的溢流/底流密度(a)及介质产率(b)

由图 3-15 可知，底流口 $\phi20$ mm 时，随着磁极厚度的增加，溢流密度先增大后降低，磁极厚度由 10 mm 增加到 50 mm 时，溢流密度由 1.31 g/cm³ 降低到 1.30 g/cm³；底流密度先降低后增大。随着磁极厚度的增加，溢流介质产率变化趋势与溢流密度变化趋势一致。磁极厚度由 0 mm 增加到 10 mm 时，溢流介质产率略有增大。磁极厚度由 10 mm 增加到 50 mm 时，溢流介质产率降低到 73.35%，降幅较大。

底流口 $\phi24$ mm 时的试验结果如图 3-16 所示。

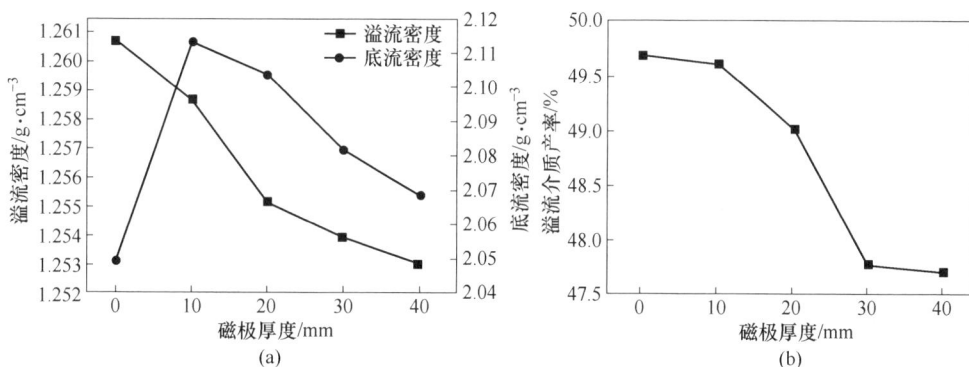

图 3-16 底流口直径为 24 mm 时，不同磁极厚度下的溢流/底流密度(a)及介质产率(b)

由图 3-16 可知，底流口 $\phi24$ mm 时，随着磁极厚度的增加，溢流密度逐渐降低，由 1.261 g/cm³ 降低到 1.255 g/cm³；底流密度先增大后降低，当磁极厚度由 10 mm 增加到 40 mm 时，底流密度由 2.11 g/cm³ 降低到 2.17 g/cm³。随着磁极厚度的增加，溢流介质产率变化趋势与溢流密度变化趋势一致。当磁极厚度由 0 mm 增加到 30 mm 时，溢流介质产率由 49.67% 降低到 47.75%，降低幅度较大。磁极厚度由 30 mm 增加到 40 mm 时，溢流介质产率降低幅度较小。

由以上永磁体在溢流管上一排、两排布置试验结果可知，在溢流管上外加永磁磁场后，随着磁极厚度的增加即磁场强度的增大，溢流介质产率逐渐降低，可以降低分选密度。

（3）永磁体在溢流管上的布置方式为总数相同，布置方式分别为一排、二排、三排。

考察当永磁体的总数相同时，永磁体在溢流管上分别为一排、二排和三排布置对介质分配的影响。试验均在底流口 $\phi20$ mm 情况下进行。永磁体的总数为 24 和 48 下试验结果如图 3-17 所示。

由图 3-17 可知，当布置在溢流管上的永磁体总数为 24，一排 6 个、二排 3 个、三排 2 个时，溢流介质产率呈现上下波动，相对于磁极厚度为 0 mm 时的溢流介质产率在 0.6% 左右范围内变化，变化幅度很小。当布置在溢流管上的永磁

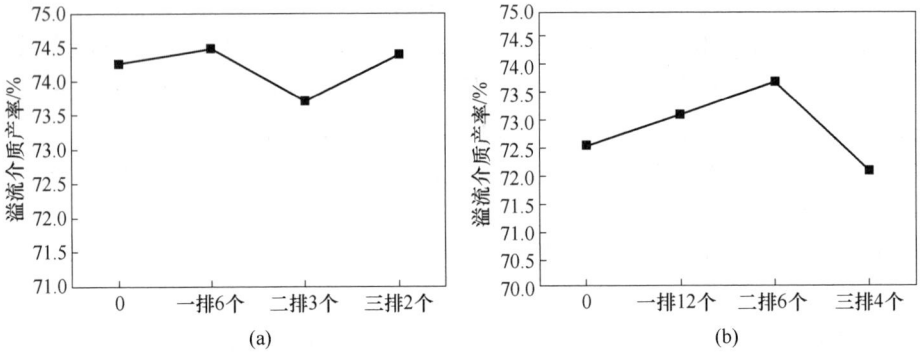

图 3-17 永磁体总数为 24 和 48 时溢流介质产率

（a）永磁体总数为 24；（b）永磁体总数为 48

体总数为 48，一排 12 个、二排 6 个、三排 4 个时，溢流介质产率呈现上下波动，相对于磁极厚度为 0 mm 时的溢流介质产率最大变化幅度为 1.5%，变化幅度不大。由此可以看出，当永磁体总数一定时，溢流介质产率的变化与一排、二排、三排的布置方式关系不大。

3.2.2 对粗煤泥分选效果的影响

配制悬浮液密度为 1.4 g/cm³，粗煤泥分选试验选用底流口 ϕ20 mm，入料压力为 0.1 MPa，永磁体布置方式为一排，磁极厚度分别为 0 mm、20 mm、40 mm。永磁体一排布置时的试验结果如图 3-18 所示。

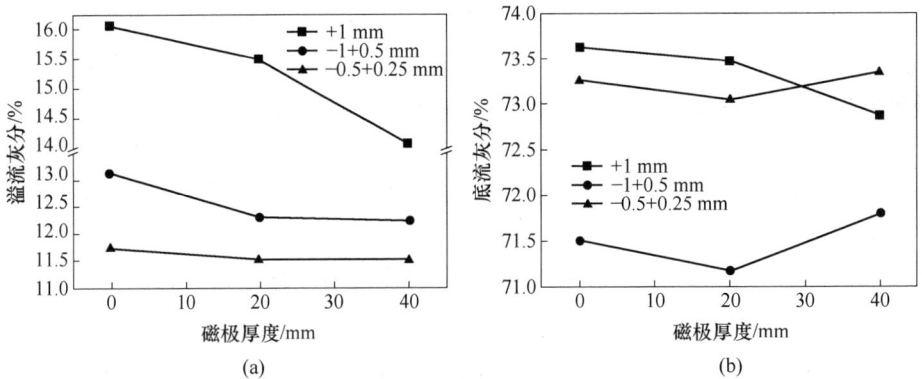

图 3-18 不同磁极厚度下溢流/底流灰分

（a）溢流灰分；（b）底流灰分

由图 3-18 可知，溢流中+1 mm 粒级产率随着磁极厚度的增大逐渐减小，−1+0.5 mm 粒级和−0.5+0.25 mm 粒级分配率变化很小。溢流各粒级灰分随着磁极厚度的增加逐渐减小，其中+1 mm 粒级灰分减小幅度最大，−0.5+0.25 mm 粒级灰分基本保持不变。底流-1+0.5 mm 粒级和-0.5+0.25 mm 粒级灰分随着磁极厚度的增加先减小后增大，在磁极厚度为 20 mm 时灰分最小。当永磁体一排布置时，溢流灰分和分配率随磁极厚度的增加逐渐减小，底流灰分随着磁极厚度的增加先减小后增大但变化幅度不大，说明此时旋流器内的分选密度逐渐降低。因此在溢流管处加永磁体可减小溢流管直径，降低分选密度，且随着磁极厚度的增加，效果越明显。

3.2.3 永磁场数值模拟分析

单块永磁体磁极面中心磁感应强度随距离的变化曲线如图 3-19 所示。

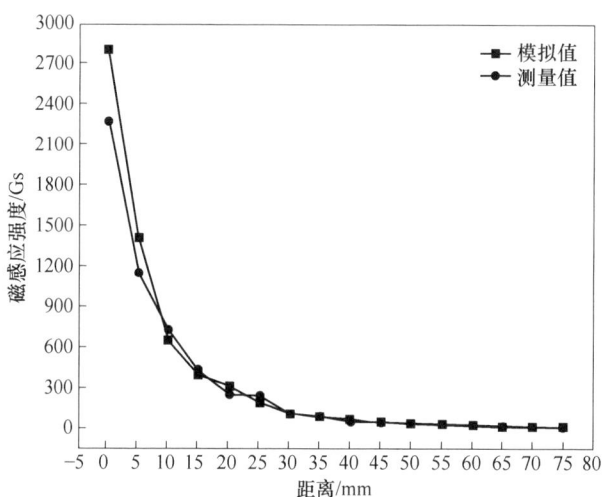

图 3-19 永磁体中心磁场 ANSYS 模拟值与测量值

由图 3-19 可知，永磁体中心磁感应强度的模拟值略大于测量值。当与磁极面中心的距离较小时，模拟值与测量值的差值较大，随着距离的逐渐增大，两者的差值逐渐减小。永磁体中心的磁感应强度随距离的增大先急剧减小，随着距离的逐渐增大，磁感应强度逐渐减小，并逐渐趋于零。由 ANSYS 模拟得到的磁感应强度变化规律与测量所得的规律是一致的，说明模型参数设置合理，能够较真实地反映永磁体的磁场分布。

按照上述方法对重介质旋流器溢流管外加永磁体，对磁极厚度分别为 10 mm、20 mm、30 mm、40 mm 时的磁场分布进行模拟分析，建立的二维模型如图 3-20 所示。

重介质旋流器溢流管外加永磁体不同磁极厚

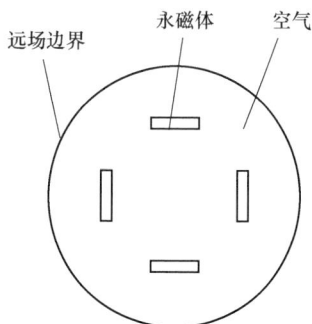

图 3-20 二维模型

度下的磁感线分布和磁场强度云图如图 3-21 和图 3-22 所示。

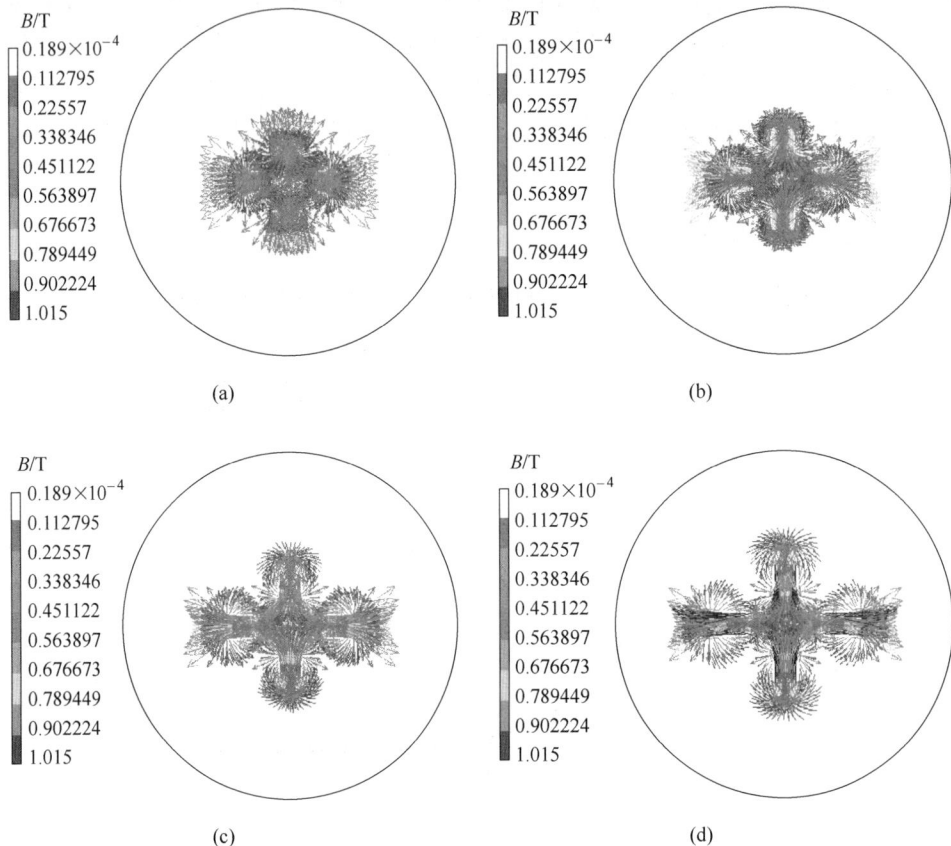

图 3-21　磁感线分布

（a）磁极厚度为 10 mm；（b）磁极厚度为 20 mm；
（c）磁极厚度为 30 mm；（d）磁极厚度为 40 mm

彩图

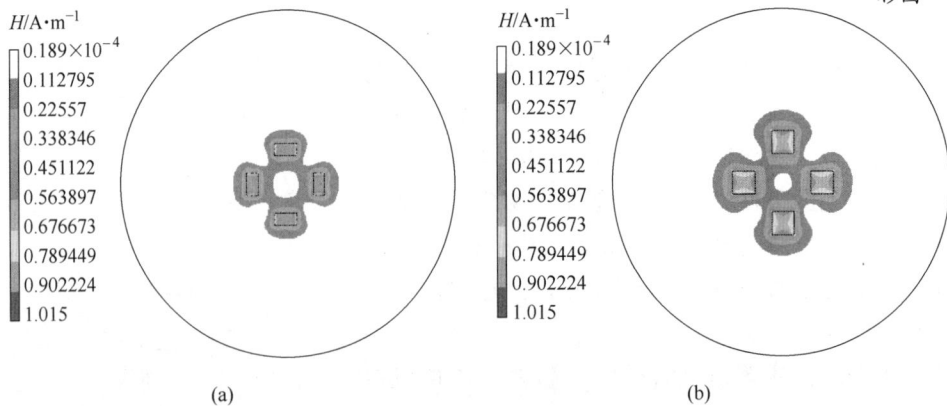

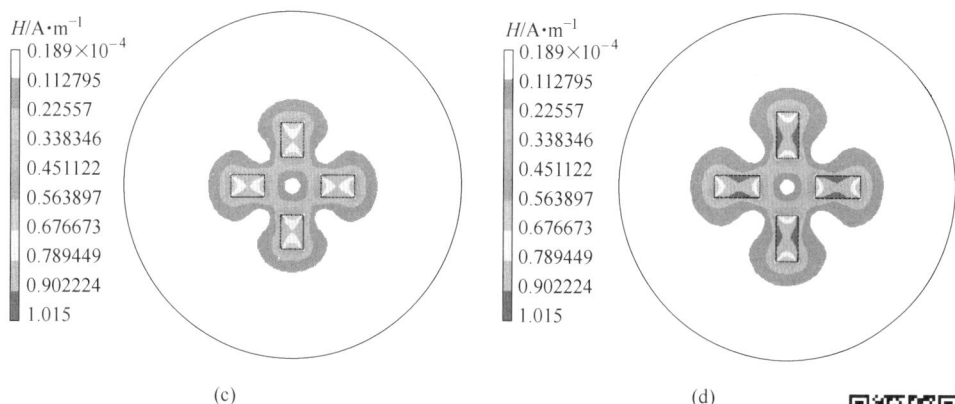

图 3-22 磁场强度云图

（a）磁极厚度为 10 mm；（b）磁极厚度为 20 mm；
（c）磁极厚度为 30 mm；（d）磁极厚度为 40 mm

彩图

由图 3-21 和图 3-22 可以清楚地看出，磁场分布和磁场强度在不同磁极厚度下的变化趋势：在永磁体棱边的位置，磁通密度大，此位置的磁场强度最大。永磁体中心的磁场强度次之，两磁极中心处磁场强度最小。在圆管的中心处形成磁场强度很弱的圆结构。随着磁极厚度的增大，管内的磁场强度逐渐增大。在忽略磁场损耗的情况下，磁极厚度越大，磁场强度越大。随着磁极厚度的增大，磁感线和磁通密度越趋于与溢流管同心的圆结构，并在同一圆周上磁场强度大小近乎相等。随着磁极厚度的增大，管内同一半径圆周上的磁场强度也逐渐增大。

综上所述，在溢流管内，圆周方向的磁力较均匀分布，径向有较强的磁场梯度，磁通密度在径向会迅速下降，获得较强的磁力，磁性颗粒会沿着磁力增大的方向移动，即被吸附到管壁内侧，从而达到变径的目的。

3.3 永磁场作用于锥部对分选效果的影响

3.3.1 对重介质分配规律的影响

试验过程中分别在 ϕ20 mm、ϕ24 mm 底流口下改变磁极厚度，磁极在旋流器锥部的布置方式分别为四磁极、六磁极两种。

底流口 ϕ20 mm、锥部四磁极布置时的试验结果如图 3-23 所示。

由图 3-23 可知，在底流口为 ϕ20 mm、四磁极布置时，随着磁极厚度的增加，溢流密度呈现上下波动，底流密度逐渐降低，由 2.49 g/cm^3 降低到 2.01 g/cm^3，溢流介质产率逐渐下降。磁极厚度由 0 mm 增加到 60 mm 时，溢流介质产率由

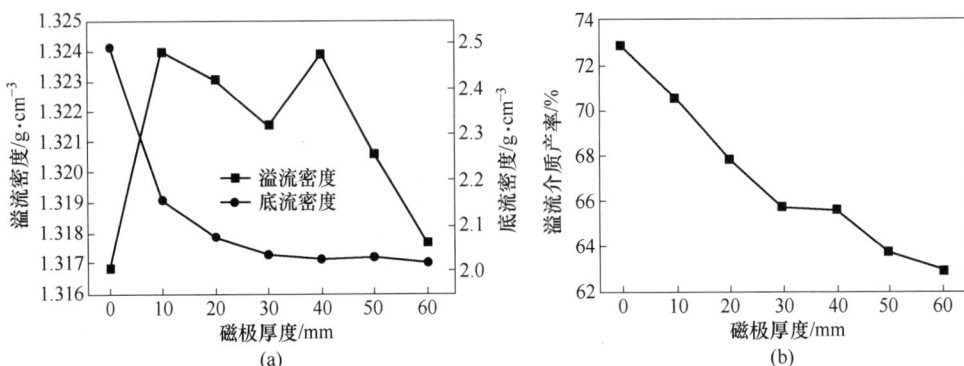

图 3-23　底流口直径为 20 mm、锥部四磁极布置时，不同磁极厚度下的溢流/
底流密度（a）及溢流介质产率（b）

72.93% 降低到 62.88%，降低约 10 个百分点，降低幅度较大。

底流口 ϕ24 mm、锥部四磁极布置时的试验结果如图 3-24 所示。

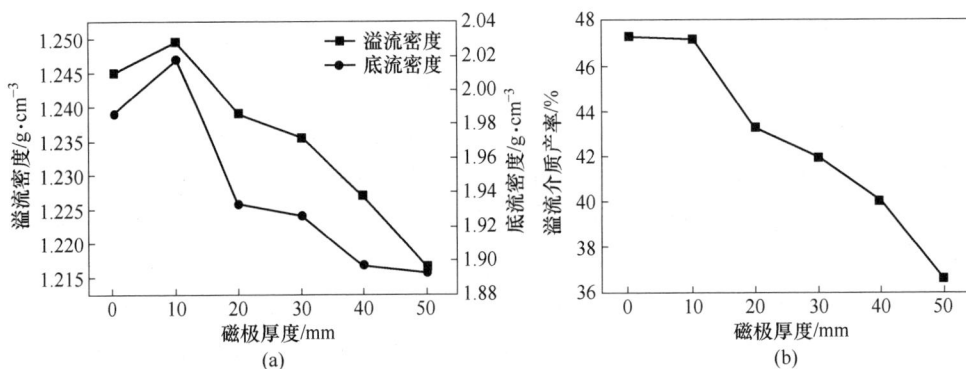

图 3-24　底流口直径为 24 mm、锥部四磁极布置时，不同磁极厚度下的溢流/
底流密度(a)及溢流介质产率(b)

由图 3-24 可知，底流口为 ϕ24 mm、锥部四磁极布置时，随着磁极厚度的增加，底/溢流密度先增大后降低，溢流介质产率逐渐降低。当磁极厚度由 0 mm 增加到 50 mm 时，溢流介质产率由 47.27% 降低到 36.59%，降低约 10%。

底流口 ϕ20 mm、锥部六磁极布置时的试验结果如图 3-25 所示。

由图 3-25 可知，底流口为 ϕ20 mm、六磁极布置时，随着磁极厚度的增加，溢流密度先增加后降低，底流密度逐渐降低；随着磁极厚度的增加，溢流介质产率逐渐降低。当磁极厚度由 0 mm 增加到 40 mm 时，溢流介质产率由 72.77% 降低到 64.13%，降低约 8 个百分点。

底流口 ϕ24 mm、锥部六磁极布置时的试验结果如图 3-26 所示。

由图 3-26 可知，底流口为 ϕ24 mm、锥部六磁极布置时，随着磁极厚度的增加，溢流密度和底流密度逐渐降低，溢流密度在磁极厚度 40 mm、底流密度在磁

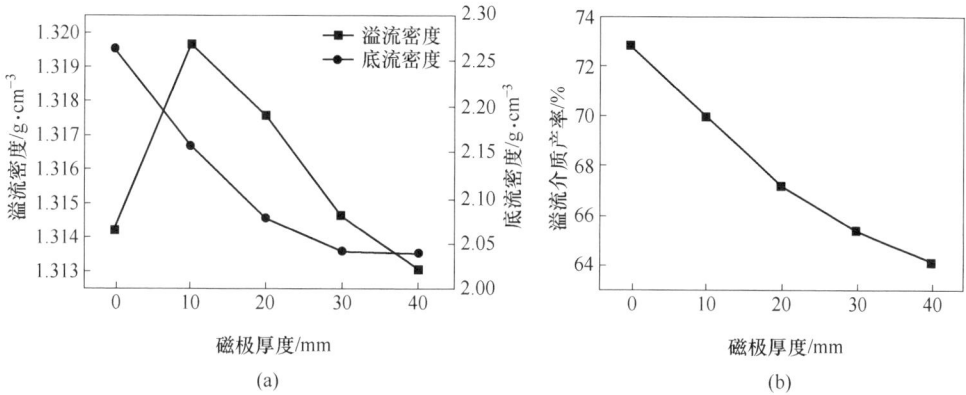

图 3-25　底流口直径为 20 mm、锥部六磁极布置时，不同磁极厚度下溢流/
底流密度（a）及溢流介质产率（b）

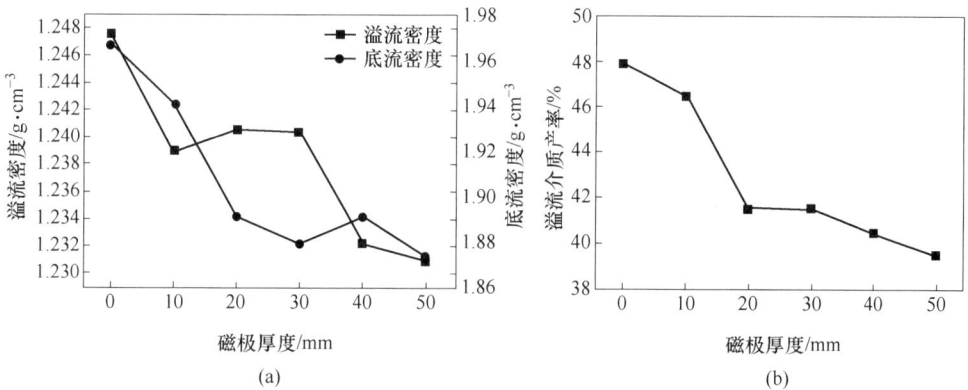

图 3-26　底流口直径为 24 mm、锥部六磁极布置时，不同磁极厚度下的溢流/
底流密度(a)及溢流介质产率(b)

极厚度 10 mm 时存在奇异点。随着磁极厚度的增加，溢流介质产率逐渐降低，当磁极厚度由 10 mm 增加到 20 mm 时，溢流介质产率降低幅度较大。

综上分析可知，当在旋流器锥部布置永磁体时，随着磁极厚度的增加，溢流介质产率逐渐降低，说明在旋流器锥部布置永磁体，可以降低旋流器内分选密度。当永磁体在旋流器锥部均为四磁极布置或六磁极布置时，在磁极厚度增加相同时，底流口 $\phi20$ mm 和 $\phi24$ mm 溢流介质产率降低幅度相差不大，但底流口 $\phi20$ mm 时的溢流介质产率较底流口 $\phi24$ mm 时的溢流介质产率高。说明底流口较小时，旋流器内分选密度较高，这与理论相符。当磁极布置在旋流器锥部、同一底流口下，在磁极厚度增加相同时，永磁体六磁极布置时溢流介质产率降低幅度较四磁极布置时降低幅度大，说明多磁极布置时更有利于旋流器内分选密度的调节。

3.3.2 对粗煤泥分选效果的影响

永磁体在旋流器锥部布置时，粗煤泥分选试验选用的底流口为 φ20 mm，采用四磁极布置，入料压力为 0.1 MPa，试验结果如图 3-27 所示。

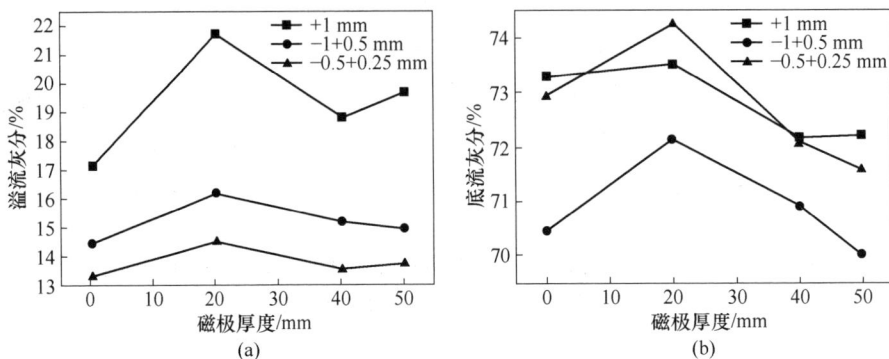

图 3-27 不同磁极厚度下的溢流/底流灰分（一）
(a) 溢流灰分；(b) 底流灰分

由图 3-27 可知，溢流各粒级分配率随着磁极厚度的增大先增大后降低，在磁极厚度为 40 mm 时略有降低，溢流中各粒级灰分随磁极厚度的增大先增大后降低。当磁极厚度由 40 mm 增加到 50 mm 时，−0.5+0.25 mm 粒级和+1 mm 粒级灰分略有增大，但变化量较小。底流中各粒级灰分随磁极厚度的增大先增大后降低，−1+0.5 mm 粒级和−0.5+0.25 mm 粒级灰分变化幅度较大，各粒级灰分均大于 70%。

综上所述，锥部外加永磁体后，随着磁极厚度的增大，灰分的分配率先增大后降低，溢流灰分先增大后减小之后略有增大，底流灰分先增大后减小。当磁极厚度增加到 50 mm 时存在异常点，可能是此时的磁场强度较大使得旋流器内部的工况变差，分选效果变差。因此，在锥部外加永磁体可以降低旋流器内的分选密度。

由图 3-27 可以看出，当磁极厚度由 0 mm 增加到 20 mm 时，底溢流各粒级灰分均增大，可以增大分选密度。为进一步验证该结论的正确性，在磁极厚度为 0~20 mm 下进行粗煤泥分选试验，试验结果如图 3-28 所示。

由图 3-28 可知，随着磁极厚度的增大，溢流中+1 mm 粒级分配率呈现上下波动，变化不大，−1+0.5 mm 粒级和−0.5+0.25 mm 粒级的灰分逐渐增大。溢流各粒级灰分先增大后略有降低，磁极厚度为 15 mm 时溢流灰分最大。底流各粒级灰分变化不大。当磁极厚度由 0 mm 增加到 20 mm 时，溢流各粒级的灰分变化不大，溢流/底流灰分在磁极厚度为 15 mm 时均发生变化，溢流灰分逐渐增大，

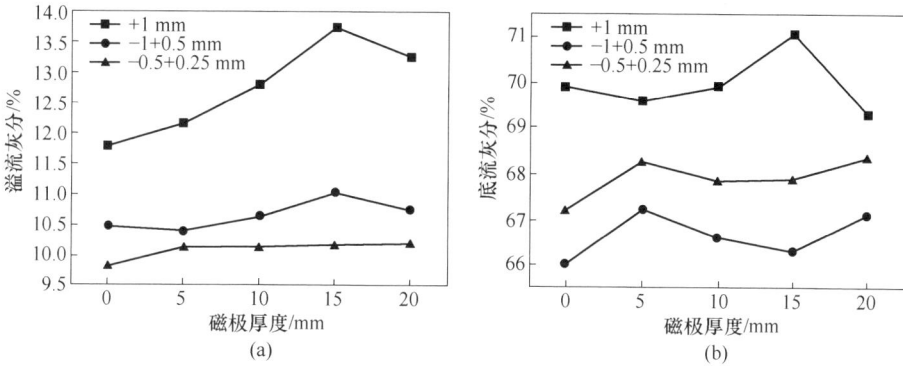

图 3-28 不同磁极厚度下的溢流/底流灰分 （二）

（a）溢流灰分；（b）底流灰分

底流灰分降低。因此，当磁场强度较弱时，在一定范围内可以增加分选密度。

3.4 永磁场作用于底流口对分选效果的影响

3.4.1 对重介质分配规律的影响

永磁体布置在旋流器底流口时，分别在 φ20 mm、φ24 mm 底流口下改变磁极厚度，底流口 φ20 mm 时的试验结果如图 3-29 所示。

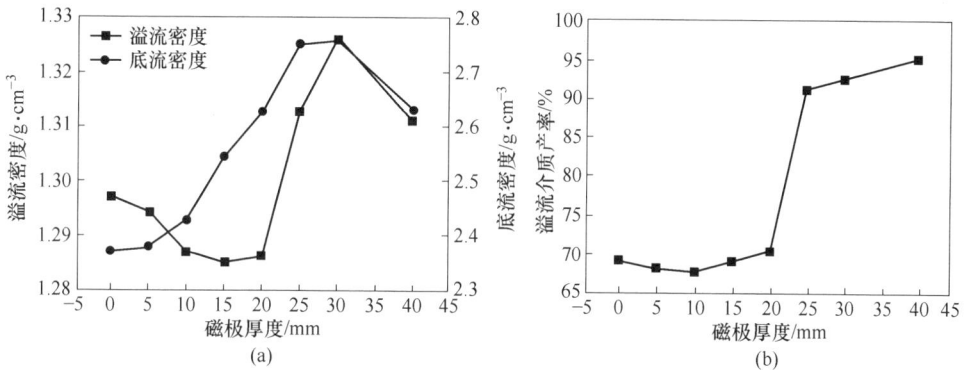

图 3-29 永磁体布置、底流口 φ20 mm 时不同磁极厚度下的溢流/底流密度(a)及溢流介质产率(b)

由图 3-29 可知，底流口为 φ20 mm 时，随着磁极厚度的增加，溢流密度先减小后增大，磁极厚度由 0 mm 增加到 15 mm 时，溢流密度由 1.297 g/cm³ 降低到 1.285 g/cm³。磁极厚度由 15 mm 增加到 30 mm 时，溢流密度增大到 1.326 g/cm³，增幅较大；底流密度逐渐增大后降低，当磁极厚度由 0 mm 增加到 30 mm 时，底流密度由 2.37 g/cm³ 增加到 2.76 g/cm³。

随着磁极厚度的增加，溢流介质产率变化趋势与溢流密度变化趋势一致。磁极厚度为 10 mm 时，溢流介质产率最小。磁极厚度由 0 mm 增加到 10 mm 时，溢流介质产率由 69.05% 降低到 67.68%。随着磁极厚度的增大，溢流介质产率逐渐增大，当磁极厚度为 40 mm 时，溢流介质产率增加到 95.26%。其中，当磁极厚度由 20 mm 增加到 25 mm 时溢流介质产率增加幅度较大，可调范围较广。

底流口 ϕ24 mm 时的试验结果如图 3-30 所示。

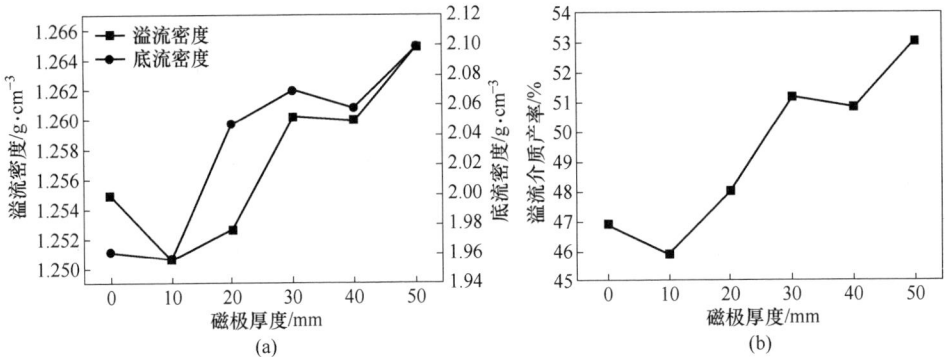

图 3-30   永磁体布置、底流口 ϕ24 mm 时不同磁极厚度下的溢流/底流密度(a)和溢流介质产率(b)

由图 3-30 可知，底流口为 ϕ24 mm 时，随着磁极厚度的增加，溢流密度先降低后增大，当磁极厚度由 10 mm 增加到 50 mm 时，溢流密度由 1.251 g/cm³ 增加到 1.265 g/cm³。底流密度先减小后增大，当磁极厚度由 10 mm 增加到 50 mm 时，底流密度由 1.96 g/cm³ 增加到 2.11 g/cm³。

随着磁极厚度的增加，溢流介质产率变化趋势与溢流密度变化趋势一致。随着磁极厚度的增加，溢流介质产率先降低后逐渐增大，当磁极厚度为 10 mm 时，溢流介质产率最小为 45.93%。当磁极厚度由 0 mm 增加到 10 mm 时，溢流介质产率由 46.92% 降低到 45.93%。当磁极厚度继续增大，除磁极厚度为 40 mm 时，溢流介质产率随磁极厚度的增加逐渐增大。

综上所述，当在旋流器底流口处布置永磁体磁场后，随着磁极厚度的增大，溢流介质产率先降低后增大。当磁极厚度较小时，溢流介质产率降低，说明此时旋流器内的分选密度降低。随着磁极厚度的逐渐增大，溢流介质产率大幅增加，说明此时旋流器内的分选密度增大。

3.4.2   对粗煤泥分选效果的影响

为验证试验结果的正确性，将永磁体布置在旋流器底流口的粗煤泥分选试验时，选用两个旋流器底流口 ϕ20 mm 和 ϕ24 mm 进行试验。

底流口 ϕ20 mm 时的粗煤泥分选试验结果如图 3-31 所示。

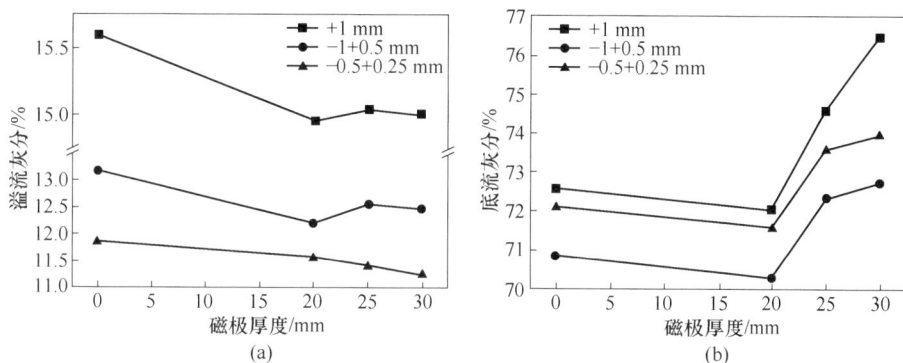

图 3-31　不同磁极厚度下的溢流/底流灰分（三）

（a）溢流灰分；（b）底流灰分

由图 3-31 可知，溢流各粒级灰分随着磁极厚度的增大基本呈降低趋势。当磁极厚度从 0 mm 增大到 20 mm 时，+1 mm 粒级灰分减小较明显，而后随着磁极厚度的增加，灰分基本不变；−1+0.5 mm 粒级灰分随磁极厚度的增加呈现上下波动，当磁极厚度为 20 mm 时出现极小值；−0.5+0.25 mm 粒级灰分随磁极厚度的增加降低速度最快。总体来看，溢流灰分的变化幅度很小。底流各粒级灰分随着磁极厚度的增大先降低后增大，+0.25mm 各粒级灰分均大于 70%。当磁极厚度较小时磁力较小，底流口处流速较大，作用到底流口处的磁力不足以吸附足够的磁铁矿粉实现变径；但是，磁铁边缘有向下的磁力分量使得在柱-锥过渡处吸附一定的磁铁矿粉，使得分选密度降低。因此当磁极厚度从 0 mm 增加到 20 mm 时，底流各粒级灰分均降低；当磁极厚度逐渐增大时，此时的磁力能吸附足够的磁铁矿粉来减小底流口的过流面积，增大分选密度，各粒级灰分均增大，+1 mm 粒级灰分增大速度最快。

底流口 φ24 mm 时的试验结果如图 3-32 所示。

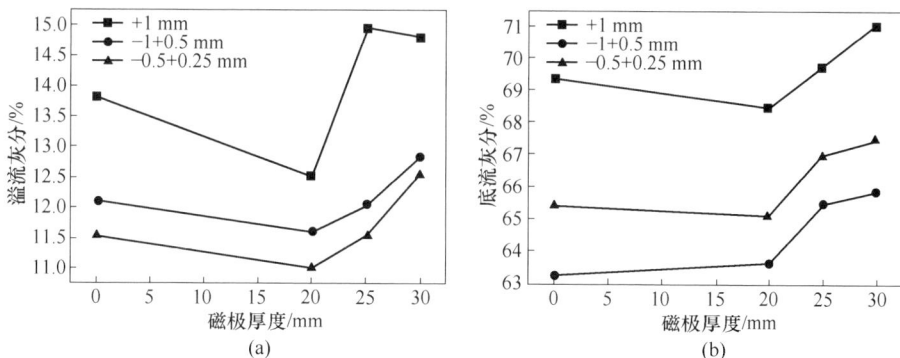

图 3-32　不同磁极厚度下的溢流/底流灰分（四）

（a）溢流灰分；（b）底流灰分

　　由图 3-32 可知，溢流各粒级灰分随磁极厚度的增大先减小后增大，当磁极厚度为 20 mm 时溢流灰分最小。当磁极厚度由 20 mm 增加到 30 mm 时，+1 mm 粒级灰分在磁极厚度为 25 mm 时出现最大值。底流各粒级灰分随磁极厚度的增大先减小后增大，当磁极厚度为 20 mm 时底流灰分最小。因此，在旋流器底流口布置永磁体磁场可以降低分选密度。

4 多磁极永磁场调控重介质旋流器分选效果

4.1 二倍磁系永磁场调控重介质旋流器分选效果

4.1.1 作用于溢流管对分选效果的影响

4.1.1.1 对重介质分配规律的影响

配制密度为 1.40 g/cm³ 的重介质悬浮液，入料压力为 0.08 MPa。待系统运行稳定后，在溢流管处放置永磁体，记录各产品密度变化趋势，得到不同磁极厚度下旋流器溢流/底流密度变化规律，如图 4-1 所示。

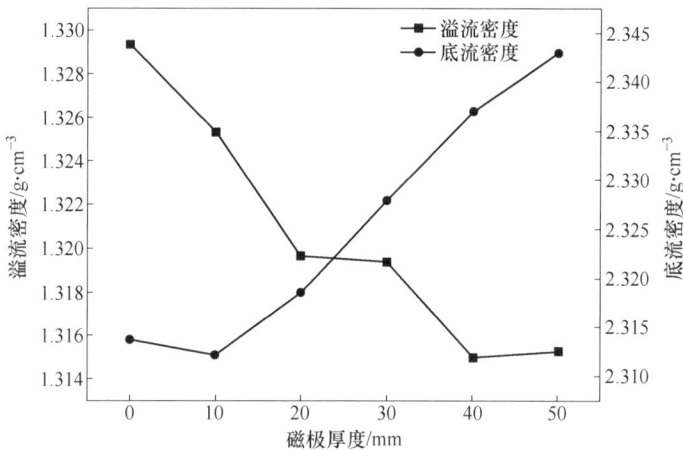

图 4-1 不同磁极厚度下的溢流/底流密度（Ⅰ）

由图 4-1 可知，当永磁体四磁极交替排列作用于旋流器溢流管时，随着磁极厚度的增加，溢流密度逐渐降低，由 1.32 g/cm³ 降低到 1.31 g/cm³；底流密度逐渐增大，由 2.31 g/cm³ 增加到 2.34 g/cm³。由此可见，当在旋流器溢流管外布置永磁体时，合适的磁极厚度会对旋流器内进入底流和溢流的重介质分配产生影响。

4.1.1.2 对粗煤泥分选效果的影响

配制密度为 1.35 g/cm³ 的重介质悬浮液，并加入煤样，矿浆浓度为 100 g/L，入料压力为 0.08 MPa，试验结果如图 4-2 所示。

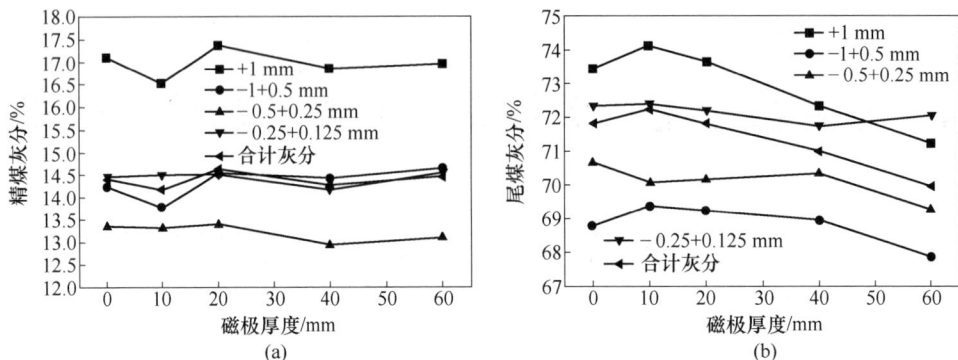

图 4-2　不同磁极厚度下精煤/尾煤灰分（一）

（a）精煤灰分；（b）尾煤灰分

由图 4-2 可知，当永磁体四磁极交替排列作用于旋流器溢流管时，精煤灰分总体呈现先降低后基本不变的趋势。当磁极厚度为 10 mm 时，精煤中粗粒级灰分降低，+1 mm 粒级精煤灰分由 17.11% 降低到 16.51%，−1+0.5 mm 粒级精煤灰分由 14.23% 降低到 13.78%、−0.5+0.25 mm 和−0.25+0.125 mm 两个细粒级灰分基本不变。当磁极厚度继续增加时，各粒级的精煤灰分基本保持不变。尾煤灰分总体呈现先升高后降低的趋势。当磁极厚度为 10 mm 时，尾煤中除−0.5+0.25 mm 粒级外，其余各粒级灰分均有所升高，磁极厚度大于 10 mm 时，随着磁极厚度的增加，各粒级灰分均有所降低。当磁极厚度为 40 mm 时，+1 mm 粒级尾煤灰分从 74.13% 降低到 71.23%，−1+0.5 mm 粒级灰分从 69.37% 降低到 67.87%。

由此可见，当采用四磁极交替布置的二倍磁系作用于旋流器溢流管时，随着磁极厚度的增加，在永磁体表面磁感应强度增加时，精煤灰分基本保持不变，而尾煤灰分出现降低的趋势，说明二倍磁系作用于旋流器溢流管时，增大了精煤在底流中的损失，不利于旋流器的分选。

4.1.2　作用于锥部对分选效果的影响

永磁体在旋流器锥部的布置同溢流管一样，采用 N52 永磁体四磁极交替（N-S-N-S）对称的布置方式，布置位置分别为圆柱下端、锥部上端、锥部中间和锥部下端 4 个，如图 4-3 所示。通过改变磁极厚度的方式改变磁系表面磁感应强度，研究二倍磁系永磁体作用于锥部各位置时对重介质旋流器分选效果的影响。

4.1.2.1　对重介质分配规律的影响

配制密度为 1.30 g/cm³ 的重介质悬浮液，入料压力为 0.08 MPa。永磁体布置位置为锥部下端，磁极厚度为 10 mm、30 mm、50 mm、70 mm、90 mm。不同磁极厚度下旋流器溢流/底流密度变化规律，如图4-4所示。

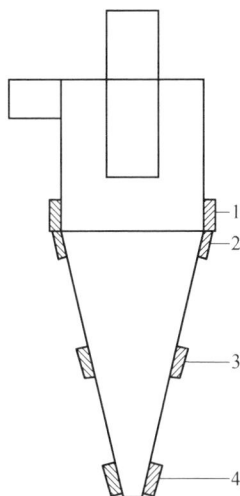

图4-3 永磁体在锥部
的布置位置

1—圆柱下端；2—锥部上端；
3—锥部中间；4—锥部下端

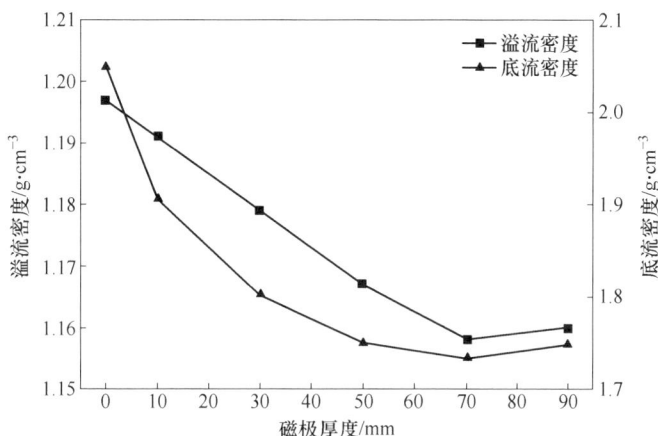

图4-4 不同磁极厚度下的溢流/底流密度（Ⅱ）

由图4-4可知，当永磁体四磁极交替排列作用于旋流器锥部下端时，随着磁极厚度的增加，溢流密度和底流密度都明显随着磁场强度的升高而降低。当磁极厚度从0 mm增加到70 mm时，溢流密度从1.197 g/cm³降低到1.158 g/cm³，底流密度从2.05 g/cm³降低到1.733 g/cm³，降幅较大。当磁极厚度从70 mm增加到90 mm时，溢流密度和底流密度基本保持不变。

由此可见，当在旋流器锥部下端布置永磁体时，永磁场的作用能够对旋流器内进入底流和溢流的重介质分配产生影响，从而影响旋流器内的分选密度。

4.1.2.2 对粗煤泥分选效果的影响

配制密度为1.35 g/cm³的重介质悬浮液，并加入煤样，煤在矿浆中的浓度为100 g/L，入料压力为0.08 MPa。永磁体布置位置如图4-3所示。

（1）当二倍磁系布置于旋流器圆柱下端时，试验结果如图4-5所示。

由图4-5可知，精煤灰分总体呈现上升趋势，且各粒级灰分均上升，随着磁系厚度的增加，精煤合计灰分从10.33%增加到16.60%；尾煤灰分整体呈下降趋势，且各粒级灰分均呈下降趋势，随着磁系厚度的增加，尾煤合计灰分从64.46%下降到47.24%。

由此可见，二倍磁系永磁场作用于旋流器的圆柱下端时，破坏了重介质旋流器的正常分选，随着磁系厚度的增加，精煤灰分升高，尾煤灰分下降；说明永磁

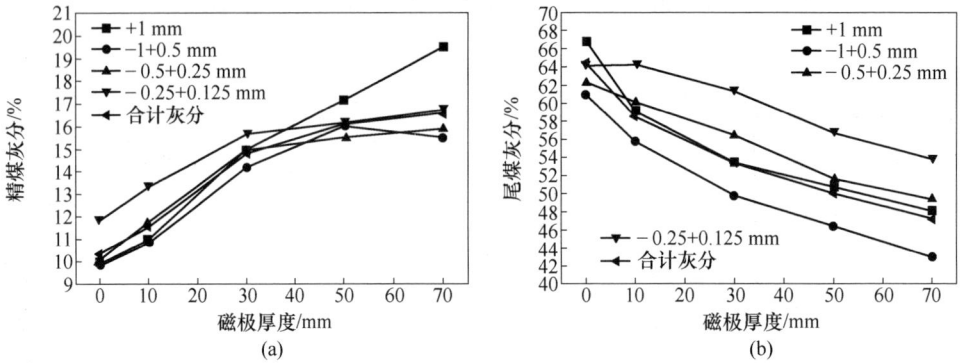

图 4-5　不同磁极厚度下精煤/尾煤灰分（二）

（a）精煤灰分；（b）尾煤灰分

场的作用下，使得本应进入旋流器底流的矸石错配到溢流的精煤中，进入旋流器底流的矸石中也夹带着部分精煤，磁场的引入破坏了旋流器的分选工作，使得重介质旋流器的实际分选效率下降。

（2）当二倍磁系布置于旋流器锥部上端时，试验结果如图 4-6 所示。

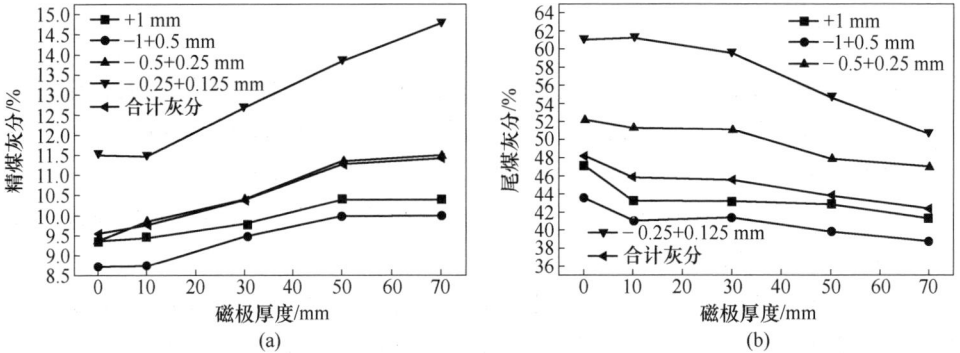

图 4-6　不同磁极厚度下精煤/尾煤灰分（三）

（a）精煤灰分；（b）尾煤灰分

由图 4-6 可知，当永磁体四磁极交替排列作用于旋流器锥部上端时，精煤灰分总体呈现上升趋势，且各粒级灰分均上升，随着磁系厚度的增加，精煤合计灰分从 9.54% 增加到 11.43%；尾煤灰分整体呈下降趋势，且各粒级灰分均呈下降趋势，随着磁系厚度的增加，尾煤合计灰分从 48.18% 下降到 42.42%。

由此可见，二倍磁系永磁场作用于旋流器的锥部上端时同作用于旋流器圆柱下端的作用效果一样，也破坏了旋流器的分选，使其分选效果下降。

（3）当二倍磁系布置于旋流器锥部中间时，试验结果如图 4-7 所示。

由图 4-7 可知，精煤灰分总体呈先升高后下降的趋势，当磁极厚度为 10 mm

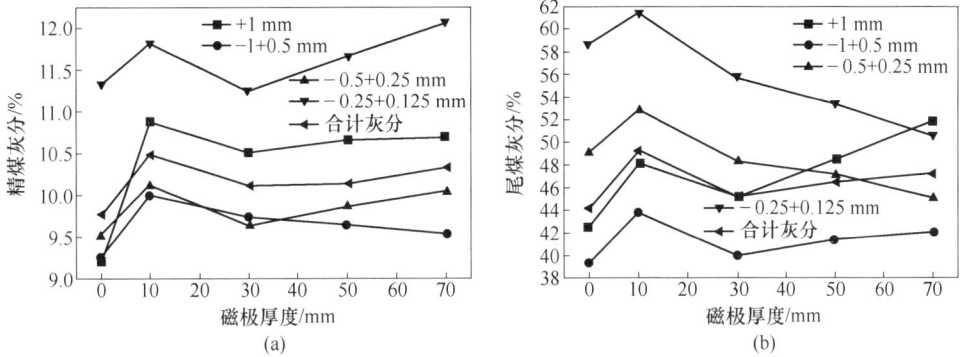

图 4-7 不同磁极厚度下精煤/尾煤灰分 （四）
（a）精煤灰分；（b）尾煤灰分

时，精煤各粒级灰分均出现升高趋势，合计灰分从 9.75% 增加到 10.49%；当磁极厚度为 20 mm 时，精煤灰分开始下降，随着磁极厚度的增加，精煤合计灰分从 10.49% 下降到 10.12%。尾煤灰分总体上也基本呈现先升高后下降的趋势，当磁极厚度为 10 mm 时，尾煤各粒级灰分均出现升高趋势，合计灰分从 44.14% 增加到 49.23%；当磁极厚度为 20 mm 时，尾煤灰分开始下降，随着磁极厚度的增加，尾煤合计灰分下降到 45.22%。

由此可见，当四磁极交替排列作用于旋流器锥部中间时，在永磁场作用下能够调控重介质旋流器的分选密度。当磁极厚度为 10 mm 时，精煤灰分和尾煤灰分均升高，说明永磁场的引入，提高了旋流器的分选密度；当磁极厚度继续增加时，精煤灰分和尾煤灰分均降低，说明磁感应强度的增加，在磁场力的作用下降低了旋流器的分选密度。

（4）当二倍磁系布置于旋流器锥部下端时，试验结果如图 4-8 所示。

由图 4-8 可知，当永磁体四磁极交替排列作用于旋流器锥部下端时，精煤灰分总体呈先升高后下降的趋势。当磁极厚度为 10 mm 时，精煤各粒级灰分均出现升高趋势，合计灰分从 14.37% 增加到 15.64%。当磁极厚度为从 10 mm 增加到 70 mm 时，精煤灰分下降，随着磁极厚度的增加，磁极表面磁感应强度的增强，精煤各粒级灰分随着磁场强度的增加，都明显下降，合计灰分从 15.64% 下降到 11.67%。当永磁体四磁极交替排列作用于旋流器锥部下端时，尾煤灰分总体上也基本呈现先升高后下降的趋势，当磁极厚度为从 10 mm 增加到 70 mm 时，尾煤各粒级灰分随着磁场强度的增加均明显下降，合计灰分从 72.45% 下降到 53.95%。

由此可见，当四磁极交替对称排列作用于旋流器圆柱下端和圆锥上端时，会破坏旋流器的正常分选，增大精煤在旋流器底流中的损失，导致精煤灰分升高，

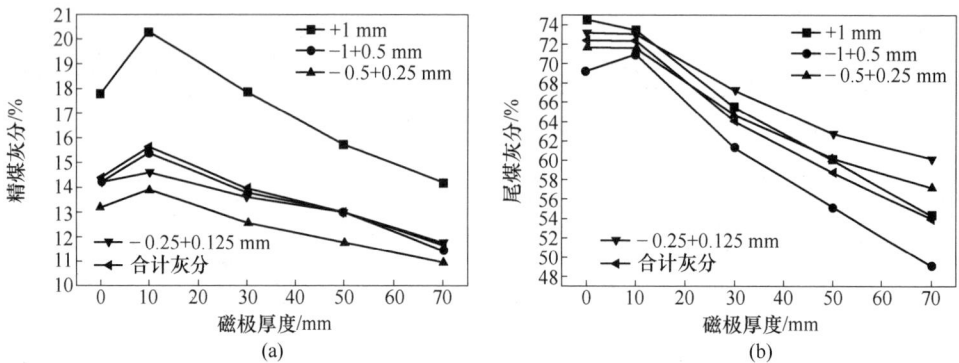

图 4-8 不同磁极厚度下精煤/尾煤灰分（五）

（a）精煤灰分；（b）尾煤灰分

尾煤灰分降低，不利于旋流器的分选作业。当四磁极交替排列作用于旋流器锥部下端时，在永磁场的作用下能够调控重介质旋流器的分选密度。当磁极厚度为 10 mm 时，精煤灰分和尾煤灰分均升高，说明二倍磁系永磁场作用于旋流器锥部下端，提高了旋流器的分选密度；当磁极厚度继续增加时，精煤灰分和尾煤灰分均明显降低，说明磁感应强度的增加，在磁场力的作用下，降低了旋流器的分选密度。

（5）分选效果评价。

选取试验效果最优的磁系设置方法。试验中选用 N52 钕铁硼永磁体，四磁极交替对称布置于重介质旋流器锥部下端，配制密度为 1.35 g/cm³ 的重介质悬浮液，并加入煤样，矿浆浓度为 100 g/L，入料压力为 0.08 MPa，磁极厚度分别为 0 mm、10 mm、30 mm 和 70 mm。不同磁极厚度下的精煤灰分和尾煤灰分如图 4-9 所示。

由图 4-9 可知，该试验条件下，随着磁极厚度的增加，精煤各粒级灰分呈先升高后降低的趋势。当磁极厚度为 10 mm 时，精煤中除 -0.25+0.125 mm 粒级灰分略有降低外，其他各粒级灰分均升高；当磁极厚度增大到 30 mm 和 70 mm 时，精煤各粒级灰分出现下降趋势。从尾各粒级煤灰分看，当磁极厚度为 10 mm 时，-0.25+0.125 mm 粒级灰分略有升高，其余各粒级灰分降低；当磁极厚度增大到 30 mm 和 70 mm 时，尾煤各粒级灰分均下降。由此可见，该试验条件下接取浮沉试验煤样时精煤灰分和尾煤灰分的变化规律与前述章节相同条件下的试验规律一致。

将得到的轻产物（精煤）和重产物（尾煤）两种产品，筛分后分别做浮沉试验，得到不同试验条件下各粒级的重产物分配率。根据各粒级的重产物分配率计算数据并绘制分配率曲线如图 4-10 所示。

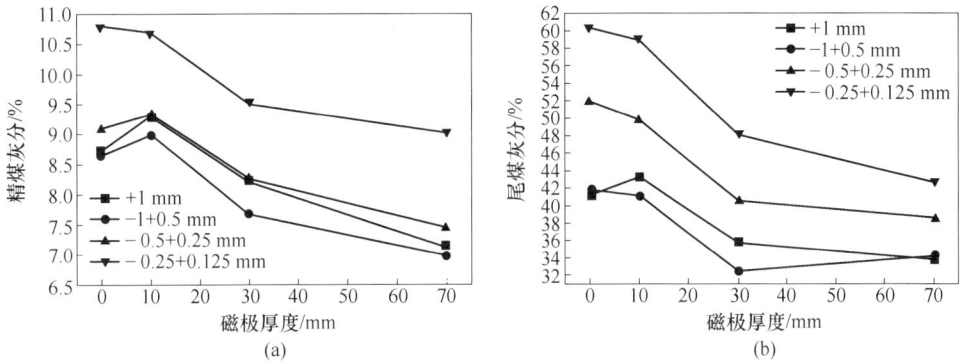

图 4-9 不同磁极厚度下精煤/尾煤灰分 (六)

(a) 精煤灰分；(b) 尾煤灰分

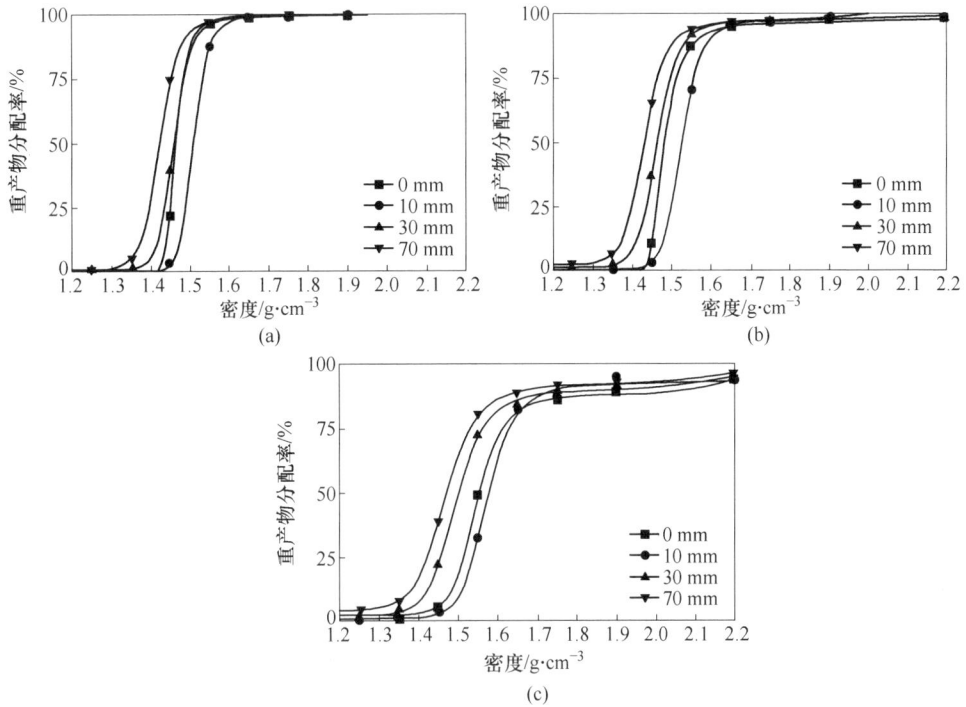

图 4-10 不同粒度级分配率曲线

(a) +1 mm 粒级分配率曲线；(b) -1+0.5 mm 粒级的分配率曲线；(c) -0.5+0.25 mm 粒级的分配率曲线

根据图 4-10 各粒级的分配率曲线，查得各粒级的实际分选密度 δ_p，以及重产物分配率曲线上对应于分配率为 25% 和 75% 时密度值 δ_{25} 和 δ_{75}，并计算可能偏差 E_p。各磁极厚度下各粒级的实际分选密度和可能偏差见表 4-1。

表 4-1 分选密度和可能偏差值

磁极厚度	+1 mm 粒级		−1+0.5 mm 粒级		−0.5+0.25 mm 粒级	
/mm	$\delta_p/g \cdot cm^{-3}$	$E_p/g \cdot cm^{-3}$	$\delta_p/g \cdot cm^{-3}$	$E_p/g \cdot cm^{-3}$	$\delta_p/g \cdot cm^{-3}$	$E_p/g \cdot cm^{-3}$
0	1.464	0.017	1.484	0.026	1.554	0.049
10	1.508	0.022	1.526	0.029	1.577	0.045
30	1.459	0.024	1.465	0.031	1.501	0.054
70	1.422	0.028	1.431	0.033	1.470	0.054

从实际分选密度看，在二倍磁系的作用下，各粒级实际分选密度均出现先升高后降低的趋势。随着磁极厚度的继续增加，各粒级分选密度降低，+1 mm 粒级降低了 0.042 g/cm³，−1+0.5 mm 粒级降低了 0.053 g/cm³，−0.5+0.25 mm 粒级降低了 0.084 g/cm³。从分选精度看，当磁极厚度为 10 mm 时，各粒级可能偏差 E_p 基本不变或略有升高，说明磁极厚度为 10 mm 时，不仅能提高重介质旋流器的分选密度，而且同时能保证旋流器的分选精度。当磁极厚度增加到 70 mm 时，各粒级可能偏差 E_p 略有增长，说明此时磁极厚度的增加，降低了重介质旋流器分选密度的同时会影响旋流器的分选精度。

4.1.3 作用于底流口对分选效果的影响

考虑到过大的磁场强度作用于底流口时，会吸附过多磁铁矿粉堵塞底流口而影响旋流器的正常工作，因此本节采用表面磁场强度相对较小的 N35 永磁体四磁极交替（N-S-N-S）对称布置于旋流器底流口处，进行介质分配规律试验和粗煤泥分选试验，研究二倍磁系作用于底流口对重介质旋流器分选密度的影响。

4.1.3.1 对重介质分配规律的影响

配制密度为 1.35 g/cm³ 的重介质悬浮液，入料压力为 0.08 MPa。待系统运行稳定后，将永磁体放置在旋流器底流口处位置，研究二倍磁系作用于底流口时，不同磁极厚度下旋流器的介质分配规律，试验结果如图 4-11 所示。

由图 4-11 可知，当二倍磁系作用于旋流器底流口时，在永磁场的作用下，随着磁极厚度的增加，溢流密度先减小后增大，底流密度逐渐增大后降低。当磁极厚度由 0 mm 增加到 30 mm 时，底流密度由 2.37 g/cm³ 增加到 2.76 g/cm³；当磁极厚度大于 30 mm 时，底溢流密度均降低。由此可见，当在旋流器底流口四磁极交替排列（N-S-N-S）布置永磁体时，会对旋流器内进入底流和溢流的重介质分配产生影响，从而影响旋流器内的分选效果。

4.1.3.2 对粗煤泥分选效果的影响

为进一步确定在底流口外布置永磁场对旋流器内分选效果的影响规律，同时考虑到磁极厚度过大会产生较大的磁场强度，以致吸附过多的磁铁矿粉堵塞底流

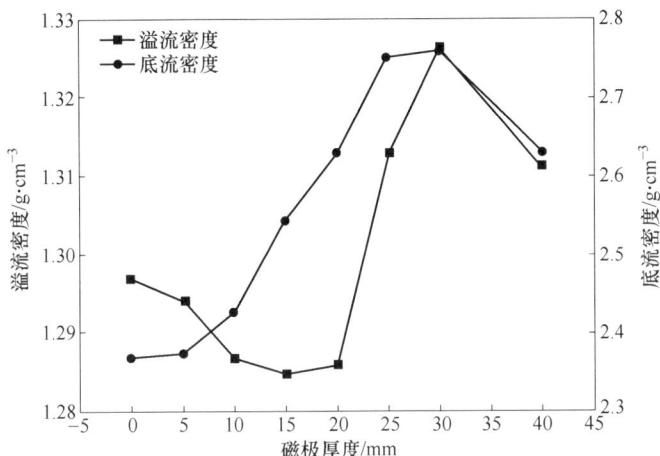

图 4-11　不同磁极厚度下的溢流/底流密度（Ⅲ）

口，因此选取磁极厚度分别为 0 mm、5 mm、10 mm、15 mm、20 mm 的永磁体作用于重介质旋流器底流口进行粗煤泥分选试验。重介质悬浮液密度为 1.35 g/cm³，煤在矿浆中的浓度为 100 g/L，试验结果如图 4-12 所示。

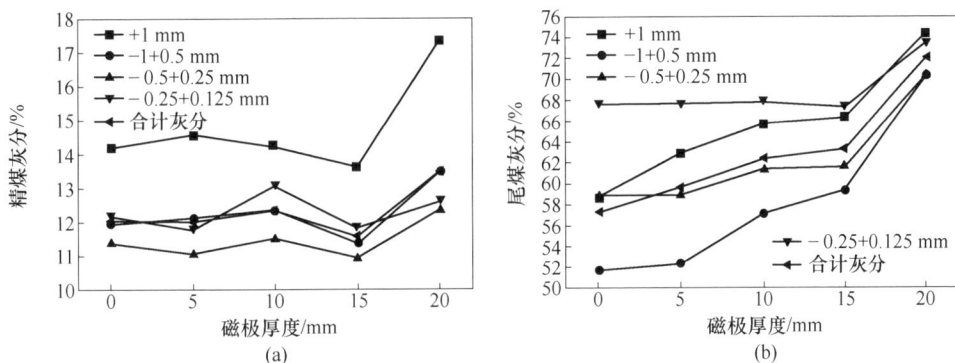

图 4-12　不同磁极厚度下精煤/尾煤灰分（七）

（a）精煤灰分；（b）尾煤灰分

由图 4-12 可知，永磁场作用于旋流器底流口对旋流器的分选效果有较明显的影响。精煤各粒级灰分随着磁极厚度的增大基本呈先略微降低后升高的趋势。尾煤各粒级灰分均随着磁极厚度的增大明显增大，其中，−1+0.5 mm 粒级的灰分增幅最大，从 51.71% 增大到 70.26%。从合计灰分看，当磁极厚度从 0 增大到 20 mm 时，尾煤灰分从 57.26% 增大到 72.08%。由此可见，磁极厚度由 0 增至 15 mm，旋流器精煤灰分略有降低或基本不变，尾煤灰分增加，说明磁系的设置提高了分选精度，减少了精煤在底流中的损失。当磁极厚度由 15 mm 增至 20 mm

时，精煤灰分和尾煤灰分均明显提高，说明磁系的设置提高了分选密度。

4.2　三倍磁系永磁场调控重介质旋流器分选效果

本节利用 N35 和 N52 钕铁硼永磁体构建三倍磁系，六磁极交替（N-S-N-S-N-S）布置于重介旋流溢流管和锥部下端，通过改变磁极厚度，进行不同磁场强度下重介质旋流器介质分配规律试验和粗煤泥分选试验，研究三倍磁系永磁场作用下重介质旋流器分选密度的变化规律。

4.2.1　作用于溢流管对分选效果的影响

采用 N35 和 N52 永磁体六磁极交替（N-S-N-S-N-S）对称布置于旋流器溢流管外，布置方式如图 4-13 所示。试验过程中，先将永磁体定位装置套在旋流器溢流管外，再将永磁体卡在卡槽内。

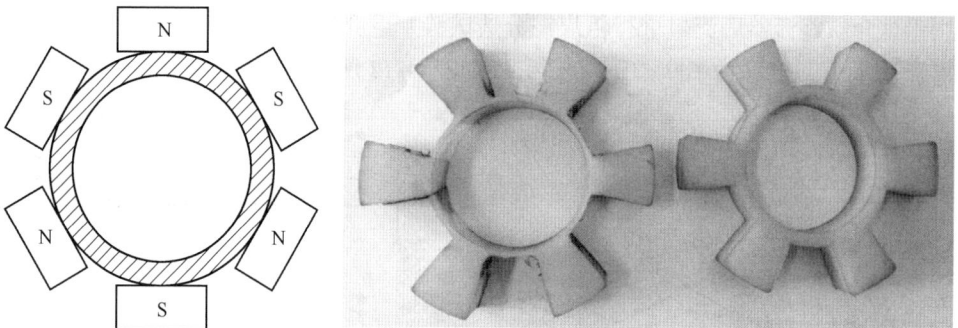

图 4-13　永磁体布置方式

4.2.1.1　对重介质分配规律的影响

配制密度为 1.35 g/cm^3 的重介质悬浮液，入料压力为 0.08 MPa。不同磁极厚度下旋流器溢流密度和底流密度变化规律如图 4-14 所示。

由图 4-14 可知，当永磁体六磁极交替排列作用于旋流器溢流管时，随着磁极厚度的增加，溢流密度逐渐降低，由 1.19 g/cm^3 降低到 1.17 g/cm^3。当磁极厚度增大到 30 mm 时，底流密度逐渐增大，由 2.04 g/cm^3 增加到 2.06 g/cm^3；当磁极厚度从 30 mm 增大到 40 mm 时，底流密度又开始有所降低。当在旋流器溢流管外六磁极交替布置永磁体时，合适的磁极厚度能够对旋流器内进入底流和溢流的重介质分配产生影响，从而影响旋流器内的分选效果。

4.2.1.2　对粗煤泥分选效果的影响

配制密度为 1.35 g/cm^3 的重介质悬浮液，煤在矿浆中的浓度为 100 g/L，入

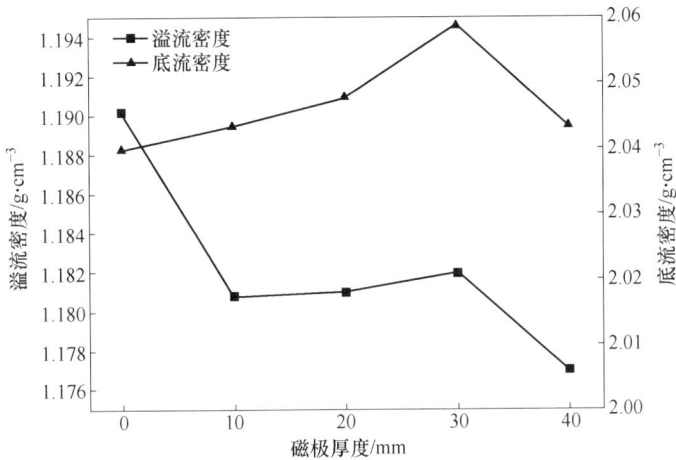

图 4-14　不同磁极厚度下的溢流/底流密度（Ⅳ）

料压力为 0.08 MPa，采用 N52 永磁体进行试验，磁极厚度选用 0 mm、10 mm、20 mm、30 mm、40 mm，试验结果如图 4-15 所示。

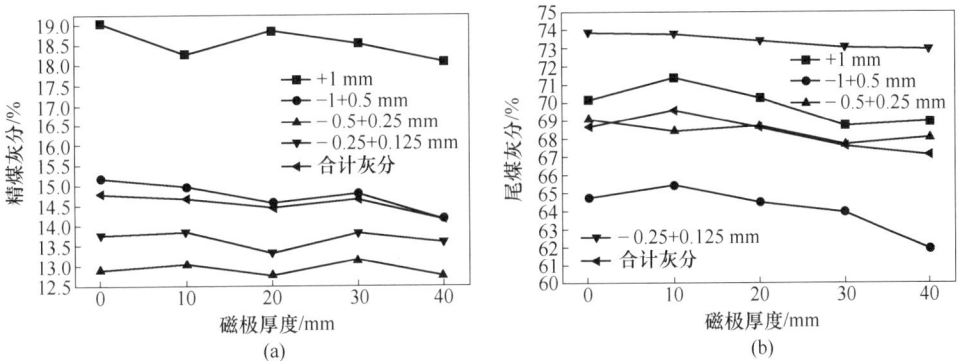

图 4-15　不同磁极厚度下精煤/尾煤灰分（八）
（a）精煤灰分；（b）尾煤灰分

由图 4-15 可知，当永磁体六磁极交替排列作用于旋流器溢流管时，各粒级精煤灰分略有下降或基本保持不变。各粒级的尾煤灰分下降，合计尾煤灰分从 69.56% 下降到 67.08%。由此可见，三倍磁系布置于旋流器溢流管时，能够调整旋流器的分选效果，并且较二倍磁系作用效果更明显。当磁极厚度为 10 mm 时，精煤灰分和尾煤灰分基本保持不变；随着磁极厚度的增大，在磁场力的作用下，精煤灰分和尾煤灰分均降低，说明三倍磁系交替排列布置于旋流器溢流管降低了旋流器的分选密度。

4.2.2　作用于锥部对分选效果的影响

永磁体的布置方式同二倍磁系作用于旋流器锥部下端时一致，采用六磁极交替（N-S-N-S-N-S）对称布置于旋流器锥部下端。

4.2.2.1　对重介质分配规律的影响

配制密度为 1.38 g/cm³ 的重介质悬浮液，入料压力为 0.08 MPa。不同磁极厚度下旋流器溢流密度和底流密度变化规律如图 4-16 所示。

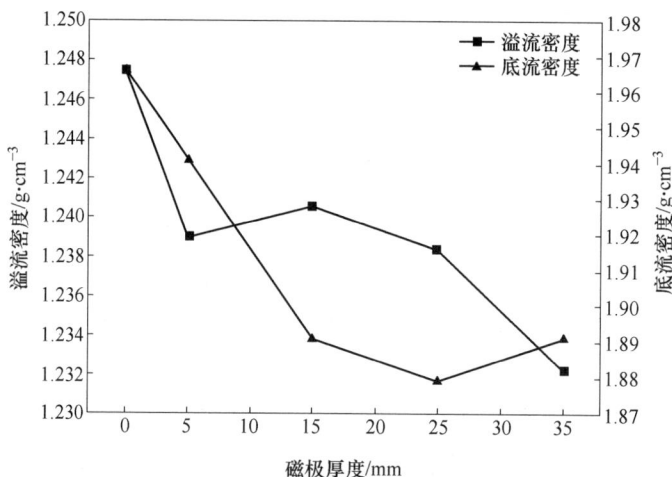

图 4-16　不同磁极厚度下的溢流/底流密度（V）

由图 4-16 可知，当永磁体六磁极交替排列作用于旋流器锥部下端时，随着磁极厚度的增加，溢流密度逐渐降低，由 1.247 g/cm³ 降低到 1.232 g/cm³；底流密度也随着磁极厚度的增加而降低，当磁极厚度增大到 35 mm 时，底流密度从 1.966 g/cm³ 降低到 1.891 g/cm³。由此可见，当在旋流器锥部下端六磁极交替布置永磁体时，随着磁极厚度的增加，在永磁场作用下能对旋流器内进入底流和溢流的重介质分配产生影响，从而影响旋流器内的分选效果。

4.2.2.2　对粗煤泥分选效果的影响

配制重介质悬浮液密度为 1.38 g/cm³，矿浆浓度为 100 g/L，入料压力为 0.08 MPa，永磁体的磁极厚度选用 0 mm、5 mm、15 mm、25 mm、35 mm，试验结果如图 4-17 所示。

由图 4-17 可知，当永磁体六磁极交替对称排列作用于旋流器锥部下端时，精煤灰分总体呈先升高后下降的趋势。当磁极厚度从 0 mm 增加到 15 mm 时，精煤各粒级灰分均出现升高趋势，合计灰分从 12.43% 增加到 13.97%；当磁极厚度从 15 mm 增加到 35 mm 时，精煤灰分下降，合计灰分从 13.97% 下降到 12.10%。

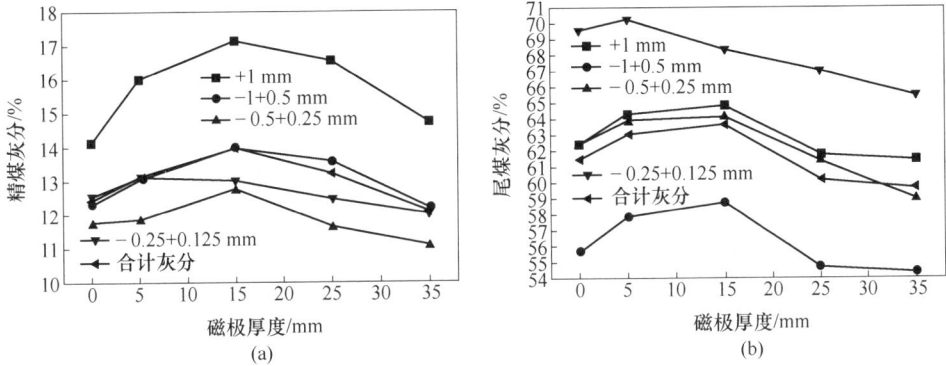

图 4-17 不同磁极厚度下的精煤/尾煤灰分（九）

（a）精煤灰分；（b）尾煤灰分

从尾煤灰分看，尾煤灰分总体上也基本呈现先升高后下降的趋势。当磁极厚度从 0 mm 增加到 15 mm 时，合计灰分从 61.47% 增加到 63.68%；当磁极厚度从 15 mm 增加到 35 mm 时，尾煤灰分从 63.68% 下降到 59.66%。由此可见，六磁极交替对称排列布置于旋流器锥部下端时，在磁场力的作用下能够调控旋流器的分选效果，改变旋流器的分选密度。

4.3　高梯度永磁场调控重介质旋流器分选效果

磁性颗粒在磁场中所受磁场的作用力与磁场强度和磁场梯度等磁场特性有极大关系，磁场强度受磁性材料、磁体类型和磁性结构的制约，磁场梯度则取决于磁系结构。对于闭合磁系，在相对磁极间安放特殊形状的铁磁介质，能使磁通在感应极上形成合理密集状态，可进一步提高磁场作用区域的磁场梯度和磁场力。根据高梯度磁场的产生原理，本节设计了感应磁介质齿板，有效地将齿板与钕铁硼磁系相结合，以产生更高的磁场梯度和磁场强度。磁介质齿板材料为导磁不锈钢，齿板具体尺寸如图 4-18 所示。

本节利用设计的高梯度齿板，将其安放在四磁极交替对称排列的各磁极表面，从而使得磁系空间内产生强磁场和更大的磁场梯度，产生高梯度磁场。通过高梯度磁场作用于旋流器不同位置，研究高梯度磁场作用下，不同磁极厚度时重介质旋流器的介质分配规律。

4.3.1　作用于锥部对分选效果的影响

配制重介质悬浮液密度为 1.30 g/cm³，入料压力为 0.08 MPa。待系统运行

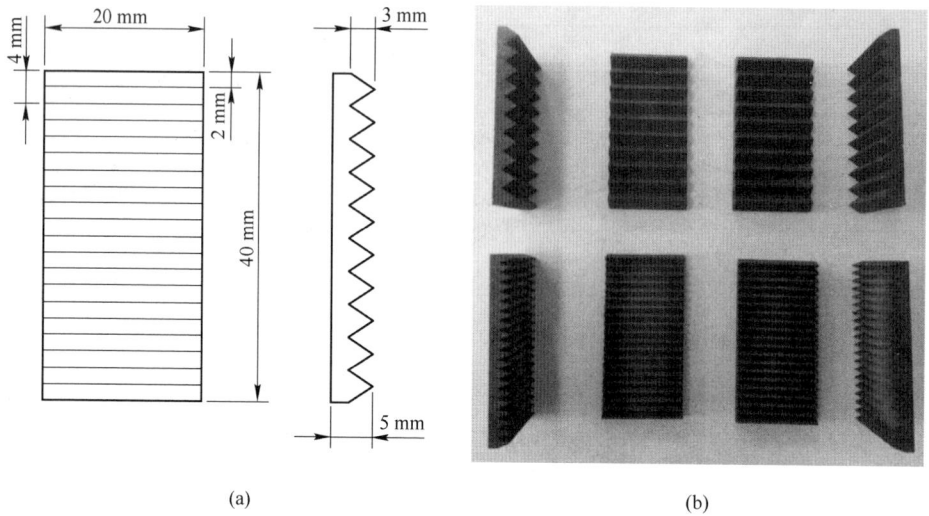

(a)   (b)

图 4-18 齿板结构图(a)与实物图(b)

稳定后，在旋流器锥部和底流口四磁极交替对称放置齿板高梯度磁系，并记录数据。

4.3.1.1 对重介质分配规律的影响

齿板高梯度磁场作用于重介质旋流器锥部时，选用 N52 永磁体，磁极厚度分别为 0 mm、10 mm、30 mm、50 mm、70 mm，试验结果如图 4-19 所示。

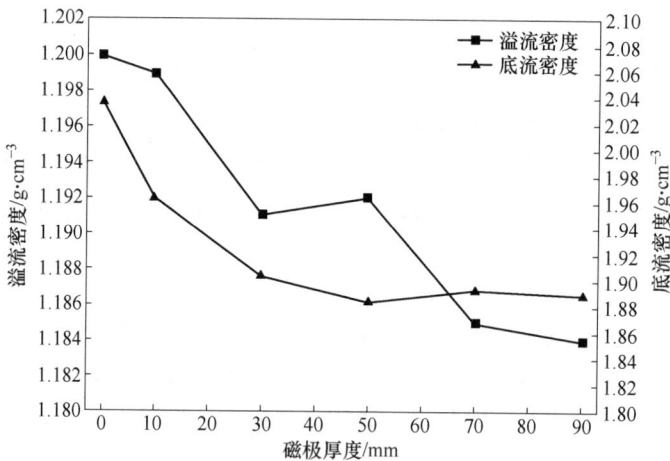

图 4-19 不同磁极厚度下的溢流/底流密度（Ⅵ）

由图 4-19 可知，当高梯度磁场作用于重介质旋流器锥部下端时，能对旋流器的溢流密度和底流密度产生影响，随着高梯度磁极厚度的增大，重介质旋

流器的溢流密度和底流密度均逐渐下降。当磁极厚度从 0 mm 逐渐增大到
90 mm 时，溢流密度从 1.200 g/cm³ 降低到 1.184 g/cm³，溢流密度降低了
0.016 g/cm³；底流密度从 2.036 g/cm³ 降低到 1.889 g/cm³，底流密度降低了
0.147 g/cm³。

4.3.1.2 对粗煤泥分选效果的影响

选用 N52 永磁体，齿板高梯度磁系布置于重介质旋流器的锥部下端，配制密
度为 1.35 g/cm³ 的重介质悬浮液，矿浆浓度为 100 g/L，入料压力为 0.08 MPa，
磁极厚度为 0 mm、10 mm、50 mm、70 mm 和 90 mm。粗煤泥分选试验结果如
图 4-20 所示。

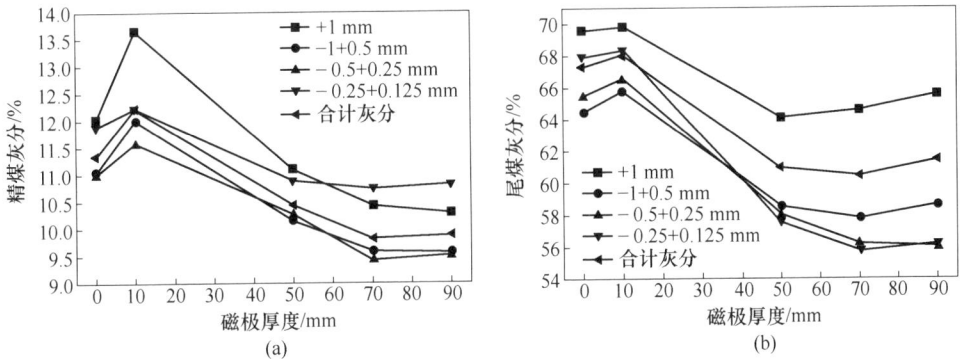

图 4-20 不同磁极厚度下精煤/尾煤灰分（十）
（a）精煤灰分；（b）尾煤灰分

由图 4-20 可知，当齿板高梯度磁系作用于旋流器锥部下端时，精煤灰分总
体呈现先升高后降低的趋势。当磁极厚度为 10 mm 时，精煤各粒级灰分均升高，
合计灰分从 11.32% 升高到 12.24%；当磁极厚度从 10 mm 增加到 70 mm 时，各
粒级灰分均下降，合计灰分从 12.24% 下降到 9.83%；当磁极厚度从 70 mm 升高
到 90 mm 时，各粒级灰分基本不变。尾煤灰分总体也呈现先升高后降低的趋势。
当磁极厚度为 10 mm 时，尾煤各粒级灰分均有所升高，合计灰分从 67.25% 升高
到 68.13%；磁极厚度从 10 mm 增加到 70 mm 时，随着磁极厚度的增加，各粒级
灰分均下降，合计灰分从 68.13% 下降到 60.49%。当磁极厚度从 70 mm 增加到
90 mm 时，尾煤灰分基本不变。

由此可见，当齿板高梯度磁系作用于旋流器锥部下端时，随着磁极厚度的增
加，能够调控重介质旋流器的分选密度。当磁极厚度为 10 mm 时，旋流器精煤灰
分和尾煤灰分均升高，说明齿板高梯度磁系提高了旋流器的分选密度；当磁极厚
度从 10 mm 增加到 70 mm 时，精煤灰分和尾煤灰分均降低，说明齿板高梯度磁
系降低了旋流器的分选密度。

4.3.2 作用于底流口对分选效果的影响

本节构建四磁极交替（N-S-N-S）对称布置的高梯度磁系作用于重介质旋流器底流口，通过改变磁极厚度进行粗煤泥分选试验。以精煤灰分、尾煤灰分为评价指标，研究齿板高梯度磁场作用下，不同磁极厚度对重介质旋流器分选密度的影响规律。

4.3.2.1 对重介质分配规律的影响

高梯度磁场作用于重介质旋流器底流口时，磁极厚度分别为 0 mm、5 mm、10 mm、15 mm、20 mm，试验结果如图 4-21 所示。

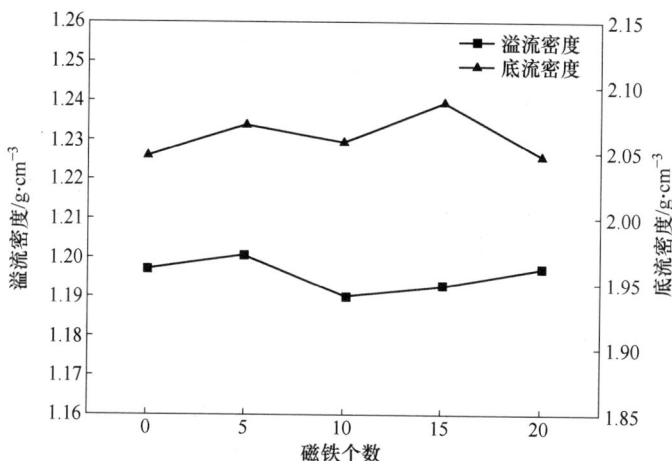

图 4-21 不同磁极厚度下的溢流/底流密度（Ⅶ）

由图 4-21 可知，当高梯度磁场作用于重介质旋流器底流口时，对旋流器溢流密度和底流密度的影响效果不大。随着高梯度磁极厚度的增大，重介质旋流器的溢流密度基本保持不变，底流密度先略有增大后降低；当磁极厚度从 0 mm 逐渐增大到 20 mm 时，溢流密度基本保持在 $1.200\ g/cm^3$，底流密度先从 $2.048\ g/cm^3$ 增加到 $2.089\ g/cm^3$，再降低到 $2.048\ g/cm^3$，变化幅度较小。

4.3.2.2 对粗煤泥分选效果的影响

选用 N35 永磁体，齿板高梯度磁系布置于重介质旋流器的底流口，配制密度为 $1.35\ g/cm^3$ 的重介质悬浮液，矿浆浓度为 100 g/L，入料压力为 0.08 MPa，磁极厚度为 0 mm、5 mm、10 mm 和 20 mm。粗煤泥分选试验结果如图 4-22 所示。

当齿板高梯度磁系作用于旋流器底流口时，精煤灰分总体呈现先升高后降低的趋势。当磁极厚度为 5 mm 时，精煤各粒级灰分都出现升高趋势，合计灰分从 9.83% 升高到 10.41%；当磁极厚度增大到 20 mm 时，精煤各粒级灰分下降，合计灰分从 10.41% 下降到 9.47%。尾煤灰分总体呈现先升高后基本不变的趋势。

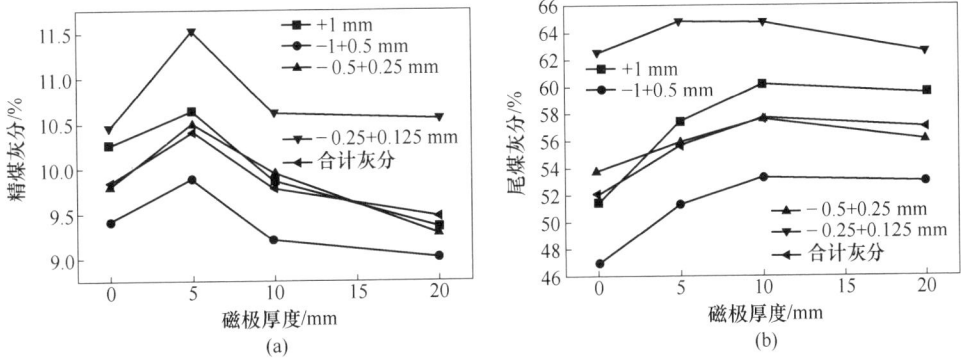

图 4-22 不同磁极厚度下精煤/尾煤灰分（十一）

（a）精煤灰分；（b）尾煤灰分

当磁极厚度从 0 mm 增大到 10 mm 时，尾煤各粒级灰分均升高，合计灰分从 52.01%升高到 57.70%；当磁极厚度从 10 mm 增大到 20 mm 时，尾煤各粒级灰分基本不变。由此可见，当齿板高梯度磁系作用于旋流器底流口时，能够调控重介质旋流器的分选密度，并提高旋流器的分选效率，且作用效果较二倍磁系更优。

5 电磁场提升重介质旋流器分选密度试验

本章主要研究内容为电磁场作用下提升旋流器分选密度的方法，磁场特性因素包括磁场放置位置、磁场强度、磁场组合方式等，工艺参数包括入料压力、悬浮液密度、旋流器安装角度等因素。综合考虑介质分配试验及浮沉试验，对不同条件下重介质旋流器分选效果进行效果评定。

5.1 磁系位置对分选效果的影响

旋流器不同高度处重介质浓度、切向速度等均不同，因此，磁场在旋流器不同高度处对分选空间内磁性介质的影响也不同。本节主要研究在旋流器不同位置处外加磁场对旋流器分选效果的影响规律。研究磁系位置的影响时，采用旋流器竖直安装、磁系与旋流器同轴放置、磁系高度沿旋流器轴向连续可调。磁系位置以其轴向高度中心所在平面为基准，选取磁系放置特征位置从上到下分别定义为溢流管入口平面、柱锥交界面、锥中和锥底（见图 5-1），实验过程中固定旋流器的入料压力、悬浮液密度等。

将 4 个线圈沿轴向高度堆叠放置，线圈总高度 40 mm，考虑到线圈发热问题，通电时总电流不超过 30 A，且试验过程中对其吹风散热，试验结束后立即关闭稳流电源。以 4 个线圈总计加载电流为标准，记录不同特征位置下 ϕ150 mm 旋流器精尾煤灰分随磁场强度的变化。

5.1.1　ϕ150 mm 旋流器上不同磁系位置的分选试验

5.1.1.1　溢流管入口平面处

调节线圈高度，使线圈轴向高度中心平面与旋流器溢流管入口平面平齐，待旋流器工况稳定后接通电流，调节励磁电流强度，并在相应试验点电流下接取试验样品，筛分化验灰分，试验结果如图 5-2 所示。

当线圈位于旋流器溢流管入口处时，各粒级精煤灰分基本是单调增加，较粗粒级增加 8 个百分点左右，较细粒级增长 6 个百分点左右；尾煤灰分增加幅度随电流增加逐渐变小。−0.25+0.125 mm 粒级精煤灰分单调上升，尾煤灰分单调下降，分选效果较粗粒级差，分选效率降低，说明磁场对较粗粒级物料分选有促进作用，对细粒级物料的分选不利。

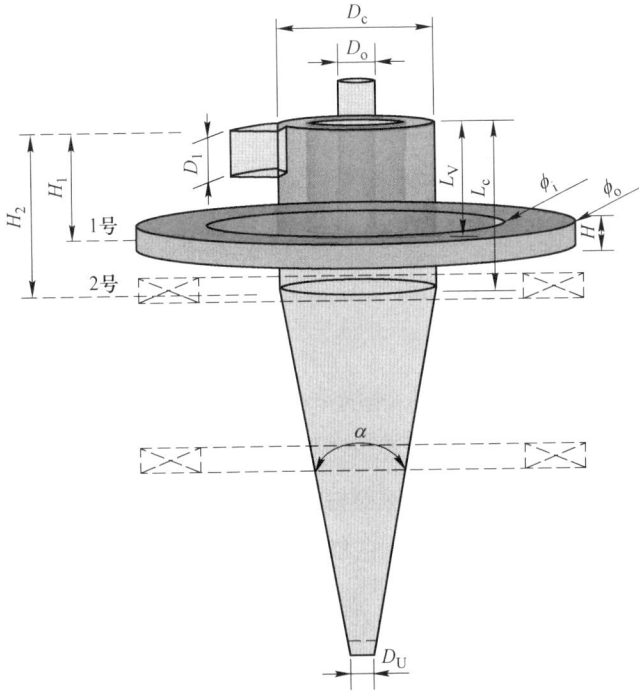

图 5-1 φ150 mm 旋流器磁系位置

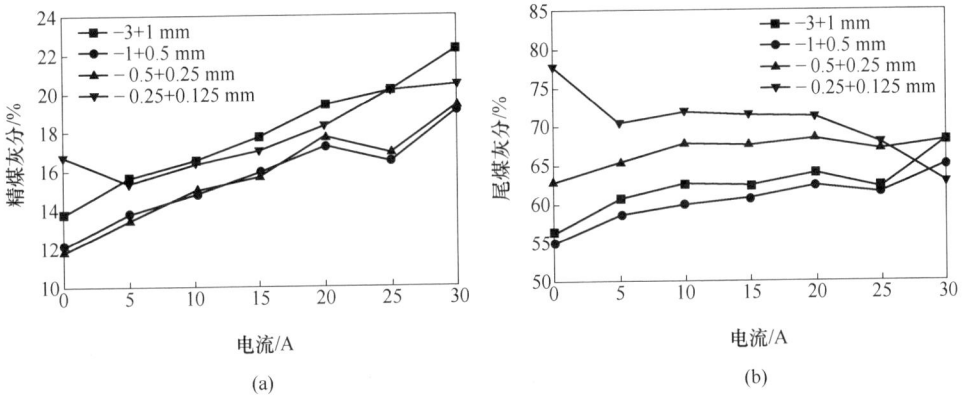

图 5-2 电流强度对分选效果的影响

(a) 精煤灰分；(b) 尾煤灰分

5.1.1.2 柱锥交界面处

移动线圈高度中心平面与柱锥交界面平齐，试验结果如图 5-3 所示。

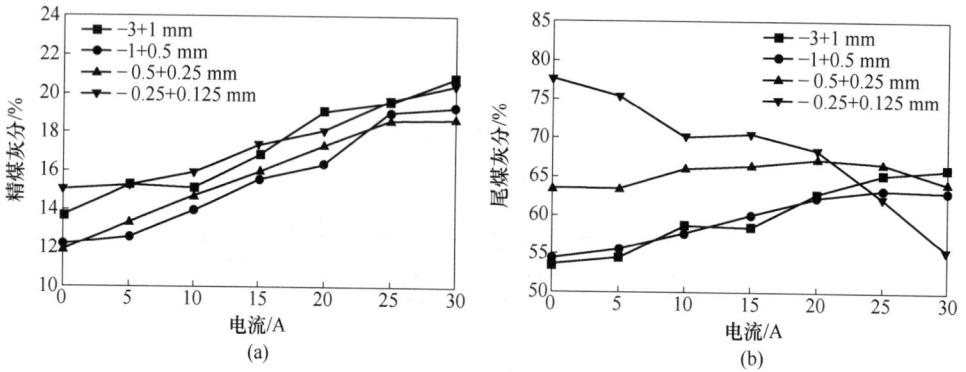

图 5-3　电流强度对分选效果的影响
（a）精煤灰分；（b）尾煤灰分

由图 5-3 可知，当线圈位于旋流器柱锥交界面时，分选效果规律与线圈位于溢流管入口时基本相似：+0.25 mm 各粒级精煤灰分单调增加，尾煤灰分也持续增加，并逐渐趋向于稳定值。-0.25+0.125 mm 粒级精煤灰分持续上升，尾煤灰分单调下降，分选效果较粗粒级差，分选效率降低。当线圈磁场位于柱锥面以上时，精煤尾煤灰分随磁场强度的增加而增加，预示着分选密度的提高。

5.1.1.3　锥体中部

移动线圈高度中心至锥体中部，试验结果如图 5-4 所示。

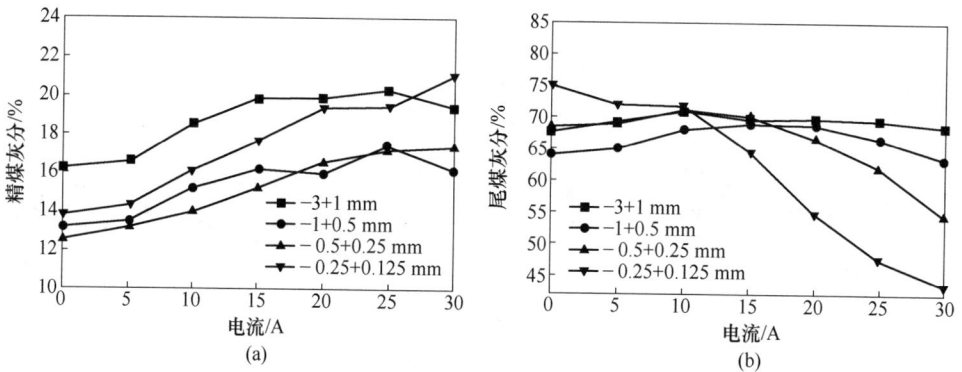

图 5-4　电流强度对分选效果的影响
（a）精煤灰分；（b）尾煤灰分

当线圈位于旋流器锥体中部时，精煤灰分持续上升，普遍增加 4 个百分点左右，达到一定电流值后增幅变缓；尾煤灰分先有微弱的上升趋势，当电流继续增大时，尾煤灰分开始下降。说明在此位置时，过大的磁场强度会扰乱旋流器的正常分选，分选效果变差。

5.1.2 φ100 mm 旋流器上不同磁系位置的分选试验

为了验证试验结论的普遍存在性，在φ100 mm
旋流器上进行同样磁场位置的重选试验（见图5-5），
线圈总高度60 mm，加载励磁电流最大30 A。

5.1.2.1 溢流管入口处（1号）

当线圈位于旋流器溢流管入口处时，各粒级
精煤灰分及总灰分单调增加，增加幅度较大；尾
煤灰分在电流增加到10 A时到达最大值，合计灰
分比无电流分选时增加11.31个百分点，与大线
圈大直径旋流器分选效果规律相同；当电流继续
增大时，精煤灰分继续增大，随后基本保持不变，
尾煤灰分开始大幅度下降，分选效果变差，如图

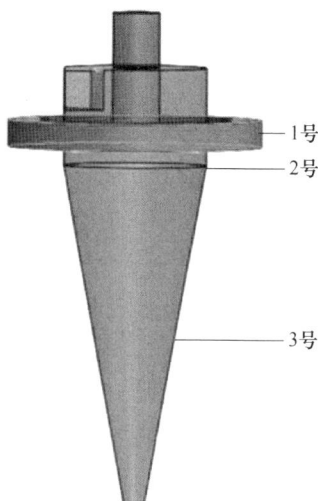

图 5-5 φ100 mm 旋流器磁系位置

5-6所示。φ150 mm 旋流器分选效果与φ100 mm 旋流器选效果总体规律相同，由
于线圈厚度的增加和直径的减小，小线圈磁场强度调节范围更大。

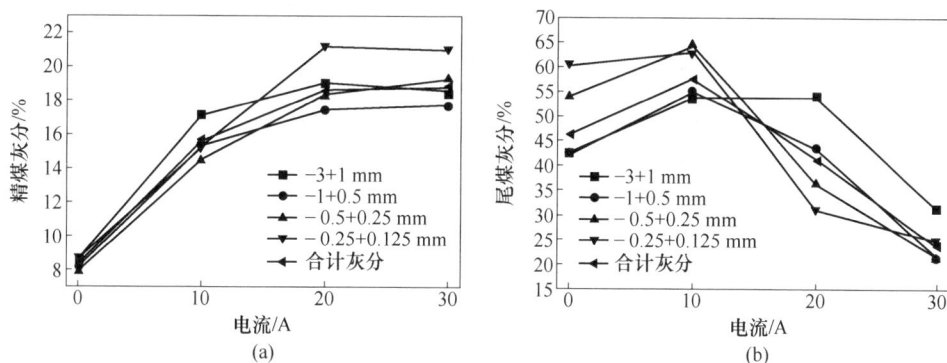

图 5-6 电流强度对分选效果的影响

（a）精煤灰分；（b）尾煤灰分

5.1.2.2 柱锥交界面处（2号）

当线圈位于旋流器柱锥交界面处时，各粒级精煤灰分及总灰分变化与线圈位
于旋流器溢流管入口时基本类似。施加电流小于10 A时，精煤尾煤灰分增加，
增加幅度较大；尾煤灰分在电流增加到10 A时到达最大值；当电流继续增大时，
尾煤灰分开始下降，精煤灰分仍继续增加，说明分选效果开始变差，如图5-7
所示。

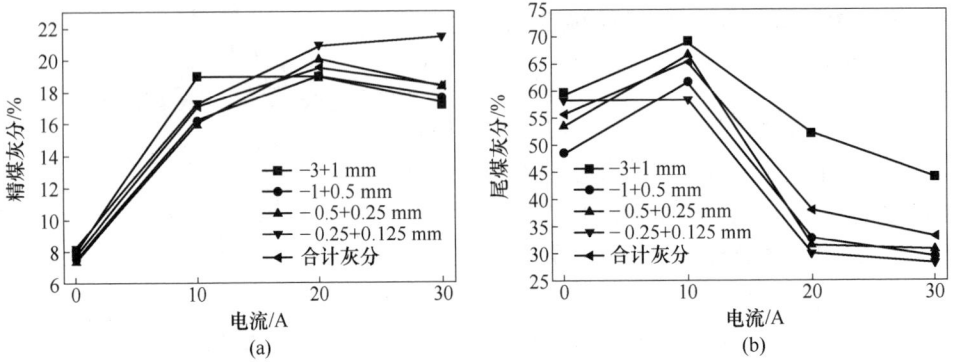

图 5-7　电流强度对分选效果的影响

（a）精煤灰分；（b）尾煤灰分

5.1.2.3　锥体中部（3 号）

当线圈位于旋流器锥体中部时，旋流器各粒级分选结果如图 5-8 所示。

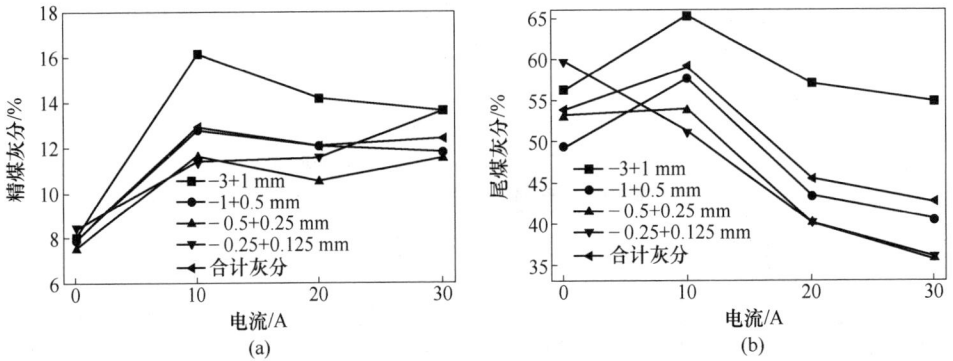

图 5-8　电流强度对分选效果的影响

（a）精煤灰分；（b）尾煤灰分

由图 5-8 可知，当电流较小时（<10 A），精煤灰分与尾煤灰分同时升高，但提高幅度较线圈位于旋流器柱段时小。当电流大于 10 A 时，分选结果与线圈位于柱段时差异较大，精煤灰分上升到最大值后，随着电流的继续增大，精煤灰分略有下降，但仍高于无磁场时的灰分。尾煤灰分变化趋势与线圈位于柱段时基本相似，即先增长后降低，但增加幅度较小。整体变化规律与大直径线圈在此位置时相似。

5.1.3　试验结论

通过以上两种不同尺寸的旋流器分选试验，可得到以下结论。

（1）线圈位于旋流器柱段时，在一定电流强度范围内，精煤与尾煤的灰分同时提高。尾煤灰分达到最大值后，继续增加电流，尾煤灰分开始降低，分选效果开始变差。

（2）线圈位于旋流器锥体段时，在一定电流强度范围内，同样能够同时提高精煤尾煤灰分，但提升幅度较线圈位于柱段时小，且随着电流的增大，更易引起分选效果的恶化。

（3）磁场的存在对较粗粒级的分选具有一定的促进提高作用，对于 -0.25+0.125 mm 粒级的分选较差。

（4）线圈位置与电流强度对旋流器分选效果的影响规律，对于不同直径的旋流器具有普适性。

5.2 磁场强度对分选效果的影响

以上试验是在大电流强度区间内得到的结论，根据以上试验结果，现将线圈置于旋流器柱段、溢流管入口位置，两线圈沿轴向高度放置，调节励磁电流 0~15 A，细化电流强度区间，研究最优励磁电流作用范围内小电流强度间隔下旋流器的分选效果。

5.2.1 柱段磁系对分选效果的影响规律

5.2.1.1 对重介质分配规律的影响

配制悬浮液密度 1.3 g/cm³，启动变频器，待工况稳定后接通励磁线圈并调节电流大小改变磁场强度，实时记录旋流器底流溢流以及入料悬浮液密度变化情况，研究磁铁矿粉在不同磁场强度和磁场位置下的分配情况。

图 5-9 所示为线圈中心平面位于旋流器溢流管入口平面（1 号）和柱锥交界面处（2 号）时底流/溢流介质密度随电流强度的变化情况。从图 5-9 中可以看出，在电流较弱时，溢流密度略微降低，当电流分别超过 2.5 A 和 5 A 后，溢流密度开始增加；底流密度则随电流的增加持续降低。从图 5-9 中可以看出，溢流介质产率变化趋势基本和溢流密度变化趋势相同，磁场较弱时，溢流介质产率略有降低，越过极小值后，溢流介质产率随磁场强度的增强而提高，预示着分选密度的提高。

5.2.1.2 对粗煤泥分选效果的影响

图 5-10 所示为各粒级产品灰分随电流强度的变化规律。随电流强度的增加，各粒级精煤尾煤灰分逐渐升高，总灰分亦升高。对于 +0.125 mm 粒级产品，磁场强度较弱时，精煤灰分增加较慢；当电流超过 5 A 时，呈迅速增加趋势，尤其对

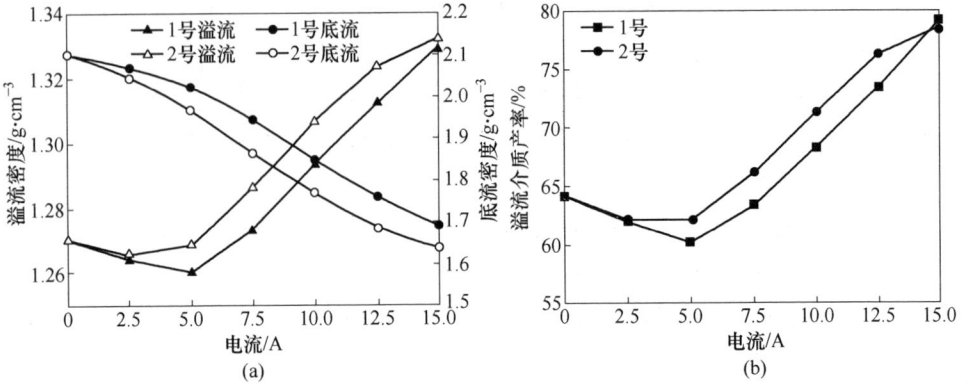

图 5-9　电流强度对产品密度(a)和溢流介质产率(b)的影响

于-1+0.5 mm 粒级。尾煤灰分则在电流为 0~10 A 时增加迅速，随着电流的继续增大，增加开始变缓。

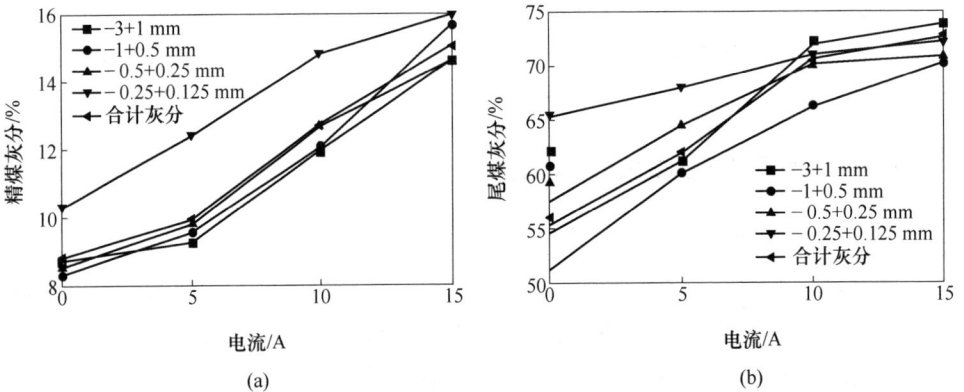

图 5-10　电流强度对分选效果的影响

(a) 精煤灰分；(b) 尾煤灰分

　　合计的精煤灰分和尾煤灰分在无电流时分别为 8.8% 和 55.2%，当电流达到最大值后，精煤灰分和尾煤灰分分别为 15.05% 和 72.62%，涨幅很大，意味着分选密度的提升。当电流在调节范围达到最大值时，尾煤灰分增加变缓，基本达到最大值，精煤灰分继续增加。因此，磁场的施加可以提高分选密度。

　　A　柱段磁系重选效果评定

　　对上述试验+0.125 mm 煤样分粒级进行浮沉分析，分配率曲线数据拟合方法采用 5 参数广义正态分布归一化数学模型。各粒级浮沉结果如图 5-11 所示。

　　从各粒级分配率曲线可以看出，各粒级分配率曲线在磁场作用下明显右移。其中，较粗粒级分配率曲线较陡、较细粒级分配率曲线较缓。

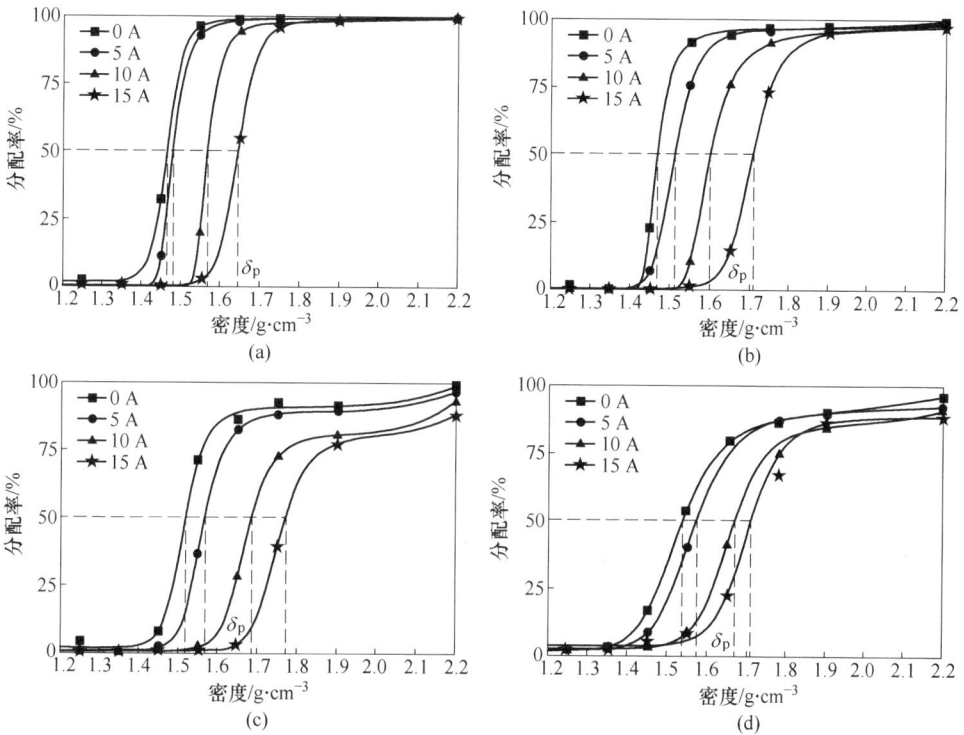

图 5-11 各粒级产品分配率曲线

(a) -3+1 mm; (b) -1+0.5 mm; (c) -0.5+0.25 mm; (d) -0.25+0.125 mm

图 5-12 所示为不同励磁电流强度下分选密度与可能偏差 E_p 变化规律。无磁场时，粗粒级分选密度低，细粒级分选密度高，与实际经验相符。施加磁场后，在外加电流从 0 A 增加 15 A 的过程中，各粒级分选密度逐渐提高。当电流达到可调程度的最大值时，各粒级分选密度普遍提高 + 0.2 g/cm³，对于 -0.5+0.25 mm 粒级提高程度更是达到 0.268 g/cm³；较粗粒级可能偏差 E_p 受磁场作用影响较小，分选精度基本不变，或略有上升；较细粒级对磁场作用较敏感，受磁场作用影响较大，可能偏差 E_p 上升到 0.087，分选精度下降，但仍在重介质分选行业标准可能偏差 $E_p<0.1$ 范围内。

从以上各粒级分配率曲线和分选指标可以得到结论：在旋流器柱段施加磁场，可以较大幅度提升旋流器分选密度，而且基本不影响旋流器的分选精度。

B 柱段磁系提升分选密度析因试验

为探索柱段磁系提升旋流器分选密度原因，首先假定磁系所在位置处的径向磁场分力对磁铁矿粉吸附作用较强，在磁场的作用下紧贴在旋流器内壁处，形成一层致密的磁性颗粒堆积层，线圈所在位置处过流断面减小，向下的旋转流在此

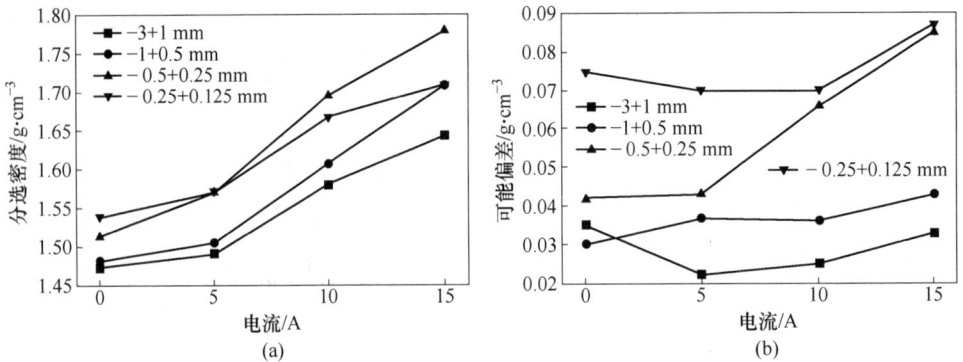

图 5-12　分选密度(a)与可能偏差(b)随电流强度的变化规律

处遇到阻碍形成一股指向中心和向上的水跃流，进而进入溢流产品造成精煤/尾煤的灰分升高。为验证此想法是否正确，按照磁铁矿粉吸附后的理想堆积形态加工制造两个不同厚度的圆环放置于旋流器柱锥交界面，依靠锥部的角度自然支撑。圆环结构尺寸及在旋流器内安装放置位置如图 5-13 所示。

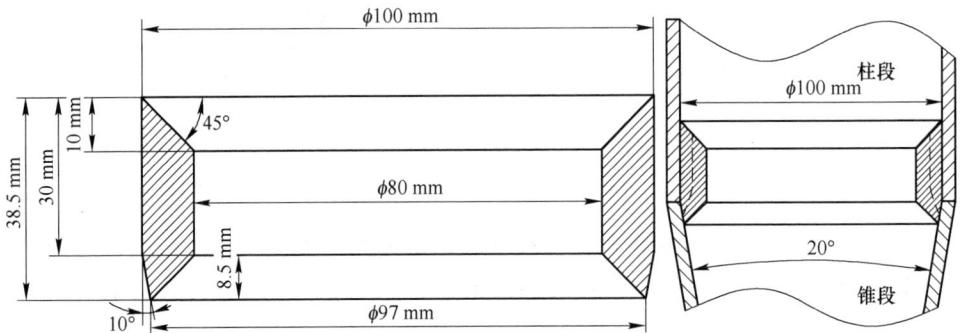

图 5-13　圆环结构尺寸及安装图

圆环厚度尺寸分为两种，分别为 5 mm 厚与 10 mm 厚，以此表征不同磁场强度作用下磁铁矿粉的堆积厚度。施加圆环后，两种不同厚度的圆环对旋流器分选效果的影响如图 5-14 所示。

从以上结果可以看出，加入圆环后尾煤灰分变化不大，并有所下降。精煤灰分反而降低，且随着圆环厚度的增加，精煤灰分降低幅度增大。因此，圆环的增加一方面可能稳定了旋流器内的流场分布，使流场对称性变好，波动性降低；另一方面使悬浮液在圆环处产生了一定程度的松散，提高了分选精度。

因此，由以上试验结果可知，柱段磁场提升旋流器分选密度的原因并不是磁铁矿粉简单的径向吸附堆积作用造成过流断面减小，产生水跃作用引起的，后续试验应继续从磁场及流场模拟分析入手加以解释。

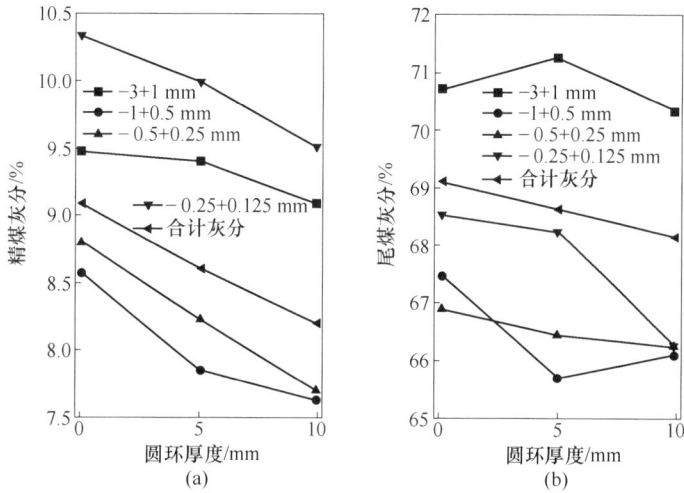

图 5-14 圆环厚度对分选效果的影响

（a）精煤灰分；（b）尾煤灰分

5.2.2 锥段磁系对分选效果的影响规律

磁场位置试验中得到大直径磁系位于旋流器锥段时效果不如柱段。考虑到旋流器的工作原理，越接近旋流器锥底，磁铁矿粉浓度越高；当外加磁场时，受磁场影响的介质量越大，可能产生的效果越明显。因此，选用小直径线圈，缩小磁场的作用范围，研究此较小直径线圈对重介质旋流器分选效果的影响。

5.2.1.1 磁极厚度对分选效果的影响

磁极厚度决定磁场纵深，对磁场形态产生一定影响。试验中分别研究磁极厚度为 20 mm、40 mm、60 mm 时不同磁场强度对旋流器分选效果的影响，以总电流强度大小表示磁场强度的高低，线圈沿轴向高度放置。

（1）磁极厚度 20 mm。图 5-15 所示为线圈作用于锥段时旋流器精煤/尾煤灰分随电流强度的变化规律。当电流从 0 A 增加到 7.5 A 时，精煤灰分从 13.25% 增加到 17.41%，尾煤灰分从 66.29% 增加到 70.75%，并在 7.5 A 时精煤/尾煤灰分基本达到最大值。随着电流继续增加到 10 A，精煤/尾煤灰分开始呈现下降的趋势，说明过大的磁场开始对旋流器的分选带来了不利影响。

（2）磁极厚度 40 mm。当电流从 0 A 增加到 5 A 时，尾煤灰分增长迅速，从 66.29% 增加到 71.05%；随着电流继续增加到 10 A 时，精煤灰分增加到最大值，尾煤灰分开始呈现下降的趋势；随着电流继续增加，精煤/尾煤灰分都开始下降，分选效果变差，如图 5-16 所示。

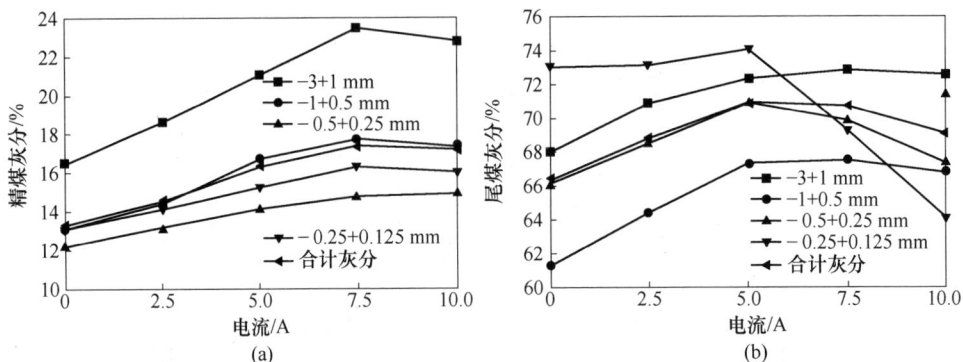

图 5-15   线圈作用于锥段时旋流器精煤/尾煤灰分随电流强度的变化规律
(a) 精煤灰分；(b) 尾煤灰分

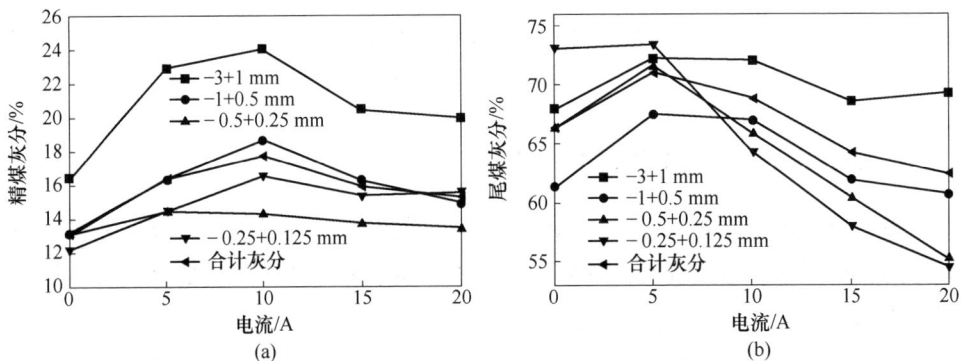

图 5-16   电流强度对产品灰分的影响
(a) 精煤灰分；(b) 尾煤灰分

(3) 磁极厚度 60 mm。从图 5-17 中可知，当电流增加到 7.5 A 时精煤/尾煤灰分分别达到最大值；随着电流的继续增大，精尾/煤灰分均开始下降，但精煤灰分仍高于无磁场时分选灰分，尾煤灰分低于无磁场时灰分，说明分选效果变差。

综合以上结果分析可知，磁场的引入对重介质旋流器分选效果有重要影响。在电源可调节范围内，不同磁极厚度下精煤/尾煤灰分变化规律相似：不同磁极厚度下产品灰分变化对应相应的转折点，转折点之前，随电流的增加，精煤/尾煤灰分增加，预示分选密度的增加；转折点之后，精煤/尾煤灰分降低，精煤灰分仍高于无磁场分选时灰分，尾煤灰分大幅度低于无磁场分选时灰分，说明过大的磁场扰乱了旋流器内的流态。

当线圈位于锥部时，不同磁极厚度时所能实现的精煤/尾煤灰分最大值基本

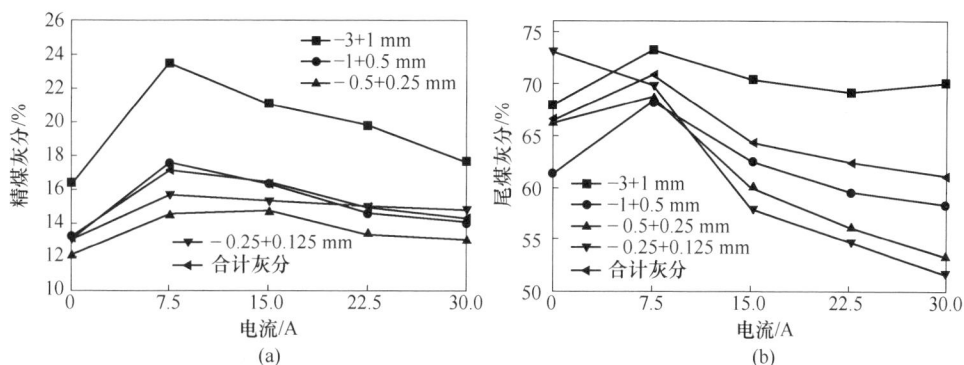

图 5-17 磁极厚度为 40 mm 时，电流强度对产品灰分的影响
(a) 精煤灰分；(b) 尾煤灰分

相等。由以上不同厚度磁极的分选结果可知，若需要达到一定的分选效果时，当采用薄磁极时，需要提高励磁电流强度；当采用较厚磁极时，可以降低电流强度，而与磁极高度关系不大。

5.2.1.2 磁场强度对介质分配规律的影响

磁极较厚时，激磁电源负载较低，电源调节精度更高，因此选定磁极厚度为 60 mm，研究 0~9 A 最优电流强度区间内重介质旋流器各粒级分选效果。

图 5-18 所示为线圈位于锥体中下部位置时不同电流强度下的入料、底溢、溢流的密度检测值。从图 5-18 中可以看出，不同电流强度下入料、溢流密度基本不变，底流密度连续降低，底流密度从 0 A 增加到 3 A 及从 6 A 增加到 9 A 时，底流密度变化较缓，在电流从 3 A 增加到 6 A 变化时底流密度下降迅速，从

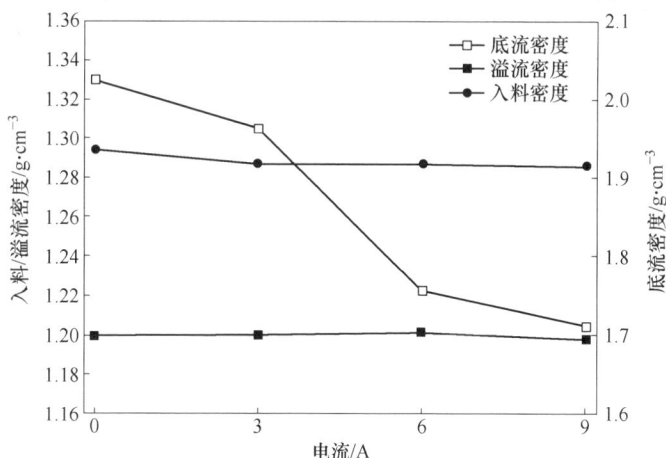

图 5-18 磁极厚度为 60 mm 时，电流强度对介质密度的影响

2.026 g/cm^{3}下降到 1.756 g/cm^3。底流密度降低，溢流密度基本不变，底流/溢流密度差减小，有利于分选效果的提高。

5.2.1.3　磁场强度对粗煤泥分选效果的影响

各粒级产品灰分随电流强度变化如图 5-19 所示。随着电流强度的增加，各粒级及总精煤灰分同时增加，当电流达到 6 A 时，各粒级精煤灰分基本达到最大值；励磁电流较小时，各粒级尾煤灰分增加迅速，当电流达到 6 A 时基本达到最大值，并已有下降趋势，随电流强度的继续增大，各粒级尾煤灰分开始降低，说明过大的磁场开始对旋流器内的正常分选产生破坏作用，分选精度下降；–0.5 mm 粒级尾煤灰分在电流较弱时即开始下降，说明较细粒级对磁场变化更为敏感。

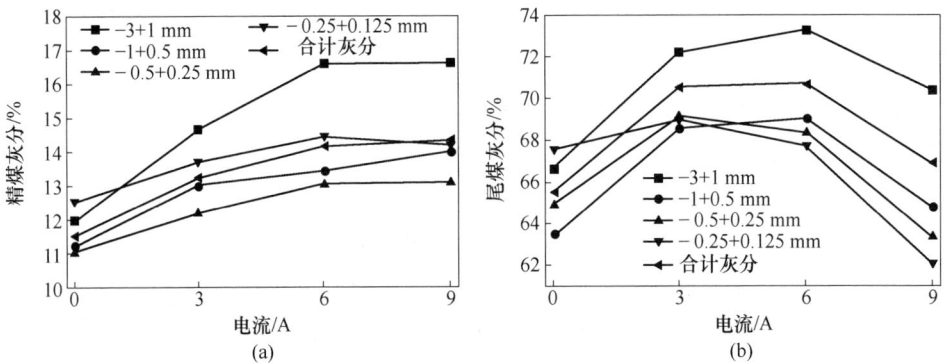

图 5-19　各粒级灰分随电流的变化
（a）精煤灰分；（b）尾煤灰分

当施加不同电流时，+0.25 mm 各粒级分配率曲线如图 5-20 所示。从各粒级分配率曲线可以看出，各粒级分配率曲线在磁场作用下明显右移。其中，较粗粒级分配率曲线较陡，较细粒级分配率曲线较缓。

图 5-21 所示为不同励磁电流强度下分选密度与可能偏差 E_p 变化规律。外加磁场后，在电流从 0 A 增加到 9 A 的过程中，各粒级分选密度逐渐提高，提高幅度为 0.2 g/cm^3 左右；对于–0.5+0.25 mm 粒级提高程度达到 0.247 g/cm^3，提升幅度明显。

对于可能偏差 E_p，当电流小于 6 A 时，各粒级可能偏差 E_p 基本不变或略有增加，可实现在保证分选精度的前提下提高分选密度的目的；当电流继续增大时，各粒级可能偏差 E_p 增加，分选精度变差，尤其对于细粒级影响更为明显，最大电流强度下可能偏差 E_p 大于 0.1，分选精度下降。

绘制各粒级错配率曲线，如图 5-22 所示；各粒级错配物含量见表 5-1。经计

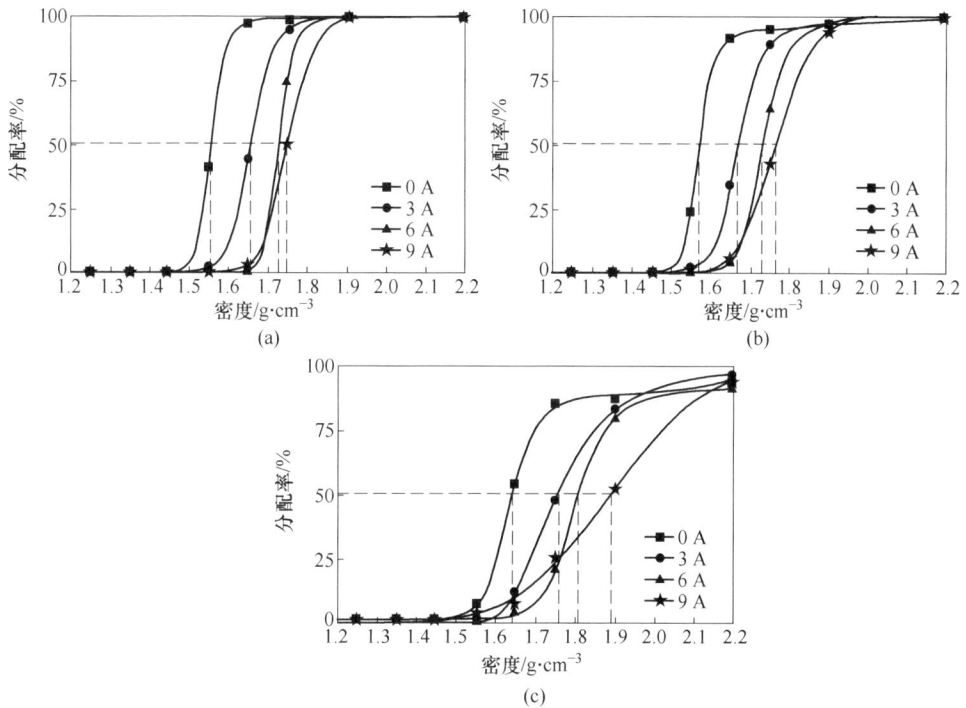

图 5-20　各粒级产品分配率曲线

(a) -3+1 mm; (b) -1+0.5 mm; (c) -0.5+0.25 mm

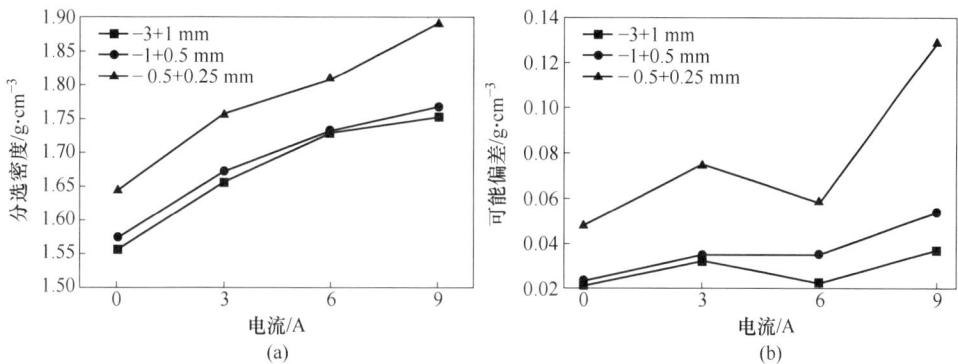

图 5-21　分选密度(a)与可能偏差(b)随电流强度变化规律

算，当电流为 6 A 时，各粒级错配物含量及+0.25 mm 粒级错配物总量均最低；当电流为 9 A 时，过大的磁场强度扰乱了旋流器的内部流场，各粒级错配物含量及总量最大，精煤损失及尾煤污染都增大。

(a)

(b)

(c)

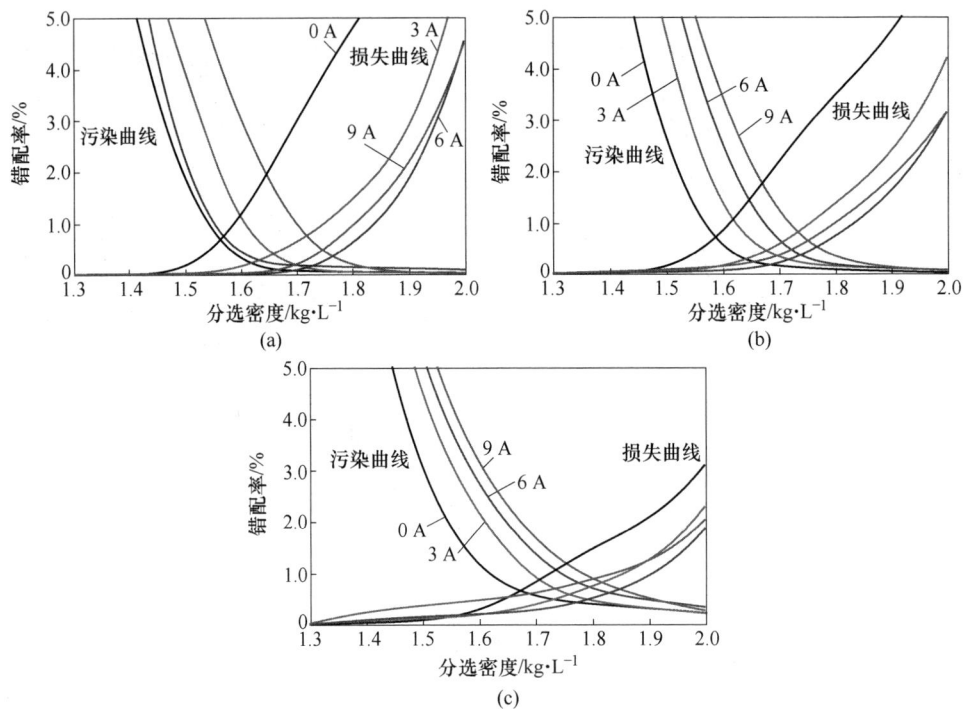

图 5-22　各粒级错配率曲线

（a）−3+1 mm；（b）−1+0.5 mm；（c）−0.5+0.25 mm

表 5-1　各粒级错配物含量

粒径/mm	电流/A	M_h/%	M_l/%	M_o/%
−3+1	0	0.8	0.6	1.7
	3	0.4	0.4	0.8
	6	0.2	0.1	0.3
	9	1.0	0.2	1.2
−1+0.5	0	0.9	0.6	1.5
	3	1.4	0.2	1.6
	6	0.4	0.3	0.7
	9	0.5	0.8	1.3
−0.5+0.25	0	0.8	0.5	1.3
	3	0.5	0.6	1.2
	6	0.6	0.6	1.2
	9	0.5	1.2	1.7

5.3　组合磁系对分选效果的影响

根据毕奥-沙伐尔定律，磁场具有可叠加性。磁场的叠加是指空间中两个或两个以上磁场相互影响作用形成新磁场，新磁场形态与二者相对位置、磁场强度等均相关。为充分发挥磁场的潜在能力，最大限度发挥磁场潜在作用，考虑在磁场作用相似的旋流器位置同时施加相同电流方向的励磁磁场，电流的方向与对称轴的方向呈右手螺旋关系，研究组合磁场对重介质旋流器分选密度的提升能力。

5.3.1　柱段组合磁系对分选效果的影响规律

由前述章节试验结果已经得到结论，当磁系位于旋流器柱体段时，能大幅度提高旋流器的分选密度。以在旋流器溢流管入口（1号）和柱锥交界面（2号）间隔放置两组大直径磁系为例（见图 5-23），固定磁系间隔，调节励磁电流，改变磁场强度大小研究此组合磁场对重介质旋流器分选效果的影响。

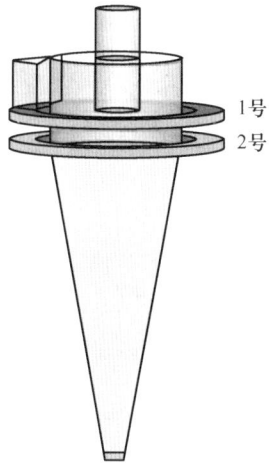

图 5-24 所示为单线圈和组合线圈下各粒级产品灰分变化。从图 5-24 中可知，施加组合线圈对产品灰分的提升幅度更大，磁场对较粗粒级（+0.25 mm）分选效果较好，可以同时提高产品的精煤/尾煤灰分；较细粒级（-0.25 mm）对磁场变化较为敏感，在电流强度较弱时，精煤/尾煤灰分同时提高；电流强度增大时，

图 5-23　柱段组合磁系

精煤灰分继续升高，尾煤灰分则开始呈现出下降的趋势。因此，较大的电流强度不利于细粒级物料的高精度分选。

通过以上试验可知：不同位置、具有相似功效的组合磁系产生的复合磁场对旋流器分选密度的提升具有进一步促进作用，下面是柱段磁系磁场特性模拟分析。

5.3.1.1　柱段磁系模型建立

柱段磁系外形结构如图 5-25 所示，线圈厚度 25 mm，实际线圈匝数为 728 匝。模拟计算时加载励磁电流 2.5 A，线圈中心轴线上的磁场强度测量值与模拟值吻合度较高，因此所建模型与设置参数能很好地描述试验磁系的磁场特性。

提取柱段所有线圈内部 XZ 截面数据点（1 A 电流），绘制线圈 XZ 截面的磁场分布，如图 5-26 所示；线圈所产生的磁场分布为标准的马鞍形，越靠近磁系边壁，磁场强度越大，磁场强度随着距离线圈越远，磁场强度越小。

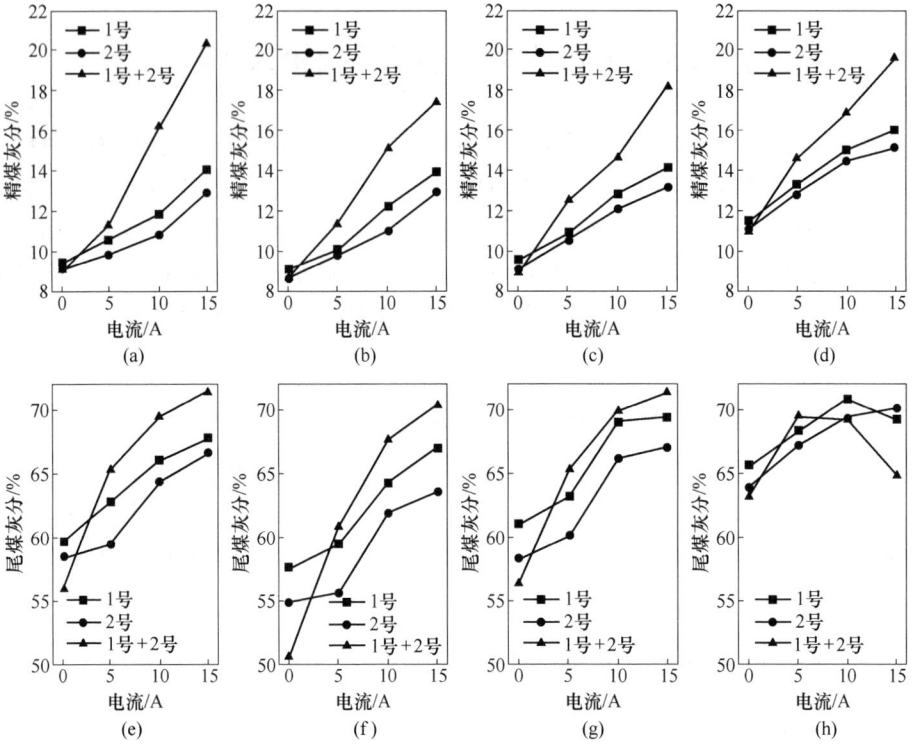

图 5-24   组合磁场对各粒级产品灰分的影响

（a）（e）−3+1 mm；（b）（f）−1+0.5 mm；（c）（g）−0.5+0.25 mm；（d）（h）−0.25+0.125 mm

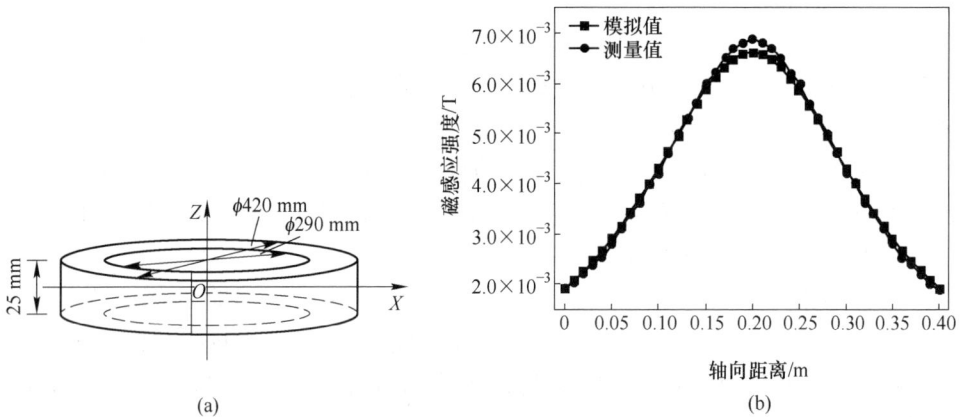

图 5-25   柱段磁系所用线圈模型（a）与磁感应强度（b）

5.3.1.2   磁场特性分析

前述章节已经从试验结果表明柱段磁场的存在可大幅度提升旋流器分选密

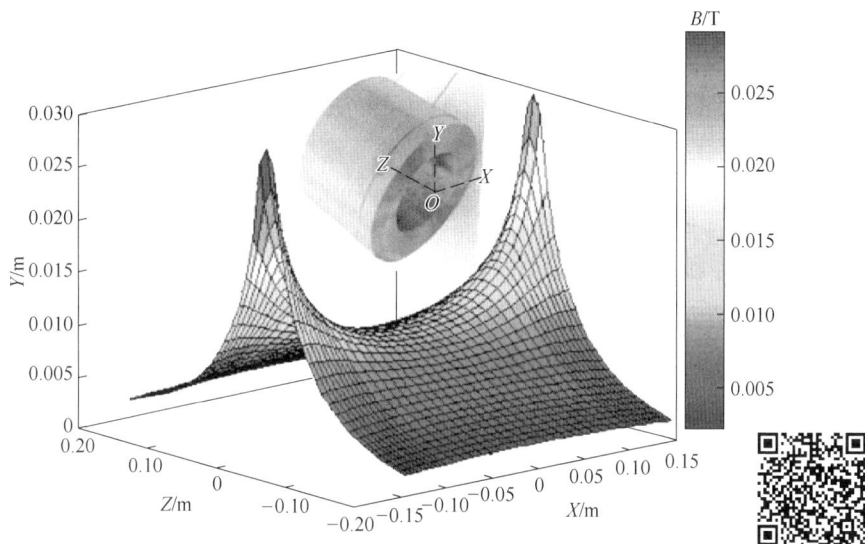

图 5-26 *XZ* 截面磁场分布图

彩图

度，且提升原因并不是磁性颗
粒在磁场作用下筒壁的简单堆
积与吸附。为了从理论上阐述
磁场提高旋流器分选密度的内
在原因，对旋流器内部不同位
置处的磁性颗粒进行受力模拟
分析，由于颗粒位置具有对称
性，因此只计算对称轴一半的
部分颗粒，所计算颗粒位置如
图 5-27 所示，颗粒在旋流器内
具体坐标位置见表 5-2。

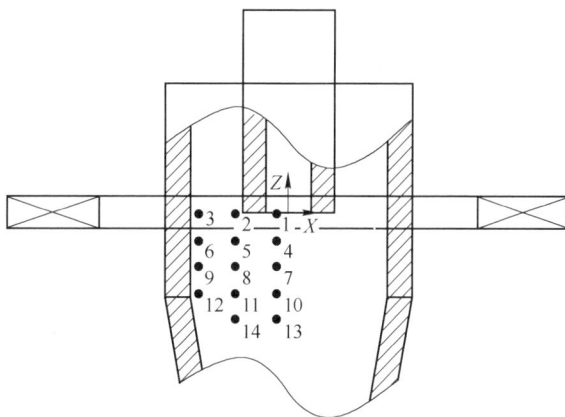

图 5-27 颗粒位置

表 5-2 颗粒坐标

颗粒编号	坐标位置/m		颗粒编号	坐标位置/m	
	X	Z		X	Z
1	-0.01	0	8	-0.04	-0.04
2	-0.04	0	9	-0.07	-0.04
3	-0.07	0	10	-0.01	-0.06
4	-0.01	-0.02	11	-0.04	-0.06
5	-0.04	-0.02	12	-0.07	-0.06
6	-0.07	-0.02	13	-0.01	-0.08
7	-0.01	-0.04	14	-0.04	-0.08

　　经计算，颗粒所受径向和轴向磁场力如图 5-28 所示，分析可知：

　　（1）计算磁性颗粒所受径向力指向旋流器边壁，越靠近旋流器边壁处，磁性颗粒所受径向磁吸引力越大，附加的径向磁场力强化了磁性颗粒离心运动，等同于提高入料压力而提高分选密度，但调节磁场强度比提高入料压力效果明显，试验中也已证明此观点。

　　（2）磁性颗粒所受轴向力指向线圈中心，线圈中心处磁性颗粒在轴向磁场力作用下有聚积趋势。由于距离溢流管入口处较近，在内旋流作用下直接进入溢流，因此溢流介质密度有所提高；线圈中心平面以下颗粒受向上的磁场力作用，抵消了部分重力浓缩的效应，底流密度降低。

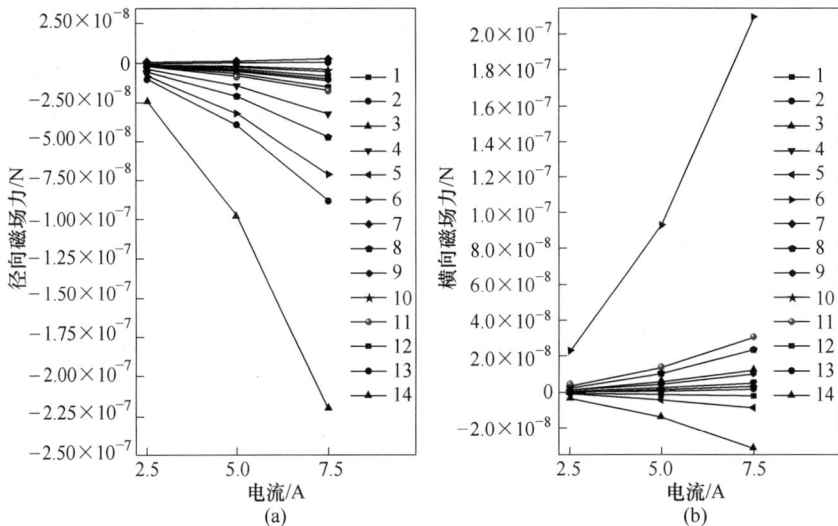

图 5-28　不同位置处颗粒所受到的磁场力

（a）径向磁场力；（b）轴向磁场力

5.3.2　锥段组合磁系对分选效果的影响规律

　　对锥部线圈进行组合，单独对锥中磁系、锥底磁系通电以及对锥中锥底组合磁系同时通电时，旋流器分选结果如图 5-29 所示。当线圈位于旋流器锥体中部、电流小于 10 A 时，精煤/尾煤灰分同时升高；当电流大于 10 A 后，精煤灰分上升到最大值，尾煤灰分开始下降。当线圈位于旋流器底部时，随着电流的增长，精煤灰分略微有降，尾煤灰分降低较多；当电流继续提高时，精煤/尾煤灰分开始升高，可能是过大的磁场强度导致磁性颗粒在底流口堆积，阻塞了底流口，尾煤灰分有所上升。

　　锥中和锥底同时施加磁场后，精煤灰分单调递增，尾煤灰分是线圈位于锥中和锥底的折中，基本保持不变。因此，将这两个作用效果不同的线圈组合后，对

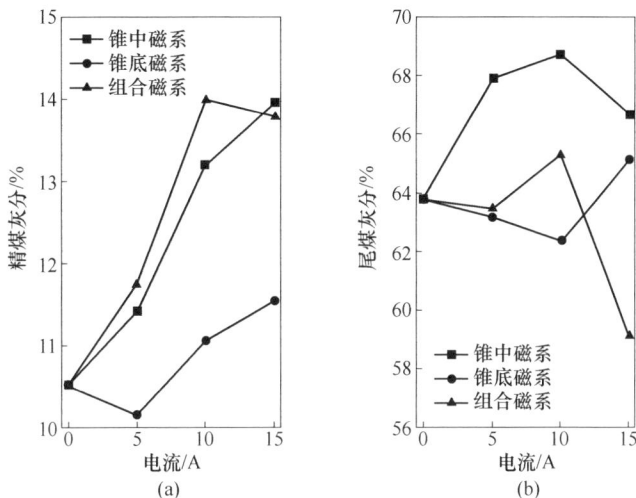

图 5-29 组合磁场对产品灰分的影响

（a）精煤灰分；（b）尾煤灰分

旋流器的分选并未带来有益影响，下面是锥段磁系磁场特性模拟分析。

5.3.2.1 锥段磁系模型建立

磁系外形结构如图 5-30 所示。试验所用磁系模型厚度 60 mm，模拟计算时加载励磁电流 6 A，中心轴线上磁场强度测量值与模拟值吻合度较高，因此所建模型与设置参数能较好地描述磁系的磁场特性。

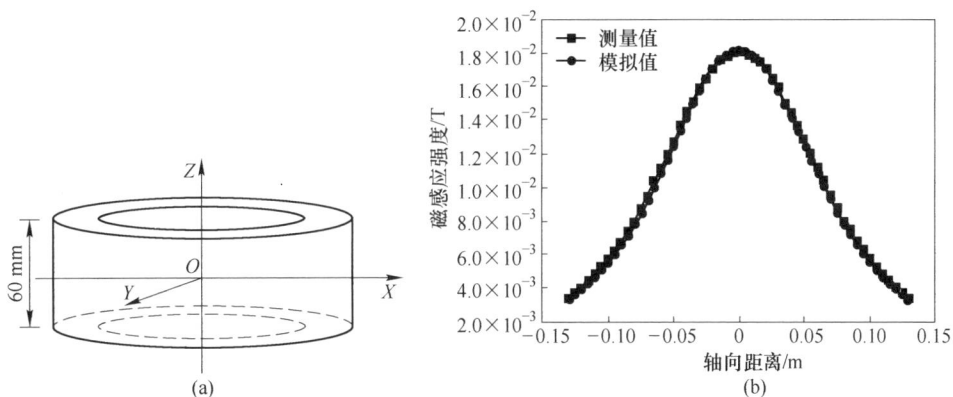

图 5-30 锥段磁系所用线圈模型（a）和磁感应强度（b）

5.3.2.2 磁场特性分析

模型建立后设置边界条件，加载励磁电流分别选取试验所用电流，即 0 A、3 A、6 A 及 9 A。各励磁电流条件下分别提取 XZ 截面轴向与径向磁场强度云图和磁场力的轴向与径向分力。

不同电流条件下径向磁场强度云图如图 5-31 所示。

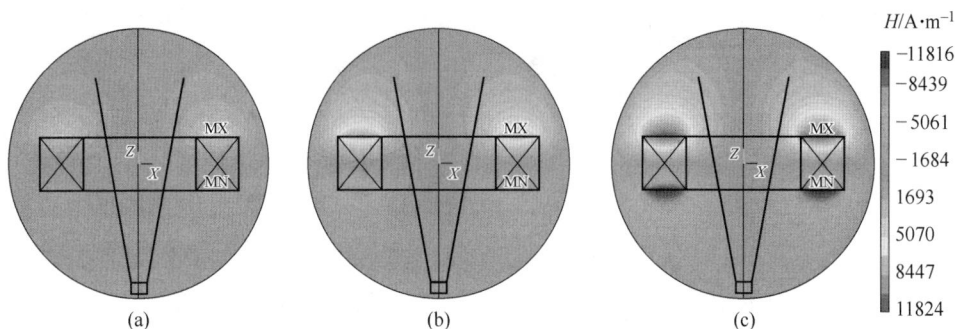

彩图

图 5-31 径向磁场强度云图
（a）3 A；（b）6 A；（c）9 A

从图 5-31 可以直观地看出，不同励磁电流条件下磁场的作用区域与作用强度，随着励磁电流的增加，旋流器锥部分选空间内径向磁场强度也越来越强。磁系中心处径向磁场强度变化较缓，磁系附近磁场强度较大。

不同电流条件下轴向磁场强度云图如图 5-32 所示。

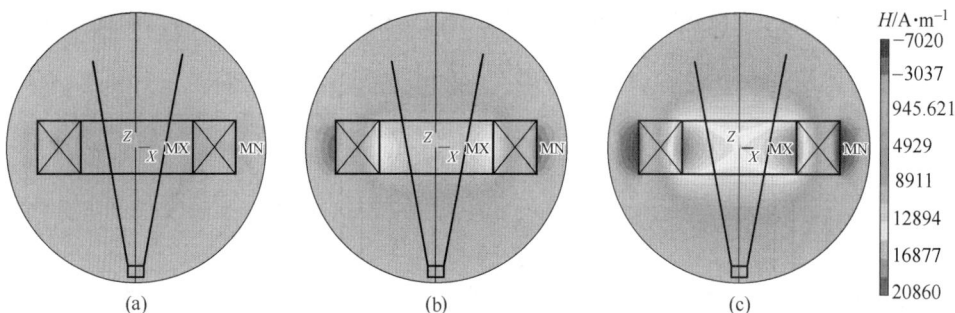

彩图

图 5-32 轴向磁场强度云图
（a）3 A；（b）6 A；（c）9 A

同样，从图 5-32 可以直观地看出，不同励磁电流条件下磁场的作用区域，随着励磁电流的增加，旋流器锥部分选空间内轴向磁场强度也越来越强。

以电流 6 A 为例，查看 XZ 截面磁力线分布。图 5-33（a）所示为磁通密度标量图，从图中可以看出线圈周围磁力线的走线及磁力线疏密程度；图 5-33（b）所示为磁通密度矢量图，可以直观地表现出磁通密度值的大小，线圈内部磁通密度较大，线圈外部磁通密度衰减较快。

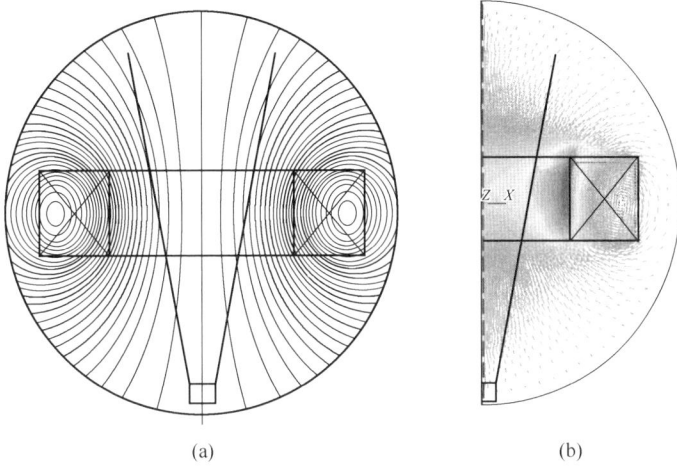

图 5-33 磁系 XZ 截面磁通密度

（a）标量图；（b）矢量图

彩图

图 5-34 所示为旋流器中心轴线，即半径 $r=0$ 处轴向磁场强度分量与轴向磁场力 $H \cdot \mathrm{grad}H$。

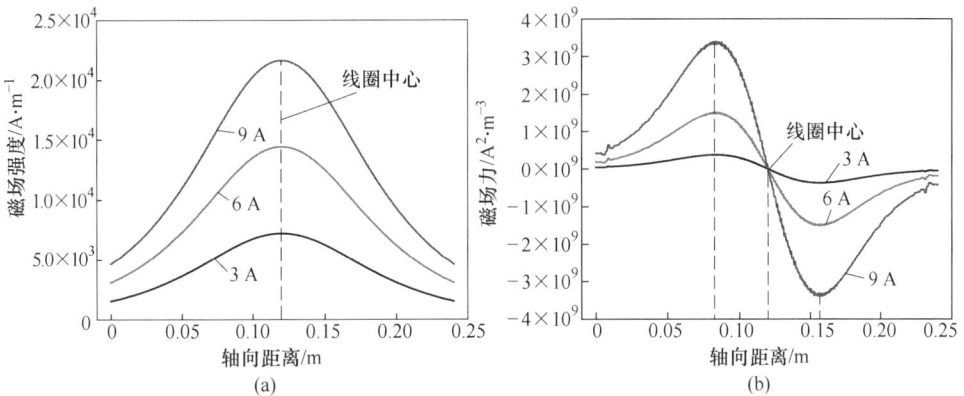

图 5-34 $r=0$ 处的轴向磁场强度（a）与磁场力（b）

从图 5-34（a）可以看出，各励磁电流下，磁系中心附近磁场强度最强，磁场梯度较小，接近匀强磁场，因此磁场力最弱；线圈上、下平面附近为磁场由开放到紧缩的过渡区（见图 5-33），磁场强度较大，磁场梯度也较大，因此磁场力最大。

磁性颗粒所受轴向磁场分力指向磁系中心平面，对磁系中心平面以上的磁性颗粒有向下的吸引作用，对已越过磁系中心平面的磁性颗粒有向上的提升作用，造成磁性颗粒在磁系附近聚积，形成局部磁性浓度较高的区域。

图 5-35 所示为磁系上平面,即 $Z=0.03$ m 处磁系中心轴线到旋流器锥体内壁附近的径向磁场强度 H 与磁场力 $H \cdot \mathrm{grad} H$ 。

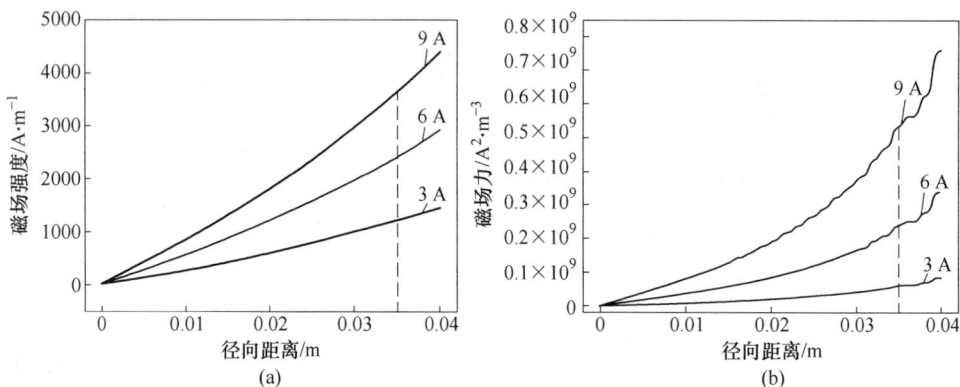

图 5-35　磁系 $Z=0.03$ m 处径向磁场强度(a)与磁场力(b)

从图 5-35(a)可以看出,各励磁电流下,由磁系中心轴线到旋流器锥体内壁时,磁场强度逐渐增加,径向磁场力也逐渐增大,并在磁系内壁附近达到最大值。

为更直观地观察磁场作用下磁铁矿粉的运动状态,用透明烧杯盛装一定体积磁铁矿粉悬浮液,搅拌均匀后对线圈通电,待悬浮液运动停止后,磁铁矿粉在线圈附近的堆积形态如图 5-36 所示。

图 5-36　磁场作用下磁铁矿粉形态

磁铁矿粉所受径向磁场力与轴向磁场力为同一数量级,因此二者同时起作用,磁铁矿粉在磁场力作用下向磁系附近聚积。由于旋流器锥部的自然浓缩作用,此处磁铁矿粉浓度已经很高,在径向及轴向磁场力的辅助作用下磁性介质颗粒在磁系作用空间内进一步浓缩,旋流器边壁处浓度进一步增加,相当于增大了此处的锥角，因此分选强度增大，进而使实际分选密度升高。同时，边壁处高浓度磁性介质在向上轴向力的作用下减缓了向底流口的沉积移动，造成了底流密度的降低。当磁场力过大时，此处介质浓度较高，磁团聚现象严重，破坏了旋流器内密度场形态，分选效果变差。

5.3.3 全域组合磁系对分选效果的影响规律

前面试验结果已经证实，柱段大直径磁系、大直径磁系组合和锥段小直径磁系对旋流器的分选密度都有提升作用。因此，将具有相同作用的磁系全域组合，即在柱段和锥段同时进行大小线圈组合，在旋流器柱段放置两组大直径磁系，在旋流器的锥部中下位置放置两组小直径磁系，如图 5-37 所示；对两组磁系同时通电，研究此 4 个线圈组合磁系对旋流器分选密度的提升能力。

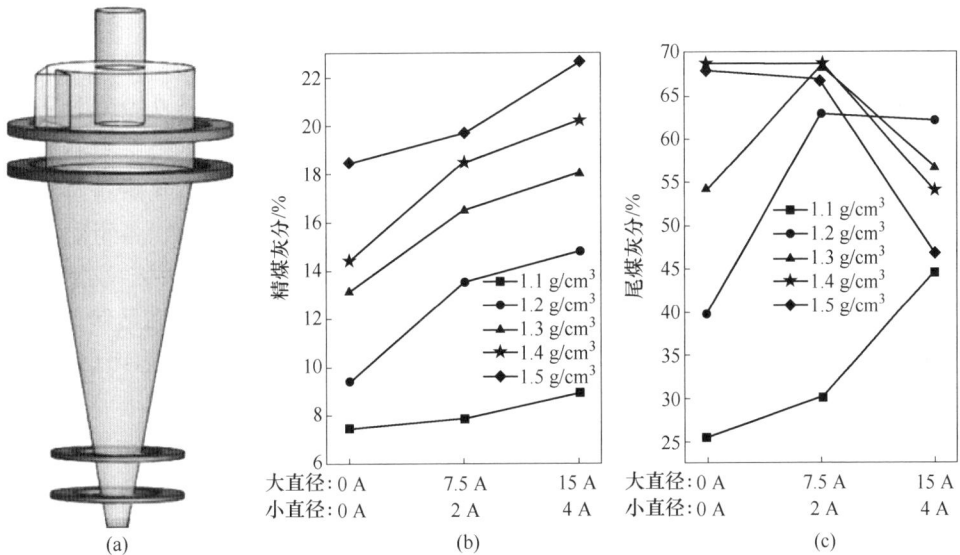

图 5-37　磁系组合位置(a)及磁场对分选效果(b)(c)的影响

从图 5-37 中可以看出，当悬浮液密度为 1.1 g/cm^3 时，精煤灰分变化不大，尾煤灰分增长 19.37 个百分点，但总体上由于入料重介质悬浮液密度过低，并没有形成有效分选床层，精尾煤灰分都较低。当悬浮液密度为 1.2～1.3 g/cm^3 时，精煤/尾煤灰分增加明显，尤其尾煤灰分，从 39.98% 提高到 62.75%，底流产品可从中煤过渡为矸石直接排弃。当悬浮液密度大于 1.3 g/cm^3 时，精煤灰分仍继续升高，尾煤灰分则基本已经达到最大灰分值；当电流继续增加时，尾煤灰分开始大幅度降低，说明过大的磁场扰乱了旋流器的正常分选，分选效果变差。

5.3.3.1　对应不同悬浮液入料密度下产品灰分值

当悬浮液密度为 1.2 g/cm^{3}时，调整励磁电流，便可达到悬浮液密度为 1.3~1.4 g/cm^{3}的分选指标；当悬浮液密度为 1.3 g/cm^{3}时，调整电流便可实现悬浮液密度为 1.4~1.5 g/cm^{3}时的分选指标。

因此，施加磁场可在保证产品质量的前提下实现>0.2 g/cm^{3}分选密度的提升。各选煤厂重介质使用量相当大，将入料悬浮液密度降低 0.2 g/cm^3，对选煤厂意义重大，不仅大幅度降低了介质循环量，减少磁性物夹带损失，还降低了设备磨损，提高了磁选机回收率。

对比工艺参数试验中悬浮液密度对分选效果的影响，当采用单线圈、入料悬浮液密度 1.1 g/cm^{3}时，精煤/尾煤灰分基本不变，说明低密度入料时单线圈基本无作用；当采用 4 个线圈时，对 1.1 g/cm^{3}密度入料悬浮液影响较大，尾煤灰分增加 20 个百分点左右，说明多线圈组合磁系更适合于低密度悬浮液入料。

5.3.3.2　组合磁系磁场特性模拟分析

图 5-38 和图 5-39 所示为组合磁系 XZ 截面轴向磁场强度云图与轴向磁场力随旋流器高度分布图。其中，大线圈安匝数为 3695 N·A，小线圈为 910 N·A。从图 5-38 中可以看出，磁系组合后，增大了磁场作用范围；各组磁系中心处磁场强度最大，从磁系中心沿中心轴线向两端逐渐递减，磁场重合的区域是两对磁系磁场强度的叠加。轴向磁场力的变化规律（见图 5-39），磁场力以各组磁系中心为基点，各组磁系中心所受磁场力最小，几乎为 0，是由于磁系中心处接近匀强磁场，磁场梯度小，故磁场力较小；从磁系中心沿中心轴线向两端延伸，所受磁场力逐渐增大，在各个磁系之外约一个磁系高度位置处，磁场力达到最大值，

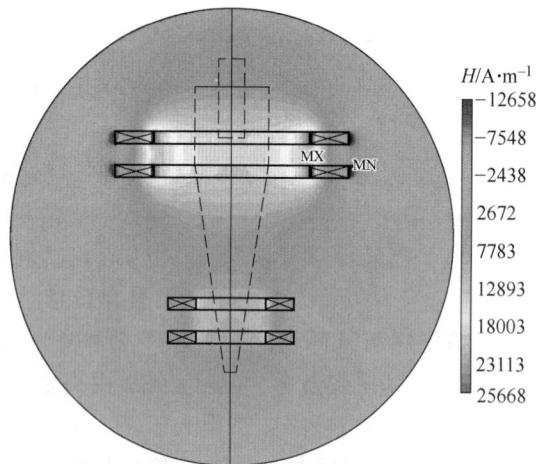

图 5-38　组合磁系轴向磁场强度云图　　　彩图

是因为此处磁场强度与磁场梯度均较大,因此磁场力较大。随轴向距离继续向两端延伸,磁场作用开始减弱,磁场力逐渐减小至0。

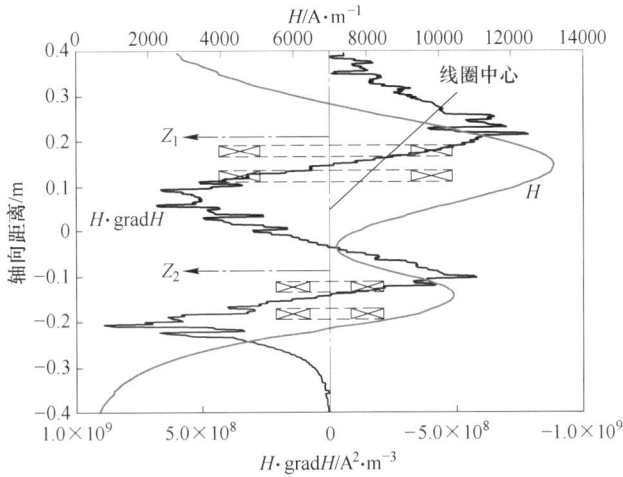

图 5-39 组合磁系轴向磁场强度与磁场力   彩图

图 5-40 所示为组合磁系径向磁场云图,图 5-41 所示为图 5-39 所示位置 Z_1、Z_2 处径向磁场强度与磁场力,从磁系中心到旋流器边壁处,径向磁场强度与磁场力逐渐增大,并在旋流器边壁处达到最大值。

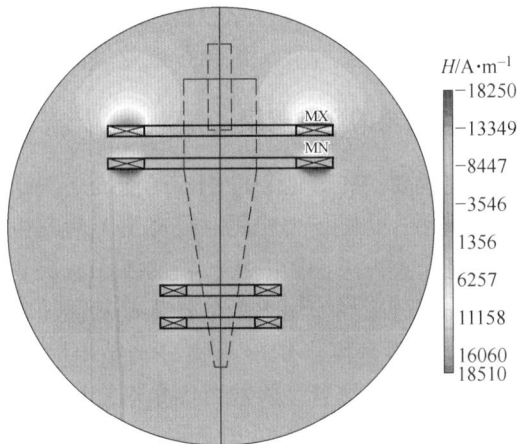

图 5-40 组合磁系径向磁场强度云图分布   彩图

磁铁矿粉所受径向磁场力与轴向磁场力为同一数量级,因此二者同时起作用。磁铁矿粉所受轴向磁场力指向各组磁系中心平面,对磁系中心平面以上的磁性颗粒有向下的吸引作用,对已越过磁系中心平面的磁性颗粒有向上的提升作

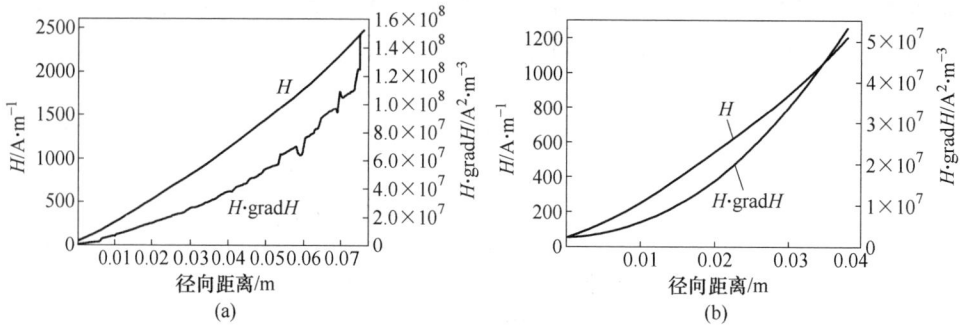

图 5-41　$Z_1(a)$、$Z_2(b)$ 位置径向磁场强度与磁场力

用，造成磁性颗粒在磁系附近聚积，局部磁性颗粒浓度较高。径向磁场力强化了磁铁矿粉的离心运动，导致磁性颗粒浓度在磁系的作用空间内进一步提高，进而提高实际分选密度。因此，采用低密度悬浮液入料，施加外部磁场，即可实现物料高密度分选。

5.4　磁场与工艺参数的协同效应

工艺参数是决定生产实际中分选效果的参数，工艺参数的稳定和优化是充分实现重介质旋流器功能的关键因素。重介质旋流器分选效果的工艺参数主要包括：入料压力、介质循环量、二段底流口直径及预旋旋向等。本节主要研究内容是在磁场作用下部分工艺参数对重介质旋流器分选效果的影响。

5.4.1　悬浮液密度对分选效果的影响规律

入料中悬浮液的密度越高，在其他条件相同的前提下，矿粒的实际分选密度也越高，磁铁矿粉浓度越大，受磁场力作用时可能更容易发生磁团聚等现象，在离心力作用下浓缩现象更严重，进而影响旋流器的工作状况。因此，有必要对入料悬浮液密度进行研究，探讨磁场作用下的最佳入料悬浮液密度。

研究磁场强度对不同入料密度下的旋流器分选结果时，试验中固定线圈位置，选取粗煤泥分选时效果最佳位置，将线圈固定于旋流器柱锥交界面，旋流器采用较小直径旋流器，试验结果如图 5-42 所示。

入料悬浮液密度分别为 1.1~1.5 g/cm³，每种入料密度下选取三个电流强度代表不同的磁场强度，分别为 0 A、5 A 和 10 A。入料密度试验从 1.1 g/cm³ 开始，依次进行三个电流强度试验。试验结束后，添加一定量重介质，调整悬浮液密度，继续进行下一个密度级试验。从试验结果可知，不同悬浮液入料密度下精煤/尾煤灰分不同，悬浮液密度低，分选密度低，精煤/尾煤灰分也低；悬浮液密

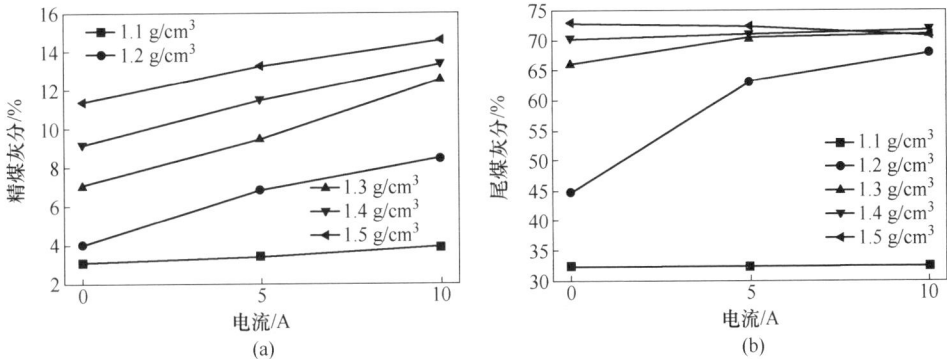

图 5-42 悬浮液密度对分选效果的影响

（a）精煤灰分；（b）尾煤灰分

度高，分选密度高，精煤/尾煤灰分也高，这与实际经验得到的结论相符。对不同入料密度的悬浮液，磁场的影响作用也不同。

（1）当悬浮液密度为 1.1 g/cm³ 时，精煤灰分超低，产率很低，尾煤灰分也很低，产率低，旋流器无分选作用，改变电流大小旋流器分选效果也变化不大；造成这种现象的原因是煤泥重介质旋流器中重介质悬浮液浓度太低，不能形成有效分选床层，物料无法按密度进行有效分选。

（2）当悬浮液密度升高（1.2～1.3 g/cm³）时，精煤/尾煤灰分随电流的增加而同时升高，涨幅明显，尤其尾煤灰分，从45%左右直接提升到65%以上，可作为矸石直接外排。

（3）当悬浮液密度继续升高（1.4～1.5 g/cm³）时，因原煤性质和旋流器结构的限定，精煤灰分涨幅变小，尾煤灰分已经达到最大值。由前述部分试验结论可知，若继续增大电流强度时，尾煤灰分则会下降，分选效果开始变差。

由上述试验结果可得到以下结论：悬浮液密度过低，介质稳定性差，悬浮液密度场分布不均匀，影响物料按密度分选的过程，导致分选效率下降。悬浮液密度过高，旋流器产品灰分已经达到极限，精煤/尾煤灰分可调空间变小，外加的磁场容易对旋流器的分选带来不利影响。因此，当采用此结构的旋流器对粗煤泥进行分选时，悬浮液密度在 1.2～1.3 g/cm³ 时外部磁场的施加对旋流器分选结果有较大改善。

对比不同悬浮液密度、磁场强度下分选效果，相对于改变悬浮液密度来改变分选效果，通过调节电流强度更方便、快捷，调整幅度大。

5.4.2 入料压力对分选效果的影响规律

入料压力和介质循环量是同步变化的，入料压力越高，悬浮液进料速度也就越快，旋流器的处理量增加。入料压力影响悬浮液介质的浓缩和分选效果，因此有必要研究入料压力与磁场强度的相互关系。同样选取线圈位置为旋流器溢流管入口，固定悬浮液密度为 1.3 g/cm³，试验过程中分别调整入料压力为 0.08 MPa、0.10 MPa 和 0.12 MPa，研究不同压力下磁场强度对旋流器分选效果的影响，试验结果如图 5-43 所示。

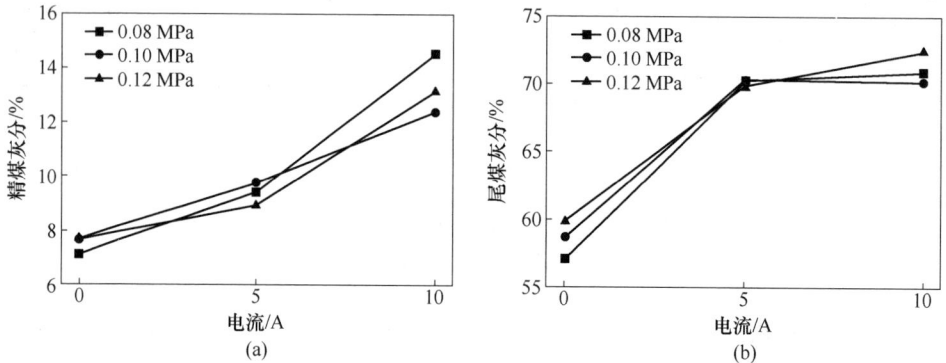

图 5-43　入料压力对分选效果的影响

（a）精煤灰分；（b）尾煤灰分

由图 5-43 可知，低入料压力下，精煤/尾煤灰分都较低；高入料压力下，精煤/尾煤灰分都较高，但总体相差不大，这与实际经验结论相符。相同磁场条件下，不同入料压力分选效果相差不大；相同入料压力条件下，通过改变磁场可明显改变分选效果。因此，相比于调节压力来改变分选效果，应优先调整励磁电流强度大小。

考虑到渣浆泵的选型以及功耗，0.08 MPa 时分选效果已经较好，因此不必过大地增大入料压力，后续试验如无特殊说明，入料压力均采用 0.08 MPa。

5.4.3　安装角度对分选效果的影响规律

工业实际生产过程中，旋流器一般倾斜安装，旋流器轴线与水平夹角一般为 10°～15°，以便于旋流器入料、溢流和底流管路系统的安装；同时，当设备停止运转时，旋流器内残存物料能顺利地从旋流器中排出。

对于磁场作用下的重介质旋流器而言，倾斜安装与垂直安装的不同之处在于：当旋流器垂直安装时，物料与重介质所受重力垂直向下，重力沿旋流器径向无分力；当旋流器倾斜安装时，物料所受重力沿旋流器轴向及径向均有分量，当施加磁场后，磁场与重力场构成的复合力场亦与无磁场时的力场有所区别，分选效果亦有所不同。因此，有必要研究之前所得结论在倾斜安装的重介质旋流器上是否仍然适用。

根据前期试验结果，分别选取旋流器柱段和锥中两个位置。当旋流器垂直放置、磁场位于这两个位置时，均能提高旋流器的分选密度。将旋流器倾斜、与水平线夹角为15°，线圈位于旋流器柱段时，不同励磁电流下旋流器的分选效果如图5-44所示。

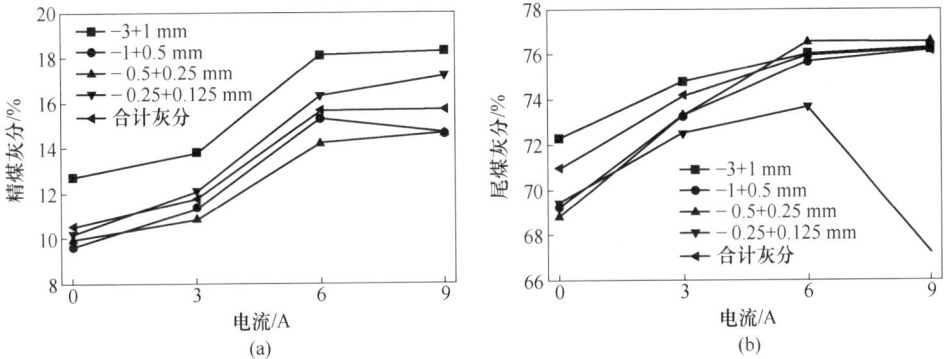

图 5-44　不同励磁电流对分选效果的影响
（a）精煤灰分；（b）尾煤灰分

当线圈位于旋流器柱段时，与垂直安装的旋流器分选效果类似，对分选密度的提升作用仍然存在，随着电流的增加，精煤/尾煤灰分单调增加。根据前期试验结果可以预见，当电流超过9 A后，尾煤灰分开始下降，分选效果开始变差。

当线圈位于锥段时，分选效果如图5-45所示。与垂直安装的旋流器规律相同，通过调整电流，磁场对旋流器分选密度的提升能力仍然存在，对精煤灰分的提升能力较柱段弱。当电流超过3 A时，精煤/尾煤灰分开始下降，精煤灰分仍高于无电流分选时灰分，尾煤灰分则低于无电流分选时灰分，分选效果开始变差。

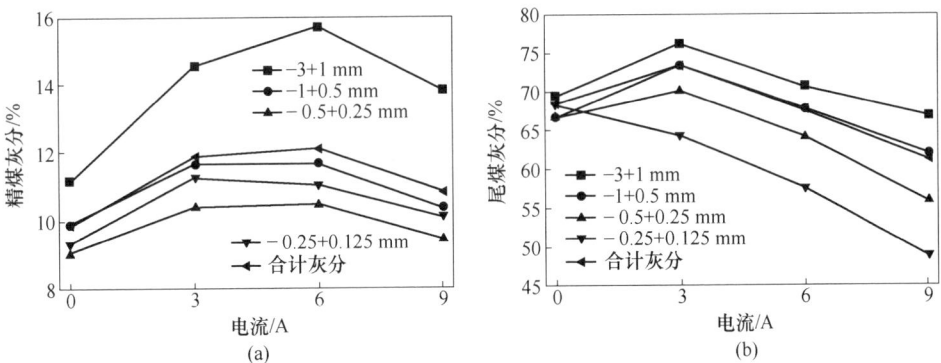

图 5-45　不同励磁电流对分选效果的影响
（a）精煤灰分；（b）尾煤灰分

综合以上结果可知，对于工业实际生产应用中安装具有一定倾斜角度的重介质旋流器，仍能够利用外部磁场调整旋流器的分选状况，而不受安装倾角的影响。

5.4.4　高磁场强度与分选效果的对应关系

前述试验过程中均发现，当磁场强度增大到一定程度后，旋流器分选效果开始变差，对于这种现象形成原因的解释说明，研究者从设备处理量、设备效率等方面综合阐述了磁场强度对磁选过程的复杂影响，认为各种设备都有一个合理的磁场调控范围，磁场强度过大或过小均对设备的分选过程均不利。发生以上现象的原因并未被完全阐述清楚，只是笼统地介绍"破坏了流场"，并未从颗粒受力等角度定性或定量地给出明确解释。以上试验结果的出现可能是由于以下两个原因，或者同时起作用，或者单独起作用。

（1）旋流器的流场是一个复杂的多相流沿切线逐渐下移的旋转流动过程，施加的磁场是一个静态的稳恒磁场，对旋流器内某确定一点的磁力方向不随其他外界因素变化而变化。当旋转切向流场与固定方向的磁场力相互作用时，势必影响磁性颗粒原有的切线运动状态，进而相应地影响流场的稳定性，造成磁场作用局部区域的湍动过大或者切向速度的降低等，这种扰动作用随磁场强度的增大而增大。这一点在试验过程中也有所表现，当施加励磁电流较弱时，底流物料呈正常的伞状溢出，随磁场强度的逐渐增大，底流物料流出状态由伞状形态向绳状过渡，并且发出非正常工况时的噪声。

（2）随着磁场强度的增大，磁场作用区域内磁团聚现象开始产生，并且随着磁场强度的逐渐增大，磁团聚体粒度逐渐增大，增大了磁性介质的粒度，在一定粒度范围内对旋流器的工况影响不明显；但超过一定粒度范围后，介质稳定性、流变性开始变差，恶化了重介质旋流器的分选效果。

磁选设备中，对于影响磁团聚体形成的各种力进行分析，主要分为以下两大类：一是形成磁团聚的力，促进磁团聚体现象的发生；二是破坏磁团聚体的力，对已形成的磁团聚体产生破坏作用。

（1）形成磁团聚的磁相互作用力。

外加磁场作用下磁相互作用力是产生磁团聚的主要作用力，其磁性颗粒相互作用力可由库仑定律决定：

$$F_{磁} = \frac{m_1 m_2 \cos\alpha}{\mu_0 r^2} \tag{5-1}$$

式中　　$F_{磁}$——磁性颗粒间的相互作用力；

　　m_1，m_2——两个相互作用粒子的磁量；

　　　　α——场强向量与相互作用颗粒间的夹角；

　　　　μ_0——介质导磁率；

r——颗粒间的中心距离。

计算时，式（5-1）中各参数不易直接测定，因此磁力的定量计算比较困难。Y. M. Eyysa 等人从能量变化的观点出发，假定强磁性矿物悬浮液中强磁性颗粒为直径 d_p 的球体，得出颗粒间的磁相互作用力为：

$$F_磁 = 3.898C_1M^2\left(\frac{d_p}{2}\right)^2(1-\varepsilon)^{\frac{4}{3}} \tag{5-2}$$

式中　C_1——空穴和粒子的退磁系数，对于球形粒子，$C_1 = 0.75\pi$；

　　　M——颗粒的磁化强度；

　　　d_p——强磁性粒子直径；

　　　ε——悬浮液的孔隙度，$\varepsilon = 1 - c$；

　　　c——磁性颗粒体积浓度。

在微细粒磁铁矿的磁团聚时，表面力有一定的作用，当粒度达到 20 μm 时，磁团聚磁力已占绝对优势。因此，在研究常规粒度的强磁性矿物的磁团聚时，可以忽略表面力和其他力的作用。

（2）破坏磁团聚的力。

在选择性磁团聚分选过程中，破坏磁团聚的力主要有以下几种。

1）湍流脉动剪切力。湍流脉动剪切力是由于叶轮的高速强烈搅拌作用引起的，矿浆的湍流状态使得其中的磁团聚体受到湍流脉动剪切作用，其表示形式为：

$$\tau_1 = C_2(\omega Td_F)^{\frac{2}{3}} \tag{5-3}$$

式中　C_2——系数；

　　　ω——搅拌机的角速度；

　　　T——输入扭矩；

　　　d_F——团聚体粒度。

从式（5-3）可以看出，随着搅拌速度的增大，搅拌叶轮输入的能量越大，湍流脉动剪切力也越大；在非叶轮搅拌作用区，这种力是破坏磁团聚体的主要作用力。

2）碰撞剪切力。碰撞剪切力是高速旋转的叶轮与磁团聚体直接发生碰撞时磁团聚体受到的剪切力，主要发生在设备的叶轮区。碰撞剪切力是叶轮形状、输入能量、叶轮切向速度、颗粒与叶轮的相对速度等的函数，要确切描述时还需考虑碰撞概率和碰撞位置等随机因素，因此其定量描述很困难。

3）自重力引起的剪切力。磁化团聚粒子自重力引起的剪切作用力，计算公式为：

$$\tau_2 = mg/S \tag{5-4}$$

式中　m——粒子质量；

　　　S——粒子截面积。

4) 黏性力引起的剪切作用力。假定磁团聚体与介质黏性力服从斯托克斯公式，则计算公式为：

$$\tau_3 = 6\pi\eta d_F \vartheta_0 / S \tag{5-5}$$

式中 ϑ_0——水流上升速度。

以上几种破坏磁团聚体的合力 τ_B 为磁团聚体的抗剪切强度，则有：

$$\tau_B = \tau_1 + \tau_2 + \tau_3 \tag{5-6}$$

由于搅拌作用很强，因此由自重引起的剪切力和黏性力引起的剪切力可以忽略，在叶轮搅拌区，湍流脉动剪切力和碰撞剪切力同时存在，而稳定的磁团聚体存在于非叶轮区，此时有：

$$\tau_B = \tau_1 = C_3 F n d_p \tag{5-7}$$

式中 C_3——系数，$C_3 = \dfrac{1}{2} \sim \dfrac{1}{3}$；

F——粒子间团聚力，$F \approx F_磁$；

n——单位体积团聚体内原始粒子的接触数目；

d_p——粒子的初始直径。

因此，由式 (5-2)、式 (5-3)、式 (5-7) 解得：

$$d_F = \frac{C_1 C_3 n}{C_2} \cdot \frac{M^3 d_p^{\frac{9}{2}} (1 - \varepsilon)^2}{\omega T} \tag{5-8}$$

而颗粒的磁化强度 $M = \dfrac{(\mu - 1)H}{4\pi + D\varepsilon(\mu - 1)}$，因此 $M \propto H$。

从式 (5-8) 可以看出，磁团聚体的粒度与磁场强度的 3 次方成正比，与磁铁矿粉体积浓度的 2 次方成正比，颗粒的沉降速度与颗粒直径的 2 次方成正比。因此，磁团聚体的沉降速度与磁场强度的 6 次方成正比，与矿浆体积浓度的 4 次方成正比。参照试验过程中外加载励磁电流条件，从而计算出磁团聚体粒度与磁化强度和给矿密度的关系。

表 5-3 为磁团聚体粒度与电流强度的关系。

表 5-3   磁团聚体粒度与电流强度的关系

原始颗粒粒度	磁团聚体粒度 $d_F/\mu m$		
$d_p/\mu m$	2.5 A	5.0 A	7.5 A
10	13	103	348
20	36	292	984
30	67	536	1809
45	123	984	3323

表 5-4 为固定电流为 2.5 A 时磁团聚体粒度与入料密度的关系。

表 5-4　磁团聚体粒度与入料密度的关系

原始颗粒粒度 $d_p/\mu m$	磁团聚体粒度 $d_F/\mu m$			
	1300 kg/m³	1400 kg/m³	1500 kg/m³	1600 kg/m³
10	15	23	36	52
20	42	66	103	148
30	78	121	189	272
45	143	222	348	501

因此，当磁场强度与体积浓度增大时，磁铁矿粉团聚颗粒迅速增大；根据煤泥重介质旋流器对介质颗粒粒度的要求，应选择更细的磁铁矿粉。因此，增大的磁铁矿粉粒度恶化了分选效果，这就不难解释当磁场强度增大到一定值后或配制悬浮液密度增大到一定程度后分选效果迅速变差的现象。

6 电磁场降低重介质旋流器分选密度试验

前述章节已经得到提升旋流器分选密度的方法与实施技术路线，为实现重介质旋流器分选密度磁调控方法的全面性与灵活性，本章主要研究重点是磁场位置、磁场强度以及磁场梯度等因素在降低旋流器分选密度方法中的作用。

6.1 磁场位置对分选效果的影响

6.1.1 锥部磁场对分选效果的影响

前述章节提升旋流器分选密度试验位置主要在旋流器锥体中部及以上位置，本节将线圈下移至锥部中下位置，研究位于此处的磁场对降低旋流器分选密度的影响。试验所用线圈为前述小直径线圈，高度 80 mm，总电流不超过 40 A，旋流器直径为 150 mm，线圈放置位置与旋流器的相对位置如图 6-1 所示。

（1）小电流区间励磁电流对分选效果的影响。

固定好线圈位置，待旋流器工况稳定后，调节励磁电流。接取试验样品，小励磁电流间隔下旋流器的分选效果如图 6-2 所示。

在励磁电流增加到 6 A 时，即可同时实现精煤/尾煤灰分的最大值；当超过此值后，产品灰分开始下降。试验现象与之前大线圈的试验结果类似，即在较小的磁场强度下可实现分选密度的升高，磁场强度超过一定值后分选效果开始变差。

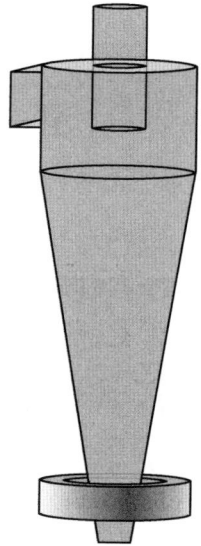

图 6-1 φ150 mm 旋流器磁系位置

（2）大电流区间磁场强度对分选效果的影响。

在小电流间隔内并未得到理想的精煤/尾煤灰分同时降低的分选结果。增大励磁电流至 40 A，大励磁电流间隔下旋流器的基本分选效果如图 6-3 所示。

由图 6-3 可知，当电流从 0 A 增加至 10 A 时，精煤/尾煤灰分同时提高，分

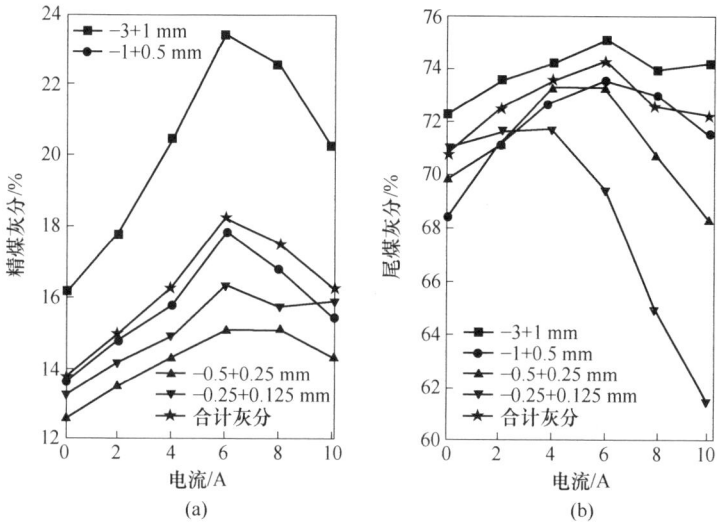

图 6-2　小电流间隔下旋流器的分选效果
（a）精煤灰分；（b）尾煤灰分

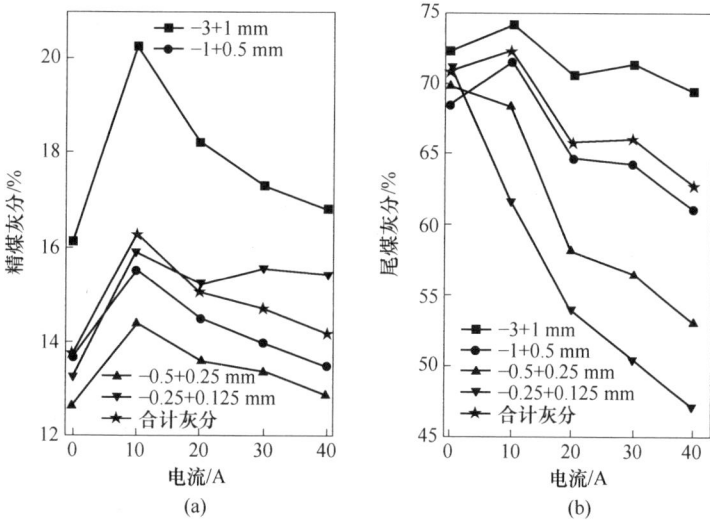

图 6-3　大电流间隔下旋流器的分选效果
（a）精煤灰分；（b）尾煤灰分

选密度提高；当电流继续增长时，精煤灰分开始下降，但仍高于无电流时的灰分，尾煤灰分则持续降低，降低幅度很大，变化趋势与线圈位于锥体中部时相同。

　　由以上两组试验结果可知，利用此线圈，将线圈置于旋流器锥体中下位置，电流由小到大按序调节时并不能实现分选密度的降低。与之前研究者结论不一致，分析原因是前期所用旋流器尺寸较小，线圈尺寸相对较大，旋流器整个锥体都被线圈包络；本次试验将旋流器放大后，线圈尺寸相对锥体较小，从而作用范围很小，从而带来分选规律的不同。

6.1.2　底流口磁场对分选效果的影响

继续向下移动线圈位置，使旋流器底流口出口平面位于线圈轴向高度的中心，使底流出口平面与线圈中心平面平齐，如图 6-4 所示。此时，位于底流口附近的磁性介质只受到向下的磁场力作用而从底流口排出，减小或消除磁性介质颗粒所受向上的磁场力，试验结果如图 6-5 所示。

当线圈位于此位置时，精煤灰分仍有 2~4 个百分点的提升，尾煤灰分也有所升高，但总体升高幅度不如前述位置大；与前述位置试验结果不同的是，随着磁场强度的升高，尾煤灰分并没有呈现下降趋势，而是基本保持不变。这说明此结构线圈位于该位置时可能带来一定程度的底流口堵塞，阻止了尾煤灰分的降低。

图 6-4　线圈与旋流器的相对位置

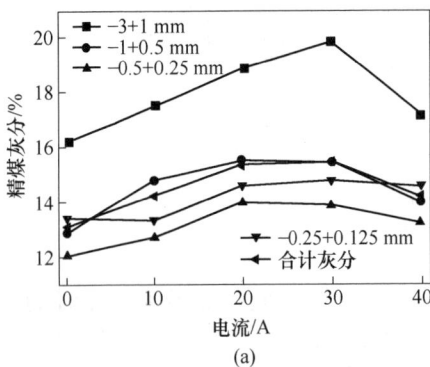

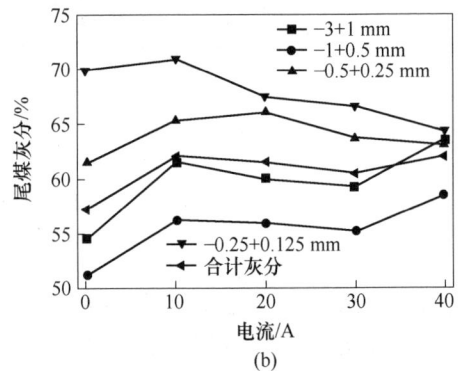

缩小线圈尺寸，以减小磁场作用区域，增大局部的磁场强度，进而增大轴向力。更换外径 170 mm、内径 70 mm、轴向高度为 55 mm 的线圈，此线圈与上述小直径线圈相比，内径更小，磁场力作用更集中。同样，将此线圈的中心平面与底流口平齐，试验结果如图 6-6 所示。

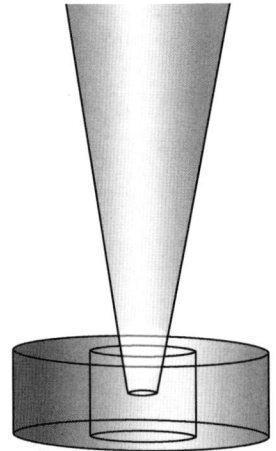

图 6-5　大电流间隔下旋流器的分选效果
（a）精煤灰分；（b）尾煤灰分

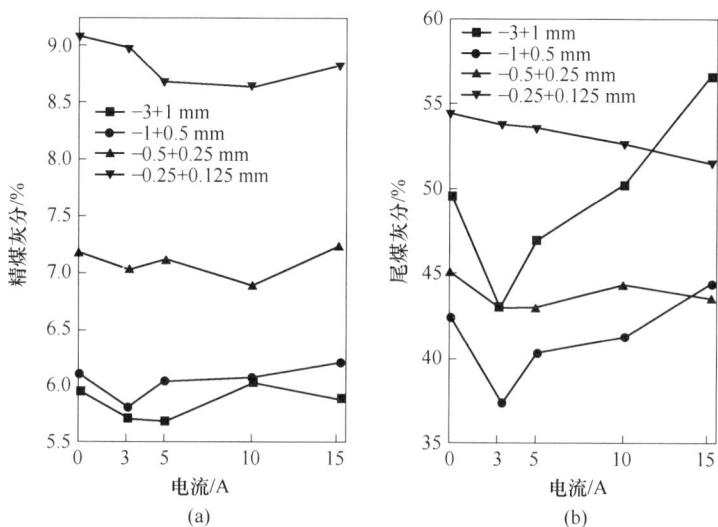

图 6-6　不同电流下旋流器的分选效果

（a）精煤灰分；（b）尾煤灰分

由图 6-6 可知，线圈结构尺寸的改变对分选效果带来一定影响作用。在电流增加到 3 A 时，精煤灰分略有下降，尾煤灰分下降 5 个百分点左右。当电流继续增大时，精煤/尾煤灰分并没有呈现出继续降低的趋势，而是开始增加。这说明磁场作用空间的缩小，增大轴向力的同时也增大了径向力，导致磁性介质在底流口附近的堆积而不能及时排出，进入溢流量增大，提高了产品灰分。

6.1.3　底流口之下磁场对分选效果的影响

固定入料悬浮液密度，研究线圈作用位置及磁场强度对旋流器分选效果的影响。

6.1.3.1　线圈位于底流口之下 15 mm

分别进行两个入料压力 0.08 MPa 和 0.1 MPa 下的对比试验，试验结果如图 6-7 所示。随着磁场强度的增加，精煤/尾煤灰分均开始降低，说明施加磁场使旋流器分选密度降低。在压力为 0.1 MPa 时，试验规律类似。

6.1.3.2　线圈位于底流口之下 35 mm

当线圈位于此位置时，入料压力较小时，精煤灰分有下降趋势，但幅度不大，尾煤灰分下降至最低值后又迅速上升；当入料压力较大时，精煤灰分下降，尾煤灰分仍是下降到最低值后迅速上升，如图 6-8 所示。分析认为，发生这种现象的原因是当励磁电流最大时堵塞了底流口，底流产品不能顺畅排出，最终导致

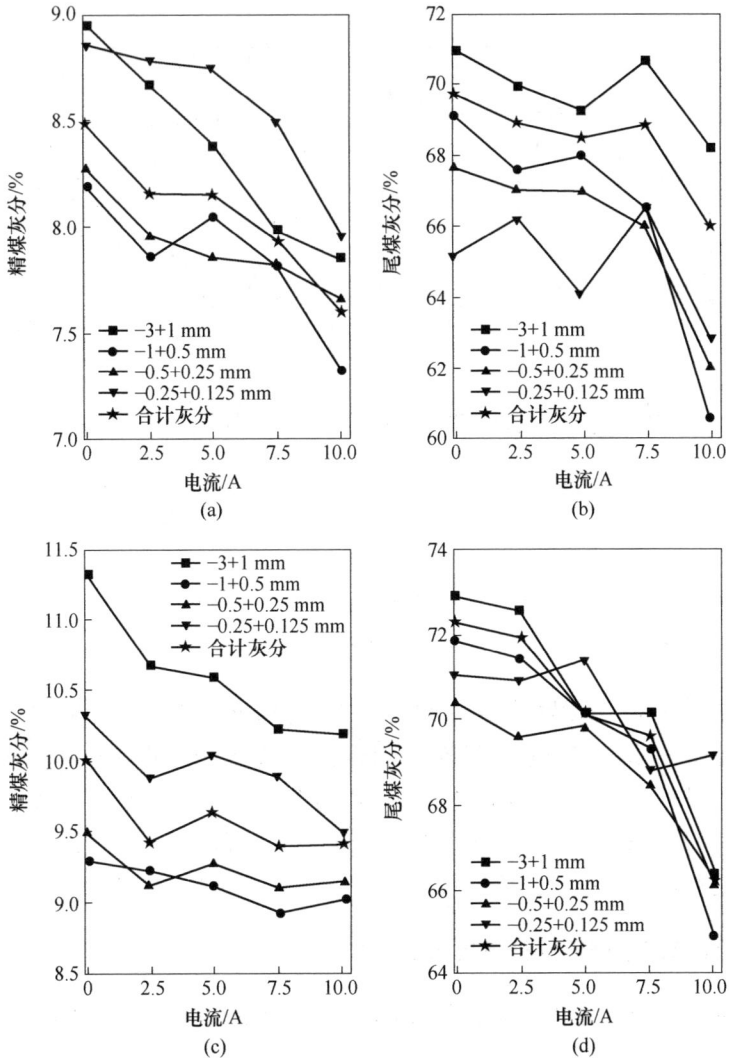

图 6-7　磁场强度对旋流器分选效果的影响

（a）0.08 MPa，精煤灰分；（b）0.08 MPa，尾煤灰分；
（c）0.1 MPa，精煤灰分；（d）0.1 MPa，尾煤灰分

了尾煤灰分的升高。

6.1.3.3　线圈位于底流口之下 55 mm

当线圈位于位置时，入料压力较小时，精煤灰分下降，尾煤灰分振荡变化并有上升趋势；入料压力较高时，精煤灰分有先下降后升高趋势，但变化幅度不大，尾煤灰分有所升高，这说明磁场在此位置时能够提高分选精度和分选效率，如图 6-9 所示。

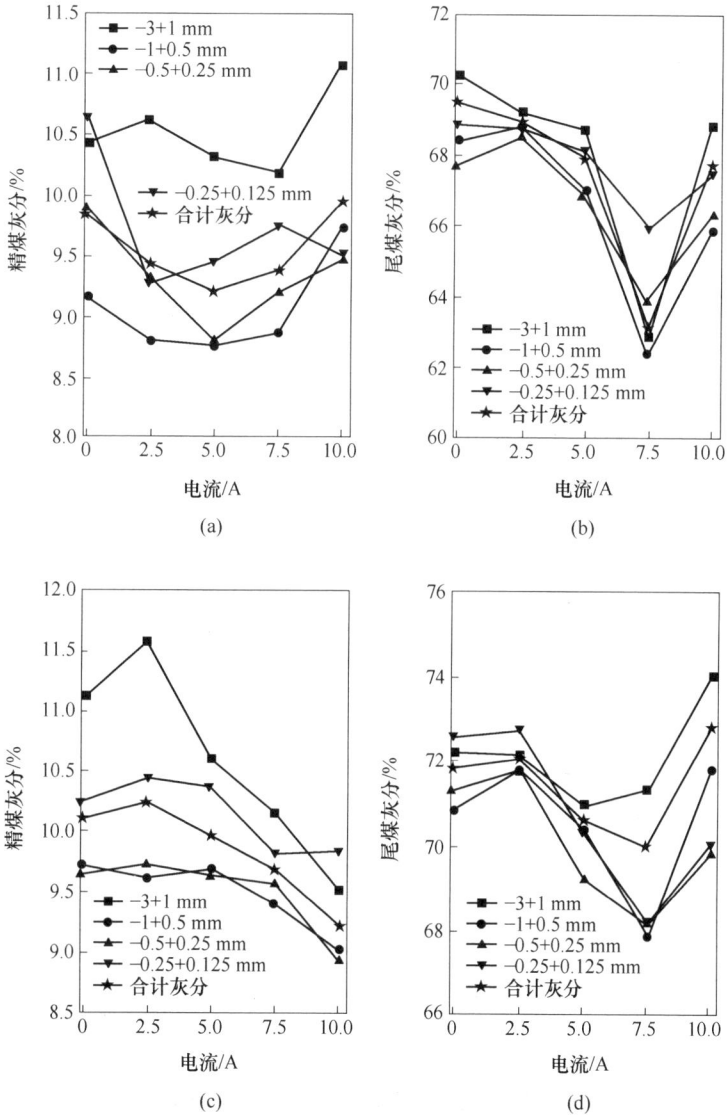

图 6-8 磁场强度对旋流器分选效果的影响

(a) 0.08 MPa, 精煤灰分;(b) 0.08 MPa, 尾煤灰分;

(c) 0.1 MPa, 精煤灰分;(d) 0.1 MPa, 尾煤灰分

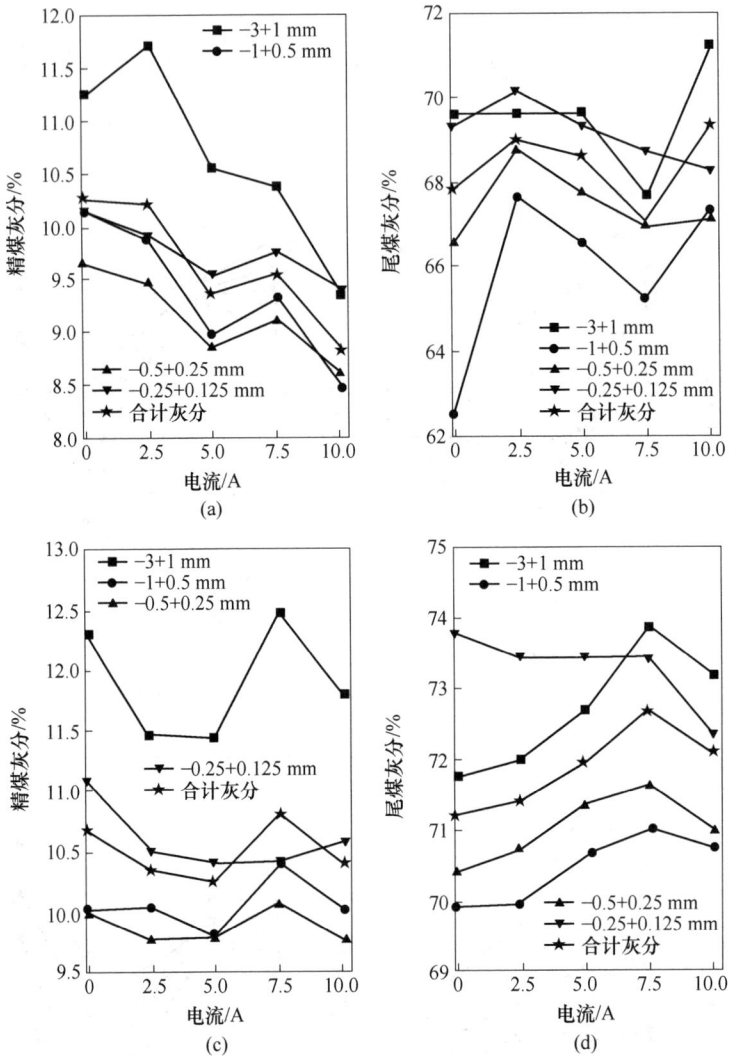

图 6-9　磁场强度对旋流器分选效果的影响

（a）0.08 MPa，精煤灰分；（b）0.08 MPa，尾煤灰分；

（c）0.1 MPa，精煤灰分；（d）0.1 MPa，尾煤灰分

6.2　磁场形式对分选效果的影响

磁性颗粒所受磁场力的大小同时取决于磁场强度和磁场梯度。按照旋流器工作原理，应设计一种磁场形式使之产生向下的磁场梯度力，以期磁性颗粒在向下的磁场梯度力的牵引下从底流口排出，增大底流排出量，实现分选密度的降低。

本节梯度磁的设置方法分为两种：一种是等直径线圈梯度磁场，将相同尺寸的多个线圈堆叠放置构成磁系，整个磁系由多个励磁电源控制，对不同位置处的线圈施加不同的电流强度，进而产生不同梯度特性的磁场；另一种梯度磁场的产生方法是加工异径截面线圈，不同高度处的线圈匝数不同，当施加电流时也会产生特定形态的梯度磁场。本节试验内容以上述两种梯度磁场的产生方法为基础，通过对励磁电流的控制，研究不同梯度磁场特性下旋流器的分选效果，其中等直径线圈梯度磁场所用旋流器为直径 150 mm，异径截面线圈所用旋流器为直径 100 mm。

6.2.1 等直径线圈梯度磁场对分选效果的影响

本节试验中，等直径线圈磁系采用三层线圈堆叠，并分别定义为上、中、下线圈，对三个线圈同时施加不同的励磁电流，电流强度从上到下依次增强（见表 6-1），以此产生向下的梯度磁场。磁系放置位置分别为底流出口平面以上 20 mm 处和以下 20 mm 处，如图 6-10 所示。各梯度磁场条件下旋流器的分选效果如图 6-11 和图 6-12 所示。

表 6-1　试验电流强度

试验序号		1	2	3	4	5	6	7
电流/A	上线圈	0	0.5	1	1.5	0	1	1
	中间线圈	0	1	2	3	0	1	3
	下线圈	0	2	4	6	0	2	6

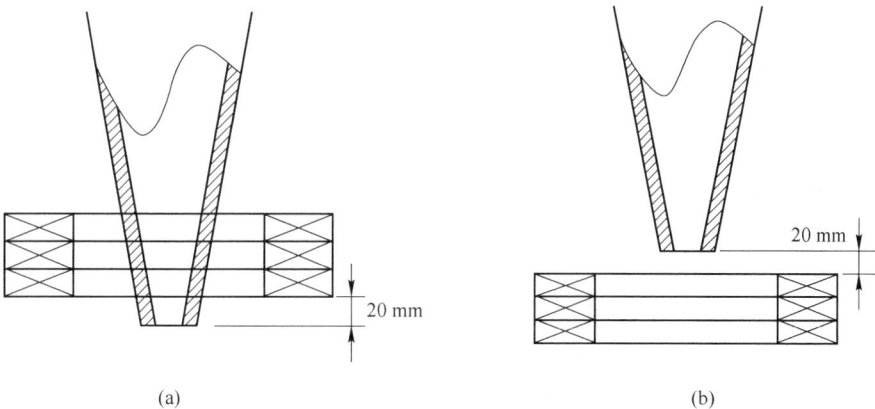

图 6-10　梯度线圈与旋流器相对位置

（a）底流出口平面以上 20 mm 处；（b）底流出口平面以下 20 mm 处

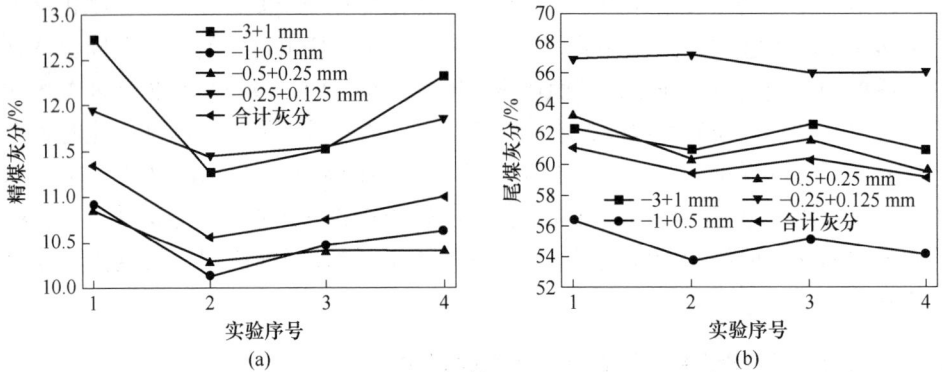

图 6-11　各梯度磁场条件对旋流器分选效果的影响（Ⅰ）

（a）精煤灰分；（b）尾煤灰分

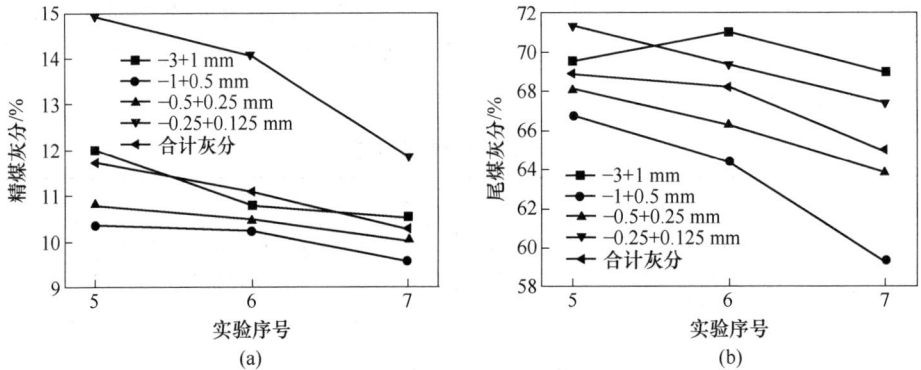

图 6-12　各梯度磁场条件对旋流器分选效果的影响（Ⅱ）

（a）精煤灰分；（b）尾煤灰分

　　由图 6-11 可知，当线圈整体位于底流口出口平面以上 20 mm 时，在试验条件 2 下所形成的梯度磁场，精煤/尾煤灰分有较大的下降程度，总精煤灰分降低 0.76 个百分点，尾煤灰分略有降低，但变化幅度不大。随着励磁电流的增大，精煤灰分/尾煤灰分均有所波动，并未实现精煤/尾煤灰分的大幅度同时降低。因此，当磁场梯度线圈位于底流口出口平面之上时，在较弱的梯度磁场作用下，能够实现精煤/尾煤灰分的同时降低。

　　由图 6-12 可知，将线圈放置于底流口出口平面以下 20 mm 处，在电流调节范围内，总精煤灰分下降 1.46 个百分点，尾煤灰分也同时降低；相比于线圈位于底流出口之上位置时，各粒级精煤/尾煤灰分下降幅度更大。因此，在底流口之下设置梯度磁场，并合理调节梯度磁场强度可实现旋流器精煤/尾煤灰分的同时降低。

对试验所用线圈磁场梯度进行磁场特性分析，线圈磁场梯度励磁电流设置方法为上、中、下线圈电流强度分别为 0.5 A、1 A 和 1.5 A，对比条件下普通励磁方式磁系上、中、下各线圈电流相等，同为 1 A，3 个线圈总加载电流相等。不同励磁形式下轴向磁场强度云图如图 6-13 所示，不同励磁电流形式下轴向磁场强度与轴向磁场力模拟计算值如图 6-14 所示。

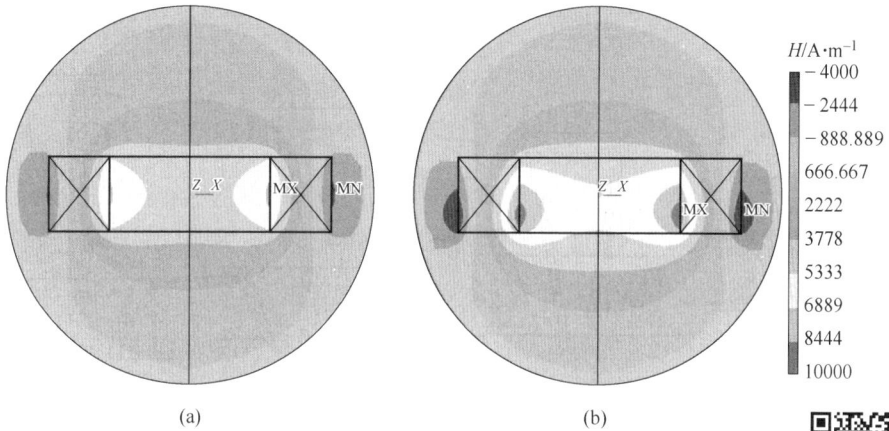

图 6-13　不同励磁形式下的轴向磁场强度

（a）普通电流；（b）梯度电流

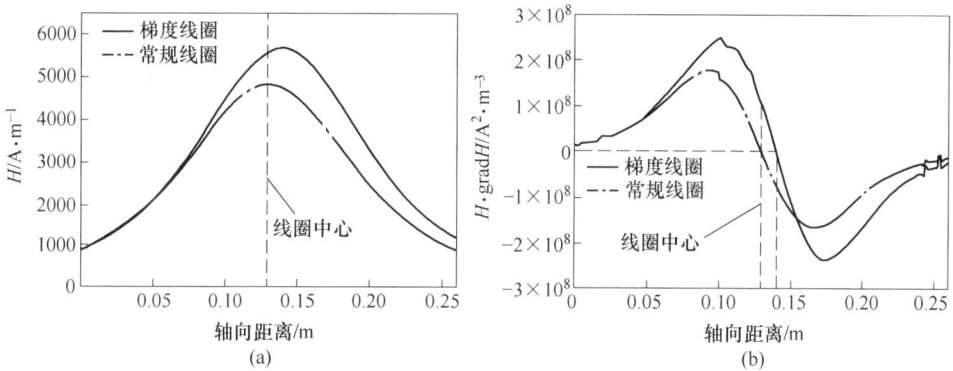

图 6-14　轴向磁场强度（a）与磁场力（b）

由图 6-13 及图 6-14 可知，梯度电流励磁磁系中轴向磁场强度与磁场力不对称，且磁场强度与磁场力均比普通励磁形式大。梯度电流励磁形式下轴向磁场强度最大值在线圈中心平面以下，且轴向磁场力 0 点位置下移，说明梯度磁场不仅增大了向下的轴向磁场力，还扩大了向下轴向力的作用区间。因此，此磁场位于底流口平面位置或底流口之下时有利于磁性介质的顺利排出，进而降低旋流器精煤/尾煤灰分。

6.2.2　异径截面线圈梯度磁场对分选效果的影响

　　设计并加工梯形截面线圈，使线圈上部半径大于下部半径，进而产生梯度向下的磁场力。在旋流器柱段时主要为增加密度，因此只考虑锥体以下位置，根据线圈与底流口的相对位置关系，设计如图 6-15 所示的 4 个位置，分别定义为位置 1、2、3、4，本节介绍各线圈位置下旋流器的分选效果。

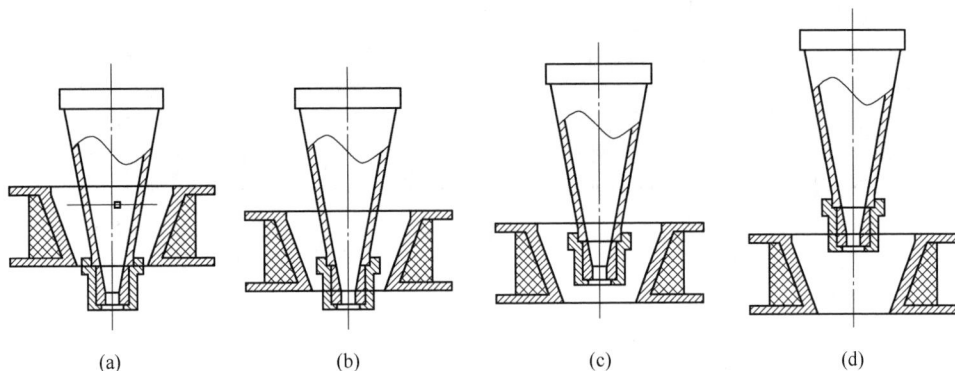

图 6-15　线圈位置

（a）位置 1；（b）位置 2；（c）位置 3；（d）位置 4

　　（1）位置 1 的分选效果。

　　当线圈在位置 1 时，精煤灰分先上升之后基本不变，尾煤灰分在初始时已经很高，随电流增加，粗粒级基本不变，细粒级开始下降，细粒级分选效果开始变差，如图 6-16 所示。因此，所得试验结果与等直径直线圈在此位置时的规律相似。

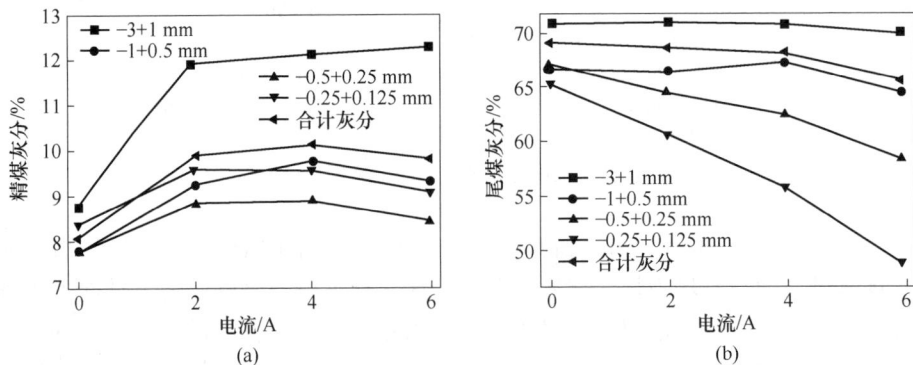

图 6-16　线圈在位置 1 时磁场强度对旋流器分选效果的影响

（a）精煤灰分；（b）尾煤灰分

（2）位置 2 的分选效果。

当线圈在位置 2 时，如图 6-17 所示，分选效果与位置 1 类似。位于位置 2 时，线圈更靠近底流口处，线圈中心平面处过流断面变小，受磁场影响的区域变小，因此需要加大磁场强度才能对分选效果有作用。精煤灰分在电流增加到 6 A 时开始有变化，尾煤灰分在达到最大值后开始下降，分选效果开始变差。

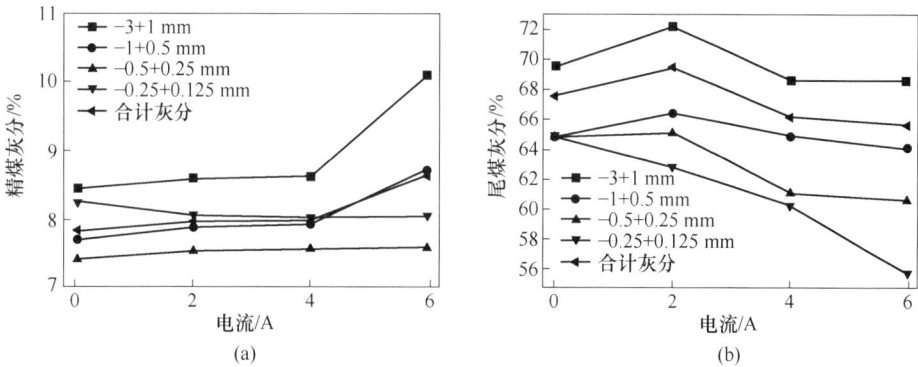

图 6-17 线圈在位置 2 时磁场强度对旋流器分选效果的影响

（a）精煤灰分；（b）尾煤灰分

（3）位置 3 的分选效果。

当线圈在位置 3 时，底流口基本位于线圈轴向中心处，如图 6-18 所示。磁性介质受到线圈上半部分产生向下的轴向磁场分力和线圈下半部分产生向上的轴向磁场力，造成底流口局部磁性颗粒浓度较高，底流口处过流断面减小，随着磁场强度的逐渐增强，这种作用越来越明显。因此，精煤/尾煤灰分随电流的增加而逐步上升，此位置有利于提高旋流器分选密度。

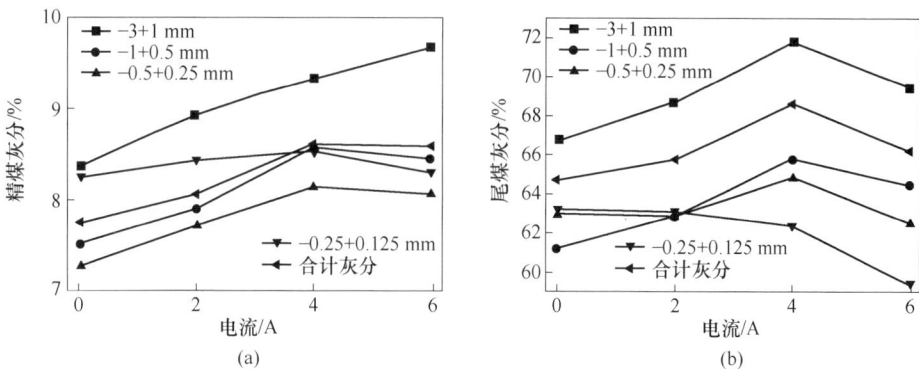

图 6-18 线圈在位置 3 时磁场强度对旋流器分选效果的影响

（a）精煤灰分；（b）尾煤灰分

（4）位置4的分选效果。

当线圈在位置4时，分选结果如图6-19所示。线圈全部位于底流口过流断面之下，因此只受到向下的轴向磁场分力和指向边壁的径向磁场分力而无向上的磁场作用力。在弱电流下，精煤/尾煤灰分同时下降，预示着分选密度的降低。随着电流的增加，磁性介质开始在底流口附近产生堆积，造成精煤/尾煤灰分的上升。

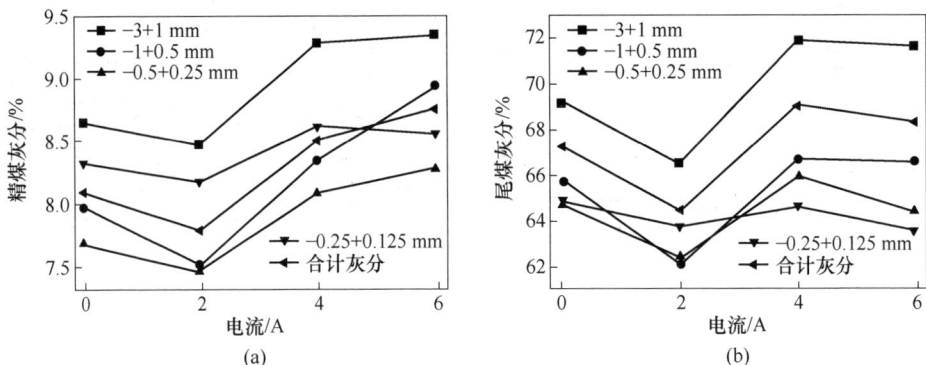

图6-19　线圈在位置4时磁场强度对旋流器分选效果的影响
（a）精煤灰分；（b）尾煤灰分

继续向下移动线圈位置，线圈上沿分别距底流口出口平面15 mm 和35 mm。当线圈位于这两个位置时，由于线圈上平面开口较大，磁场较发散，各励磁电流下旋流器分选效果变化不大，因此结果未列出。

由以上试验结果可知，当线圈上沿与旋流器底流口平齐时，在较弱的磁场强度下可降低旋流器分选密度；当磁场强度超过一定值后，会造成磁性矿物在底流口附近的堆积而引起分选锥面的上移，分选密度升高。

对试验所用异径截面线圈进行磁场特性分析，试验所用异径截面线圈结构尺寸如图6-20所示；线圈总高度为80 mm，上平面直径为210 mm，下平面直径为110 mm。线圈匝数为1080匝，磁场特性模拟计算时加载励磁电流为1 A，模拟位置为 O 点向上150 mm。

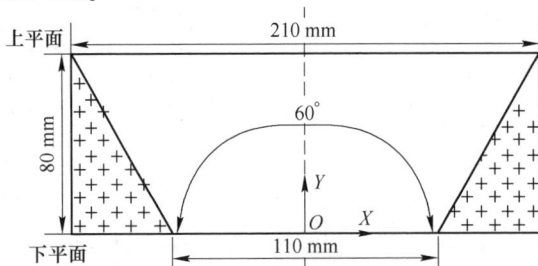

图6-20　异径截面线圈尺寸

异径截面线圈中心轴线上轴向磁场强度云图与磁场力模拟值如图6-21所示。

(a)

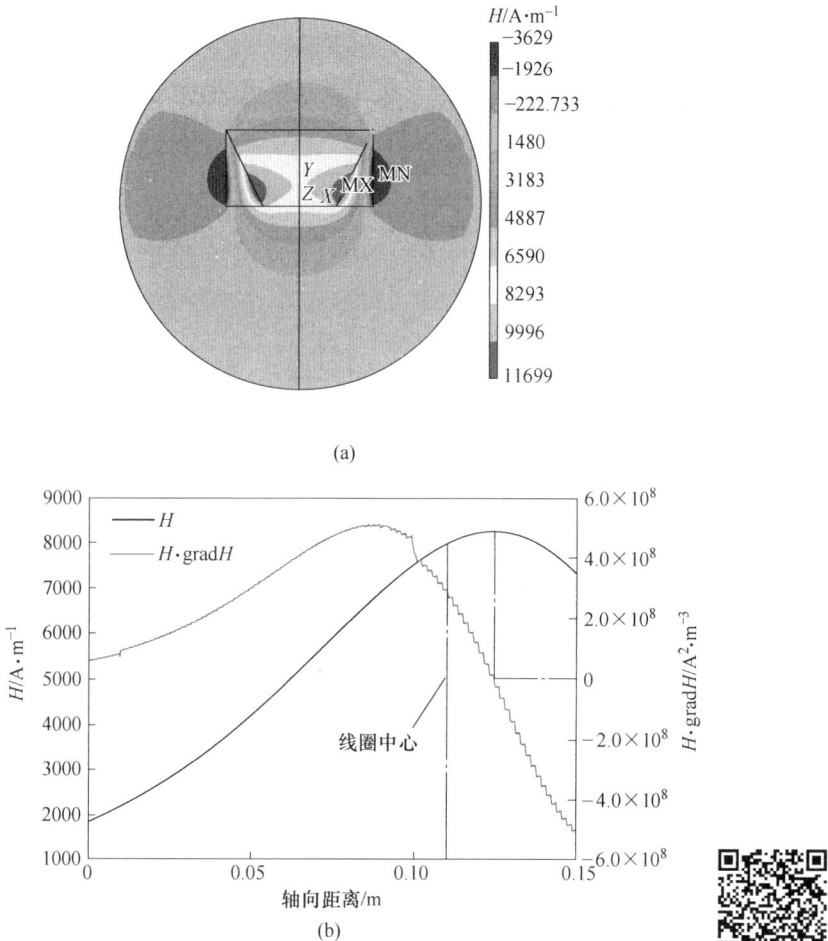

(b)

图6-21　磁场强度云图(a)与模拟计算值(b)

彩图

　　由图6-21可知，异径截面线圈磁场强度呈非对称分布，磁场强度最大值距线圈下平面约1/4高度处，此位置时轴向磁场力最小，且磁场力方向发生改变。线圈约3/4高度范围内轴向磁场力方向向下。因此，异径截面线圈扩大了向下的磁场力作用范围，且直径较大的上平面能够减小磁性颗粒的径向磁场力，降低磁性颗粒的径向吸附，异径截面线圈放置在底流口合适位置时有利于降低旋流器分选密度。

7 导磁结构强化重介质旋流器分选效果试验

7.1 导磁体的工作原理及结构设计

磁场特性对设备分选分离重要性不言而喻，而磁场特性除与励磁电流或永磁体有关外，还与周边导磁装置结构及导磁材料有密切关系。导磁结构，或导磁体，也称磁场集中器或铁芯，常用软磁性材料制成，对磁场具有一定的聚集、约束、切断等作用，常用来将干扰源或者敏感器件包围起来以隔离被包围部分与外界电场、磁场的相互干扰作用。

借鉴磁选环柱聚磁筛网的作用原理，本节施加的辅助导磁结构是用来安装到线圈周围。对分布于空间的线圈磁场施加不同结构磁路的导磁体，可对电磁场磁路起到人为的导向作用，能够提高线圈效率和线圈功率，将外部发散的磁场更多地聚积于需要的部位，以提高该部位的磁场强度、磁场梯度及磁场力，提高线圈磁能积利用率等。对旋流器外部施加导磁体，可将线圈产生的励磁磁场进行收集并聚焦于旋流器分选空间，对旋流器内磁性介质的运移、富集等具有强化作用，进而对分选过程产生一定的影响。

本节根据导磁结构对励磁线圈包络范围的大小和导磁结构与线圈放置的相对位置关系，分别定义为外导磁结构和内导磁结构，并设计了几种不同结构的导磁装置，以研究不同导磁装置对磁场特性及磁性颗粒沉降规律的影响。

7.1.1 内导磁结构

内导磁结构，即导磁体深入到线圈内部不同位置处，以插入深度表示。插入到线圈内部的导磁体对线圈内部的磁场形态产生一定的影响，设计的内导磁结构及其与线圈相对位置如图 7-1 所示，导磁结构材质均为低碳钢。其中，小型线圈总高度为 5 mm。

7.1.2 外导磁结构

外导磁结构，即导磁结构放置在励磁线圈外部，将励磁线圈整体或部分包络起来的结构。根据包络范围的大小，设计了几种不同的外导磁结构，如图 7-2 所示。若将线圈完全包络起来，便成为铠装螺线管。

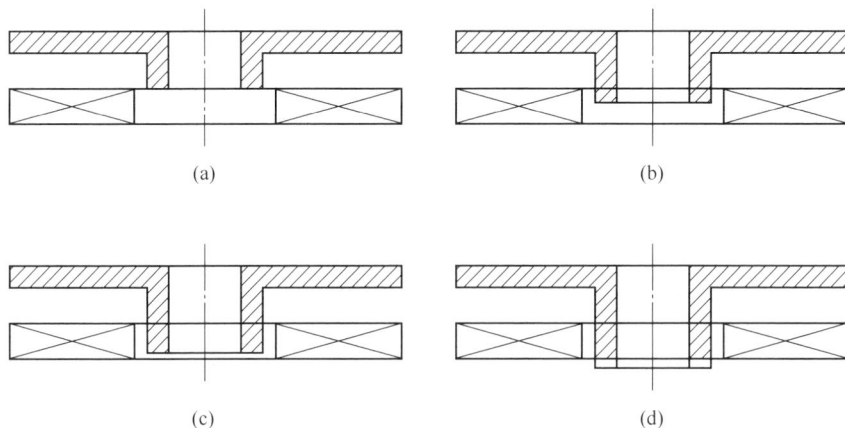

图 7-1　不同插入深度内导磁结构

（a）插入深度为 0 mm；（b）插入深度为 2 mm；（c）插入深度为 4 mm；（d）插入深度为 6 mm

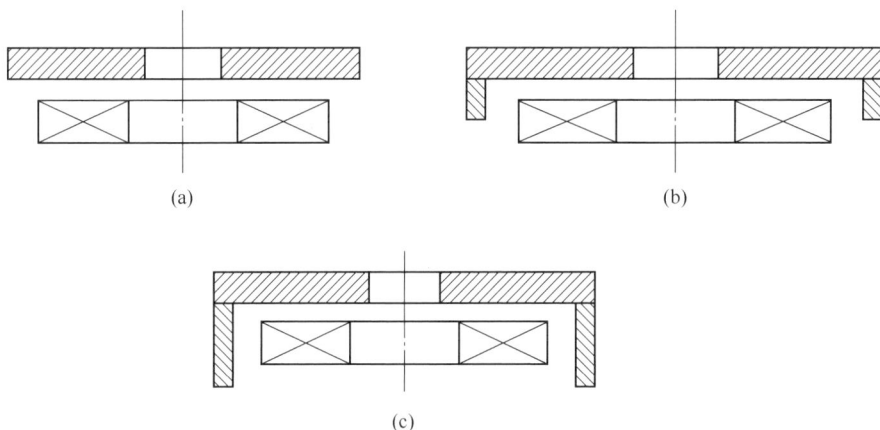

图 7-2　不同外导磁结构

（a）导磁板；（b）导磁板+小导磁环；（c）导磁板+大导磁环

7.2　导磁结构对磁性钢球沉降规律的影响

7.2.1　磁场作用下钢球沉降规律试验系统的构建

目前，对运动粒子的轨迹分析，一般采用粒子图像测速法（PIV）追踪粒子，通过后期处理研究粒子轨迹运动状态，技术含量较高，操作起来各方面影响因素也较大。对旋流器内颗粒运动轨迹的分析，尤其当设备附加磁场之后，实施起来更有一定难度。为简化试验方法，本节借鉴落球法，类似研究重力条件下下落的磁性颗粒在不同磁场中的运动情况，讨论不同磁场特性下刚性小球的运移规律，并将所得结论相似放大至重介质旋流器分选试验中，系统地研究不同磁场特性对旋流器内磁性颗粒运动状态的影响，优化磁力旋流器的磁场特性，为旋流器内流场流态分析和磁系设计提供指导，为磁场调控旋流器分选密度提供理论依据，为工程应用提供借鉴。

　　磁场作用下落球试验装置原理如图 7-3 所示。试验前，调整量筒垂直度，安放螺线圈，根据试验安排更换不同导磁结构。在线圈上部一定距离放置传感器 A，作为起始计时点，线圈下部一定距离处放置传感器 B 作为结束计时点。传感器通过 PLC 控制回路与电脑相连，磁性颗粒在两传感器之间固定距离内的降落时间可自动采集，并被保存至电脑文件中。由于磁铁矿粉粒度较细，肉眼观察很难，因此试验选用刚性小球代替，材质为低碳钢。刚性小球在空气中降落时间过快，传感器不易捕捉，因此，管内盛装流体为液体石蜡，以增大流体黏性，降低颗粒沉降速度。试验中所用刚性小球经筛选后直径在 0.495~0.5 mm 之间。试验所用两组基恩士 FS-N 系列高精度光纤传感器，检测精度 0.1 mm。

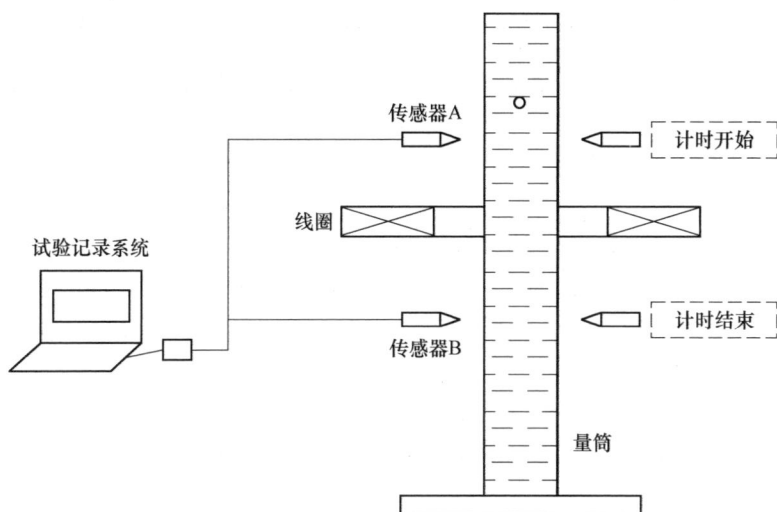

图 7-3　钢球沉降试验原理图

　　试验装置连接调整后，打开光纤传感器，接通励磁电源，将刚性小球从液面中心处静止释放，每组连续记录 10 颗小球下落时间，并计算平均下落时间 t。改变电流强度或导磁结构，继续测量。每组试验完毕，对线圈和液体石蜡冷却降温，并重新标定无电流时小球降落时间，以减小由温差带来的液体黏度变化对试验结果的误差。

7.2.2 磁场作用下钢球受力及运动分析

磁性钢球在黏性液体中自由下落时，主要受到三个铅直方向的力：钢球的重力、浮力和液体作用于钢球的黏滞阻力（其方向与钢球运动方向相反）。施加磁场后，钢球除受到以上各力外，同时还受到磁场力的作用。此外，若钢球颗粒群以堆积状态存在，还存在钢球之间由于剩磁存在而产生的磁吸引力等。因此，磁性钢球的运动轨迹由其受到的以上各力合力的大小和方向来决定。

7.2.2.1 钢球受力分析

在颗粒流体系统的许多研究中，颗粒群的运动用简化的颗粒动力学进行处理。这里忽略颗粒存在对流体的影响，考察此条件下单颗粒的运动单体磁性颗粒所受各力计算方法。

（1）颗粒所受浮力。钢球受到液体的浮力可表示为：

$$F_f = \frac{4}{3}\pi r^3 \rho_1 g \qquad\qquad (7\text{-}1)$$

式中　ρ_1——液体石蜡密度，$\rho_1 = 0.85$ g/mL；

　　　r——钢球半径，mm；

　　　g——重力加速度。

（2）颗粒重力。钢球受到的重力为：

$$F_g = \frac{4}{3}\pi r^3 \rho_2 g \qquad\qquad (7\text{-}2)$$

式中　ρ_2——球体的密度，$\rho_2 = 7850$ kg/m³。

（3）黏滞阻力。对于一个在无限广延液体中以速度 v 运动的半径为 r 的球形物体，G. G. Stokes 推导出该球形物体受到的摩擦力，即黏滞力为：

$$F_z = 6\pi \eta v r \qquad\qquad (7\text{-}3)$$

在实际测量中，液体并非无限扩展，且容器的边界效应对球体受到的黏滞力有一定影响。对于在无限长、半径为 R 的圆柱形液体轴线上下落的球体，修正后的黏滞力为：

$$F_z = 6\pi \eta v r \left(1 + 2.4\frac{r}{R} \right) \qquad\qquad (7\text{-}4)$$

液体石蜡黏滞系数可查询，$\eta = 0.07$ Pa·s。测出钢球的沉降速度即可计算黏滞阻力大小，而钢球沉降速度可通过在钢球下落一段时间进入匀速运动后测量下落的距离和时间求得。

以上只是简化模型的黏滞阻力，实际矿浆流中，颗粒所受阻力的大小受到许多因素的影响。它不但与颗粒的 Reynolds 数有关，还与流体的湍流、流体的可压缩性、颗粒的旋转、颗粒表面的粗糙程度等许多因素有关。

（4）磁场力。当施加磁场后，钢球同时还受到磁场力的作用，磁场力计算公式为：

$$F_c = \mu_0 \kappa V H \cdot \mathrm{grad} H \tag{7-5}$$

式中　μ_0——真空磁导率；

　　　κ——磁铁矿的比磁化率；

　　　V——钢球体积；

　　　H——钢球所在位置处磁场强度；

　　$\mathrm{grad} H$——钢球所在位置处磁场梯度。

其中，$H \cdot \mathrm{grad} H$ 称为磁场力，A^2/m^3，在数值上相当于 $\mu_0 \kappa V = 1\ \mathrm{Hm^2/kg}$ 时的比磁力。当磁性颗粒位于线圈中心平面之上时，颗粒受到竖直向下的轴向磁场分力作用；当磁性颗粒位于线圈中心平面之下时，颗粒受到竖直向下的轴向磁场分力作用。

（5）其他作用力。除此之外，颗粒还受到 Magnus 力、Basset 力、压力梯度力、层间剪切力、Saffman 力等，如果我们把所有的力都考虑在一起将会使计算变得相当困难，因此在实际计算中针对分析的主要问题，可忽略这些力的作用。

因此，磁场作用下磁性颗粒主要受到黏滞力 F_z、浮力 F_f、自身重力 mg 及磁场力 F_c 作用。简化模型中，钢球从量筒中心下落时所受重力、浮力及黏滞阻力沿竖直方向；当颗粒置于旋流器中时，又同时受到径向离心力及颗粒间相互作用力等。

7.2.2.2　钢球所受合力分析

图 7-4 所示为单体钢球在试管中的受力示意图。

（1）轴向合力分析。根据牛顿定律，磁性颗粒沿 Y 方向所受轴向合力的表达式为：

$$F_Y = F_f + F_z \pm F_{c,Y} - F_g \tag{7-6}$$

即　　$$m \frac{\mathrm{d} V_Y}{\mathrm{d} t} = F_g - F_f - F_z \pm F_{c,Y} \tag{7-7}$$

式中　$F_{c,Y}$——磁场力的轴向分力。

所受磁场力轴向分量的大小与钢球在磁场中与线圈的相对位置有关。颗粒运动方程为：

$$m \frac{\mathrm{d} V_Y}{\mathrm{d} t} = (\rho_1 - \rho_2) V g - 6\pi \eta v r \left(1 + 2.4 \frac{r}{R} \right) \pm \mu_0 X_0 H_Y \frac{\mathrm{d} H_Y}{\mathrm{d} Y} \tag{7-8}$$

颗粒在流体中向磁极运动过程中，磁场力的改变伴随着颗粒位置的改变，越靠近磁极磁通密度越大，由此可知相应磁力线的梯度也越大，磁力变大。当钢球位于线圈中

图 7-4　磁性颗粒的
轴向受力示意图

心平面之上时，受磁场力方向向下；位于线圈中心平面之下时，受磁场力方向向上。因此，轴向磁场力有使磁性颗粒在线圈中心区域聚积的趋势。

（2）径向合力分析。理想条件下，当消除外部液体波动带来的影响后，若不考虑线圈加工制作、安装等误差时，颗粒所受径向力只有磁场力的径向分力。所受径向磁场力沿轴向对称，大小相同，方向相反，径向合力为零，钢球应竖直下降。但在实际过程中由于各种微小误差和线圈等加工误差的影响，以及钢球沉降过程中流体湍动带来的轻微波动等，钢球下降轨迹产生一定偏斜，偏离 U 形管中心，进而径向受力不对称，所受径向合力不为零，钢球下降轨迹产生一定的径向偏离。

7.2.3 钢球沉降规律与模拟分析

磁性重介质所受复合力场是由磁场力、重力、离心力、流体曳力等力复合叠加而成，磁场力是复合力场的重要组成部分。本节对磁场作用下磁性颗粒运动情况进行试验，主要记录数据为钢球经过磁场作用下固定距离的历时时间，并在试验过程中重点观察磁场作用下钢球下降时运动状态的改变。

试验结果以时间增长率表示磁场对钢球沉降过程的影响，计算公式为：

$$时间增长率 = \frac{t_1 - t_0}{t_0} \times 100\% \tag{7-9}$$

式中　t_1——有磁场时的钢球沉降时间；

　　　t_0——无磁场时的钢球沉降时间。

时间增长率越大，表示磁场对钢球沉降的阻碍作用越大。

不同导磁结构下钢球沉降试验结果如图 7-5 所示。试验中发现，采用内导磁管，当电流较弱时效果不明显，并有一定的浮动；随着电流强度的增加，磁场对钢球沉降的阻碍作用越来越大，当电流达到 3 A 时能显著延缓钢球的降落时间。当继续增大电流时，试验中发现：从 4 A 开始，当电流继续增大时，钢球在下落过程中经过线圈内部时被吸附到量筒边壁不能降落，

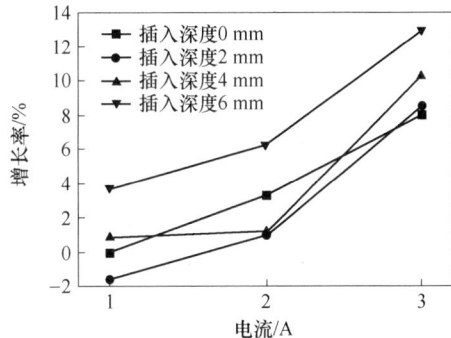

图 7-5　不同导磁结构下钢球沉降试验结果

试验中几种不同插入深度的导磁结构均出现此现象，因此内屏蔽时电流只加载到 3 A。

不同导磁结构下钢球沉降规律如图 7-6 所示，从图中可以明显看出：

（1）当不施加导磁结构，即空线圈时，磁场力作用较小，钢球下落过程受

磁场力影响较小，磁场作用不明显，
对钢球的沉降过程基本不起作用，在
最大励磁电流时，沉降时间增长5%左
右；当电流较弱时（<2 A），磁场力
作用较小，此时钢球下落过程受磁场
力的影响不大，钢球下落时间与无磁
场时相差不大。

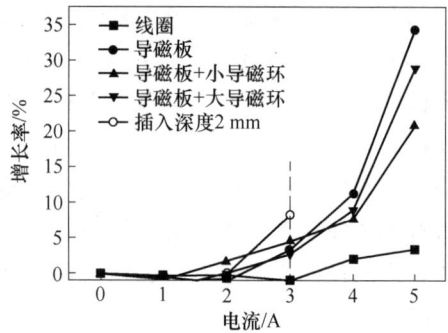

图7-6　不同导磁结构下钢球沉降规律

（2）对于相同电流下，无导磁结
构，即空线圈时，磁场作用不明显；
当施加导磁结构后，3种导磁结构对
磁场产生束缚作用，减少了磁场能量
的损失，增大了颗粒所受的磁场力，对钢球的沉降起到延缓作用，延长了小球的
下落时间。在电流较小时，即表现出对钢球沉降过程的延长作用，说明附加的导
磁结构具有将磁场富集，提高磁场的作用力；随着电流的增加，导磁结构对钢球
的阻碍作用越来越明显，当电流最大时降落时间可增长34.43%。

（3）对于同一种导磁装置，随着励磁电流强度的增加，对钢球的延缓作用
逐渐增强，并在电流5 A时各种导磁结构均最大限度延缓了钢球的降落。受线圈
线径限制，励磁电流加载不超过5 A时，可以预测，若电流继续增大时，这种延
缓作用会愈加变强，甚至可能会出现钢球悬浮的状态。当采用内屏蔽时，此种屏
蔽方式比较特殊，相比于其他几种屏蔽方式，
能显著增大径向力作用，在电流为3 A时此
种结构对钢球沉降过程的影响作用最大。

通过对钢球沉降过程的观察，对钢球的
整个过程可以划分为如图7-7所示的几个区
域，试验中观察到：

钢球自顶端下落后，由于液体石蜡的黏
度很大，钢球很快便达到沉降末速。A区域
中，钢球受力平衡，以沉降末速匀速降落；
当到达B区域时，钢球在此处开始受到增大
的磁场力，实验中明显能够观察到钢球在此
处开始加速向下运动；越过B区域进入C区
域时，此处基本为匀强磁场，磁场梯度小，
钢球受磁场力很小，在黏性阻力、浮力与重
力的合力作用下，又很快减速到与A区域速
度相等；越过线圈中心平面以后，钢球开始

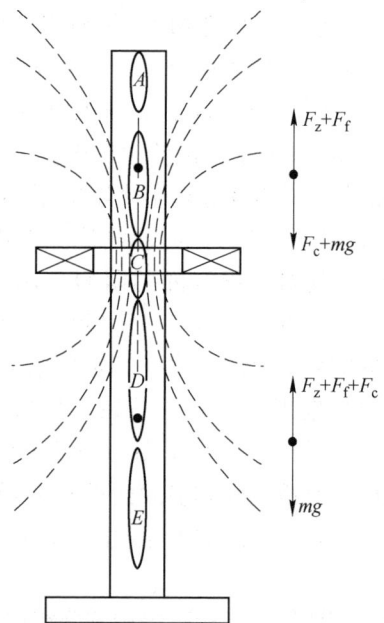

图7-7　沉降过程示意图

受反向的磁场力作用，在向上的磁吸引力、浮力、黏滞阻力作用下开始减速下落，最后达到沉降末速。

在整个下落过程中，虽然在 B 区域是一个加速过程，但在越过中心平面后钢球沉降受到的阻碍作用较强，因此总的沉降时间是延长的。再加上 U 形管内液体的轻微震动等不稳定因素，钢球不可能完全沿中心轴线下落，必然有一定的左右摇摆、晃动等，偏离中心后便受到吸引力被吸附至边壁，又受到边壁的阻碍作用，进一步增长了沉降时间。

钢球沉降试验验证了外部导磁结构不仅可以大幅度提高磁场作用力，还得到在合适的磁场强度和导磁结构的共同作用下，可能出现钢球悬浮停滞或者吸附至边壁的情况。

由以上试验结果设想，通过对旋流器施加磁场并辅助利用导磁装置改变磁场特性，使磁性颗粒在磁场作用区滞留时间增长，可能会产生局部浓度较高的重介质区域，再辅以调节磁场位置，进而对分选效果产生一定影响，对旋流器分选密度的提升具有强化作用。

由于磁场的解析表达式复杂，可以借助有限元的仿真方法为通电线圈的磁场设计提供直观的指导和分析。模拟计算之前，应首先进行模型的准确性验证，以验证所设置参数的合理性。通过磁场强度模拟计算值与实际测量值、理论计算值进行对比，从而验证模型参数。

模拟值采用有限元软件 ANSYS，钢球沉降所用线圈模型尺寸与试验所用尺寸相同。轴对称空心线圈的模型尺寸如图 7-8 所示，线圈为 100 匝，与实际线圈匝数相同。加载电流为 1 A，电流方向为绕 Z 轴的圆环方向，符合右手螺旋定则。定义线圈中心点 O 所在平面为 $Z = 0$ 平面。

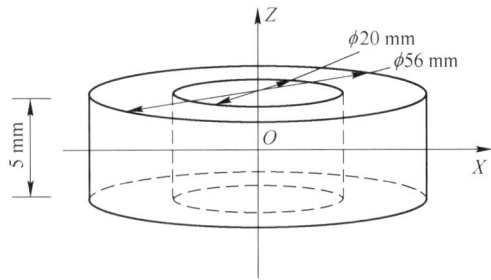

图 7-8　沉降试验所用线圈模型图

通电线圈导线材料为铜质漆包线，相对导磁率为 1，介质为空气，相对磁导率为 1。

磁场强度计算值采用多层螺线圈轴线上的磁场计算公式，如图 7-9 所示。当螺线管为单层有限长时，Z 方向磁场强度 $B_{Z,0}$ 为：

$$B_{Z,0} = \frac{1}{2} u_0 n_1 I \left[\frac{\frac{1}{2}L + Z}{\sqrt{r^2 + \left(\frac{1}{2}L + Z\right)^2}} + \frac{\frac{1}{2}L - Z}{\sqrt{r^2 + \left(\frac{1}{2}L - Z\right)^2}} \right] \quad (7\text{-}10)$$

对于多层螺线管，其轴向磁场强度可以看作多个单层螺线管在轴上磁场强度的叠加。若螺线管的外半径为 r_o、内半径为 r_i，线圈的厚度为 r，每层单位长度

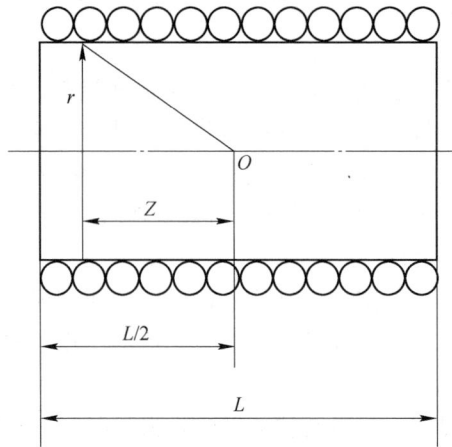

图 7-9 单层螺线管

上的匝数为 n_j，单位厚度上的层数为 n，则通过计算可得到多层螺线管轴线 L 任意点的轴向磁场强度为：

$$H_Z = \frac{1}{2}n_1n_2I\left[\left(\frac{L}{2}+Z\right)\ln\frac{r_o+\sqrt{r_o^2+\left(\frac{L}{2}+Z\right)^2}}{r_i+\sqrt{r_i^2+\left(\frac{L}{2}+Z\right)^2}}+\left(\frac{L}{2}-Z\right)\ln\frac{r_o+\sqrt{r_o^2+\left(\frac{L}{2}-Z\right)^2}}{r_i+\sqrt{r_i^2+\left(\frac{L}{2}-Z\right)^2}}\right]$$

(7-11)

由磁场强度与磁感应强度的关系可得，磁感应强度 B 计算公式为：

$$B_Z = \frac{1}{2}u_0n_1n_2I\left[\left(\frac{L}{2}+Z\right)\ln\frac{r_o+\sqrt{r_o^2+\left(\frac{L}{2}+Z\right)^2}}{r_i+\sqrt{r_i^2+\left(\frac{L}{2}+Z\right)^2}}+\left(\frac{L}{2}-Z\right)\ln\frac{r_o+\sqrt{r_o^2+\left(\frac{L}{2}-Z\right)^2}}{r_i+\sqrt{r_i^2+\left(\frac{L}{2}-Z\right)^2}}\right]$$

(7-12)

由以上公式，可计算出试验所用线圈在特定电流下轴线上任意一点 P 的磁感应强度。

试验所用线圈中心轴线上不同位置处的计算值、模拟值与实测值对应关系如图 7-10 所示。其中，横坐标 0~0.05 代表轴线位置从线圈上部开始到线圈下部。

所建模型与模型参数设定下的计算结果与实测值及计算值吻合度较高，该模型准确度高，能够较真实反映所用线圈磁场特性。

7.2.3.1 外导磁结构对磁场特性的影响

A 磁场分布分析

所建三种导磁结构轴对称模型与线圈同轴放置，因此它产生的空间磁场也呈

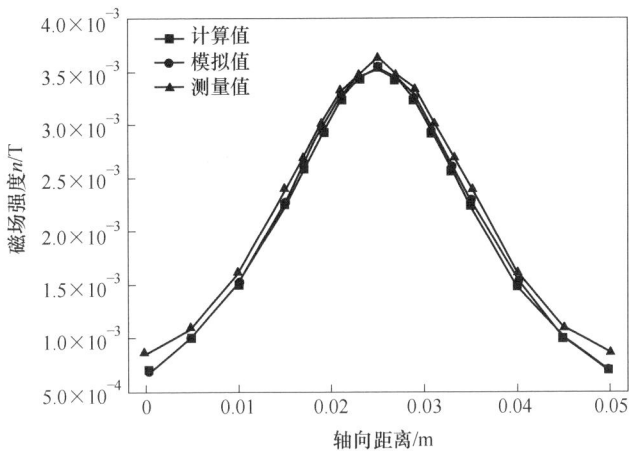

图 7-10 线圈轴线磁感应强度对比

中心对称分布。其中，导磁板距线圈上沿 5 mm，小导磁环下沿与线圈中心平面平齐，大导磁环中部与线圈平面中心重合。对这三种不同导磁结构进行磁场模拟，磁场强度云图仿真结果如图 7-11 所示。

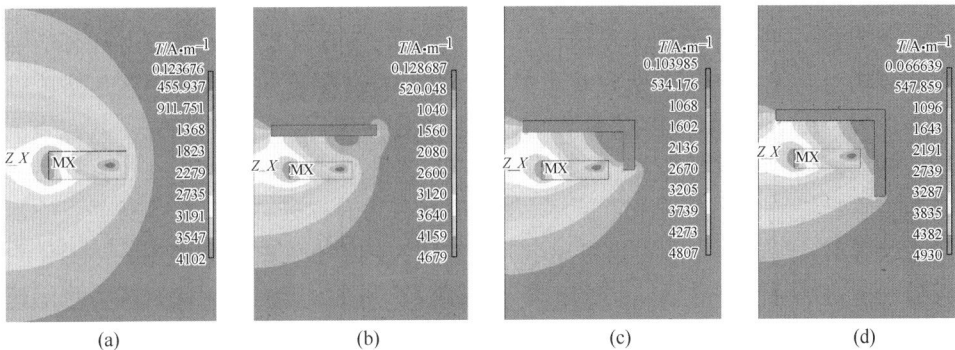

图 7-11 不同导磁装置下磁场强度云图
(a) 空线圈；(b) 导磁板；(c) 导磁板+小导磁环；(d) 导磁板+大导磁环

彩图

从图 7-11 中可以看出：外加导磁装置明显改变了磁感线走向。加入导磁体以后，由于导磁体对磁感线的束缚，磁感线优先通过导磁体而不会继续耗散，导磁体以外的磁场大部分被导磁结构屏蔽。导磁结构对线圈的包络范围越大，外部磁场分布越稀疏。因此，施加导磁装置减小了磁场的作用范围，正是由于导磁装置对磁场的"聚磁"作用，增大了屏蔽区域内的磁场强度和磁场梯度。从图 7-11 (b)~(d) 中可以更清晰地看出，导磁装置对线圈的包络范围越大，磁场能量损失越小，中心磁场强度由空线圈时的 4102 A/m 增加到导磁板+

大导磁环作用下的 4930 A/m，中心磁场强度提高了 20%左右。

B　磁场强度与磁场力分析

根据力学定律，作用在磁性颗粒上的磁力可用颗粒位能的负梯度值来表示：

$$F_c = -\text{grad}U = \text{grad}\int_V \frac{\mu_0 k H^2}{2}\text{d}V \qquad (7-13)$$

当颗粒粒度不大时，可假定颗粒的体积磁化率在所占的体积范围内是常数，其所占的体积内 $H \cdot \text{grad}H$ 也近似为常数，则非均匀磁场内颗粒所受磁力大小为：

$$F_c = \mu_0 k V H \cdot \text{grad}H \qquad (7-14)$$

式中　μ_0——真空磁导率；

　　　k——颗粒的体积磁化率；

　　　V——颗粒体积。

假定均为常数，因此，磁力的大小决定于磁场强度和梯度，可用磁场强度 H 和磁场梯度 $\text{grad}H$ 的乘积，即磁场力 $H \cdot \text{grad}H$ 来表征磁性颗粒在特定位置下所受磁场力的大小，磁场力单位为 A^2/m^3，在数值上相当于 $\mu_0 k_0 V = 1$ Hm^2/kg 时的比磁力。同时，在非均匀磁场中，磁性颗粒将向磁场力大的方向移动。

各种导磁结构下旋流器中心轴线处磁感应强度与磁场力的关系曲线如图 7-12 所示。

图 7-12 中列出了不同导磁结构下中心轴线处长度为 60 mm 直线上磁感应强度和磁场力，其中 30 mm 处为线圈中心。从图 7-12 中可知，导磁结构包络范围以外位置，由于导磁结构的屏蔽作用，磁场强度变弱。导磁结构增大了其包络范围内的磁场强度和磁场梯度，并改变了磁场的对称性。导磁结构所在位置处磁场由弱变强趋势增大，磁场梯度变大。轴向磁场分力对称分布，磁场力较弱；施加导磁装置后，导磁体以外磁场力减小，磁性颗粒几乎不受磁场力作用；导磁体附近处由于磁场强度和磁场梯度比未加导磁结构条件下大很多，因此磁场力也迅速增大；位于线圈中心附近处时，此处由于导磁体对磁场的"富集"，磁场强度增大而磁场梯度较小，因此所受磁场力也逐渐，至线圈中心时此处磁场接近匀强磁场，因此磁场力最弱；线圈中心平面以下，同样受到增大的磁场强度和磁场梯度影响，磁场力增大很多，逐渐远离线圈平面时，所受导磁体的影响相对较小，磁场力也开始逐渐变小。

C　磁性颗粒运动分析

当将磁性钢球置于导磁体以上磁场中时，颗粒受力向下指向线圈中心，随着距离中心位置的缩短，所受磁力逐渐增大，位于导磁体附近时受力最大，此时钢球的加速度也最大；颗粒继续下移时，线圈磁场趋近于匀强磁场，磁场梯度减小，受力逐渐减小；当颗粒处于线圈中心时，此时磁场梯度为 0，受力为零；当颗粒越过线圈中心平面时，又受到反向向上的磁场力作用。

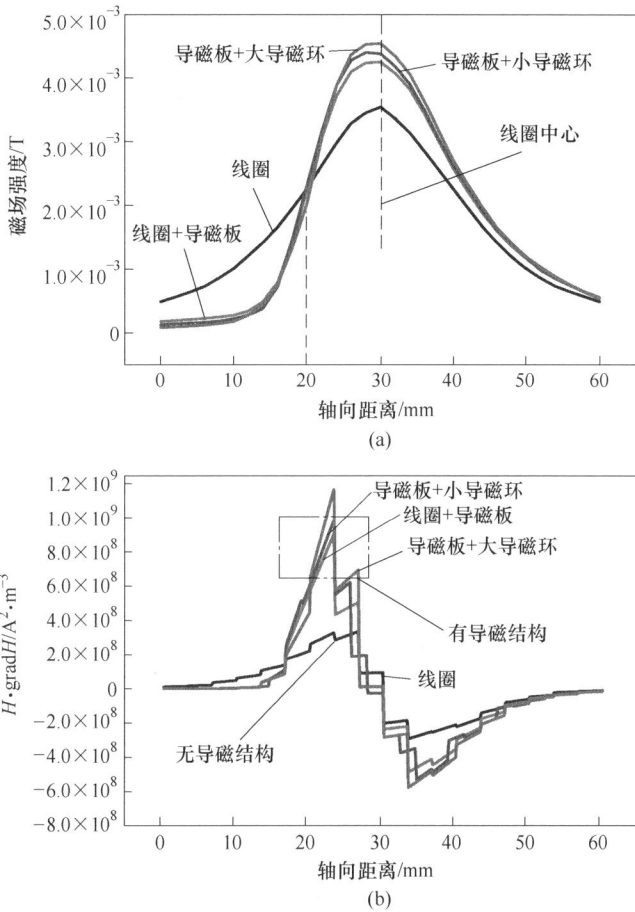

(a)

(b)

图 7-12　轴向磁感应强度(a)与磁场力(b)的关系曲线

　　由以上模拟结果可知，施加导磁结构缩小了磁场作用范围，减少了磁场能量损失，使磁场分布"密而集中"，改变了磁场特性，进而磁性颗粒受力状态也随之改变。可以断定，在小电流强度下便可通过外加导磁结构对磁场能量进行富集，使颗粒受到较大的磁场力。倘若对旋流器施加磁场，并合理配置导磁体结构，磁性颗粒便可在磁场作用区受到较大磁场力，延缓磁性介质的下降速度，这样在磁场作用区域便可产生浓度较高的重介质富集区，改变重介质在旋流器中的分布，进而可能对旋流器分选密度的调节起作用。

7.2.3.2　内导磁结构对磁场特性的影响

　　图 7-13 所示为不同内管插入深度下磁场强度云图，与空线圈和加导磁环的导磁结构相比，此种导磁结构减小了磁场作用范围，线圈中心及以上被屏蔽的区域逐渐增大。随着插入深度的增加，磁场起始作用位置逐步下移。由上节结论可

知，导磁装置对磁场能量有"富集"的作用，可以推断作用范围越小，势必产生的磁场力越大，不同插入深度的导磁体作用范围相差不大。

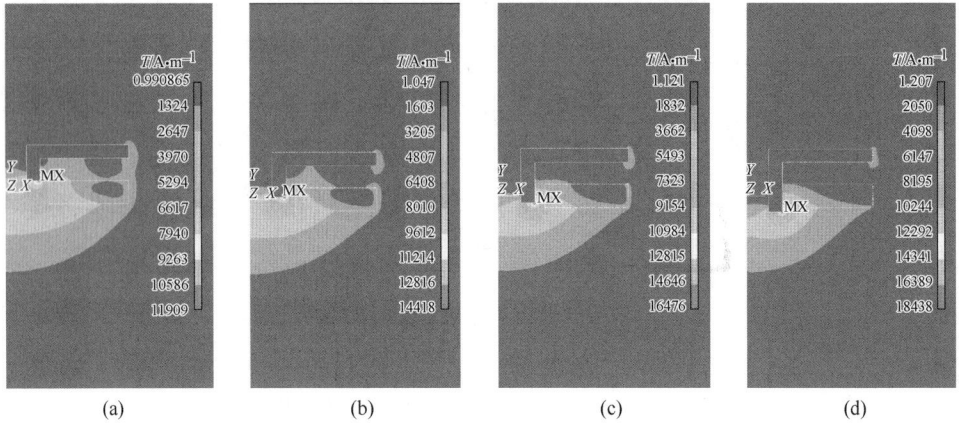

图 7-13　不同插入深度磁场强度云图
（a）空线圈；（b）导磁板；（c）导磁板+小导磁环；（d）导磁板+大导磁环

彩图

图 7-14 所示为中心轴线上磁感应强度和磁场力随距离线圈中心变化曲线。其中，$Z = 30 \text{ mm}$ 处为线圈中心，加载励磁电流为 1 A。从图 7-14 中可知，不同插入深度的导磁装置产生的磁感应强度和磁场力分布类似，大小也基本相同，这是因为几种导磁装置结构相差不大，对磁场的富集作用基本相同；不同之处在于磁场起始作用位置，可以明显看出，随着插入深度的增加，磁场作用起始位置下移。中心轴线处产生的最大磁场力是导磁环装置的 2 倍之多，是单纯线圈的 8 倍之多，很大程度上增大了磁场力。

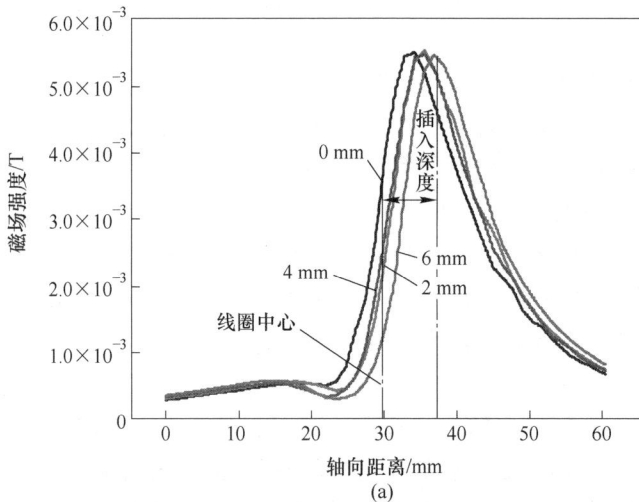

(a)

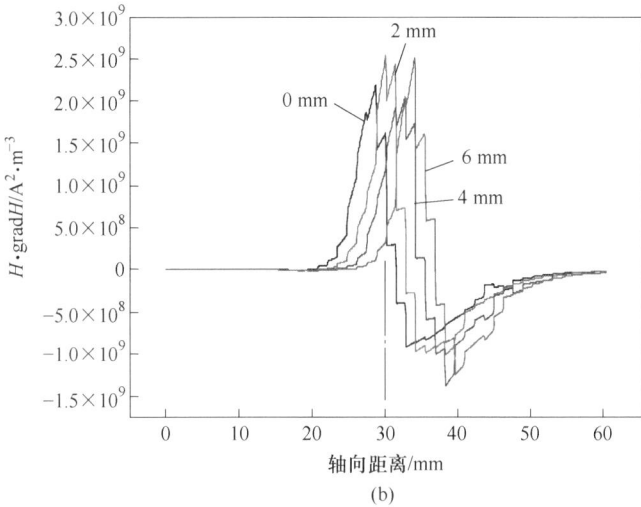

(b)

图 7-14 中心轴线处磁感应强度(a)和磁场力(b)

7.3 导磁结构强化分选效果的影响

7.3.1 导磁结构位于柱锥面对分选效果的影响

7.3.1.1 对介质分配规律的影响

由图 7-15 可知，无导磁结构时，随电流的增加，溢流密度先升高后降低，5 A 时达到最大；施加上导磁结构，溢流密度也是先升高后降低，5 A 时达到最大；施加下导磁结构，溢流密度一直升高，10 A 时达到最大。随电流的增加，底流密度先降低后升高，5 A 时降到最低。施加上导磁结构，底流密度也是先降低后升高，5 A 时降到最低；施加下导磁结构，底流密度一直降低，10 A 时降到最低。

由此可见，当在旋流器外布置线圈时，电磁场会对旋流器内进入底流、溢流的磁铁矿粉进行影响，使得其浓度产生变化，导致底流、溢流的介质密度与未加磁场前的密度不一样。这样，在带煤的粗煤泥分选试验中，分选密度也随之发生了变化，达到提高或降低分选密度的效果。

7.3.1.2 对粗煤泥分选效果的影响

A 无导磁结构粗煤泥分选试验

由图 7-16 可得以下结论。

无导磁结构时，精煤灰分呈升高趋势。0~5.0 A，各粒级精煤灰分均升高，合计精煤灰分由 6.29% 升高到 10.91%；5.0~10.0 A，合计精煤灰分由 10.91%

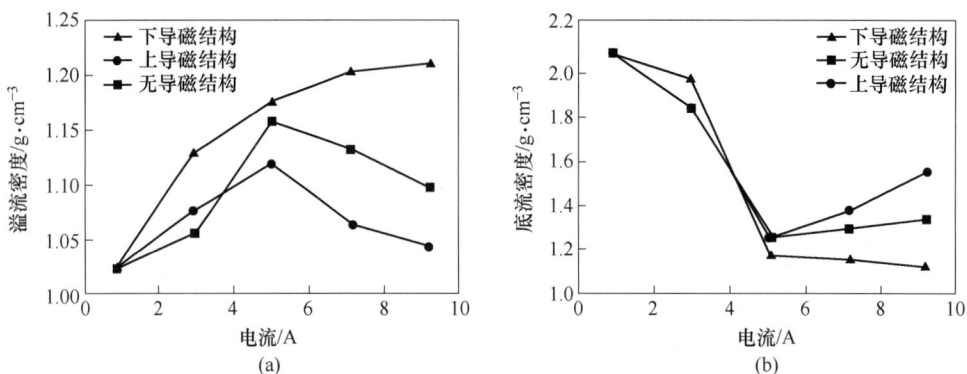

图 7-15　不同磁系布置下的溢流密度(a)和底流密度(b)

升高到 11.58%。尾煤灰分呈先升高后降低趋势，合计尾煤灰分由 64.06% 先降低到 38.95% 再升高到 51.08%。由此可见，无导磁结构时，当电磁场逐渐增强时，旋流器溢流产品的灰分也逐渐升高，而底流灰分先升高后降低。5.0 A 时，-0.5+0.125 mm 粒级尾煤灰分降低，其他粒级的精、尾煤灰分均升高，分选密度提升。

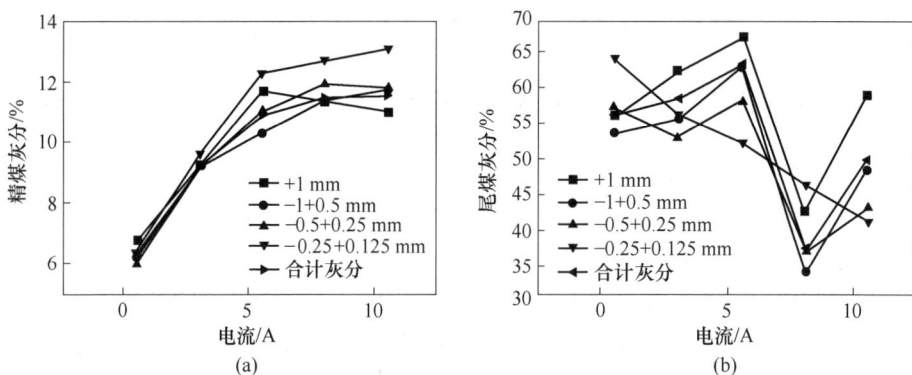

图 7-16　无导磁结构时的产品灰分变化

(a) 精煤灰分；(b) 尾煤灰分

B　施加上导磁结构粗煤泥分选试验

由图 7-17 可知，施加上导磁结构时，精煤灰分呈先降低后升高趋势。0~2.5 A，各粒级精煤灰分均降低，合计精煤灰分由 6.29% 降低到 5.80%；2.5~5.0 A，各粒级精煤灰分均升高，合计精煤灰分由 5.80% 升高到 11.25%；5.0~10.0 A，合计精煤灰分由 11.25% 先升高到 11.65% 再降低到 10.61%。尾煤灰分呈先降低后升高再降低趋势。0~2.5 A，各粒级尾煤灰分均降低，合计尾煤灰分由 57.21% 降低到 30.04%；2.5~5.0 A，各粒级尾煤灰分均升高，合计尾煤灰分由 30.04%升高到 63.76%；5.0~10.0 A，各粒级尾煤灰分均降低，合计尾煤灰分由 63.76%降低到 47.71%。

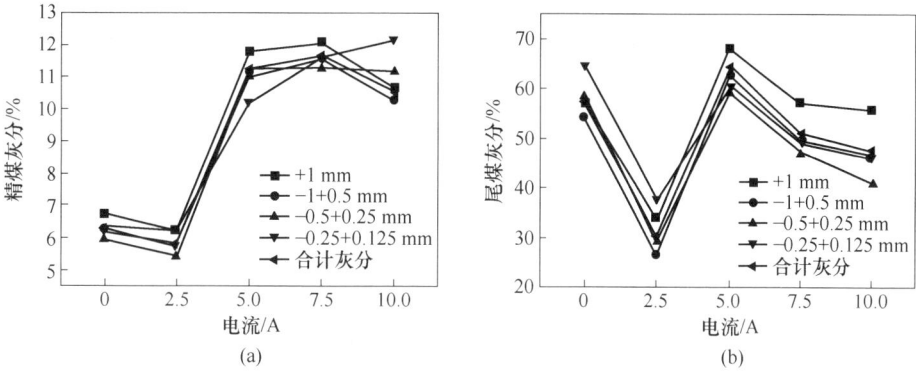

图 7-17 施加上导磁结构时的产品灰分变化
（a）精煤灰分；（b）尾煤灰分

C 施加下导磁结构粗煤泥分选试验

由图 7-18 可知，施加下导磁结构时，精煤灰分呈升高趋势。0~7.5 A，各粒级精煤灰分均升高；7.5~10.0 A，合计精煤灰分由 12.48%降低到 11.90%。尾煤灰分总体呈先降低后升高再降低趋势。施加下导磁结构时，随着电流的增加，磁场强度增加，精煤灰分升高，尾煤灰分先降低后升高再降低。5 A 时，各粒级精煤灰分均升高，+1 mm 粒级尾煤灰分升高，但其他各粒级的尾煤灰分均低于电流 0 A 时的尾煤灰分，分选效果不理想。

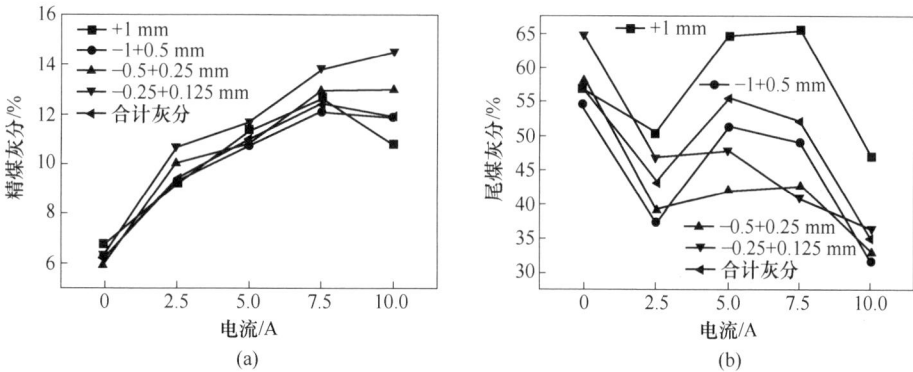

图 7-18 施加下导磁结构时的产品灰分变化
（a）精煤灰分；（b）尾煤灰分

D 导磁结构对粗煤泥分选效果的影响

由图 7-19 可知，电流 5.0 A 时，无导磁结构、施加上导磁结构和施加下导磁结构三种条件下，精煤灰分均升高。施加下导磁结构较无导磁结构条件下，精煤灰分稳定，各粒级灰分变化不大。电流 5.0 A 时，无导磁结构和施加上导磁结构条件下，尾煤灰分升高；施加下导磁结构条件下，尾煤灰分降低。施加上导磁结构较无导磁结构条件下，−1+0.5 mm 粒级尾煤灰分降低，其他各粒级尾煤灰分均升高，合计尾煤灰分由 64.06% 升高到 64.53%。施加下导磁结构较无导磁结构条件下，各粒级尾煤灰分均降低，+1 mm 粒级尾煤灰分高于电流 0 A 时的尾煤灰分，其他各粒级的尾煤灰分均低于电流 0 A 时的尾煤灰分，合计尾煤灰分由 64.06% 降低到 55.56%。

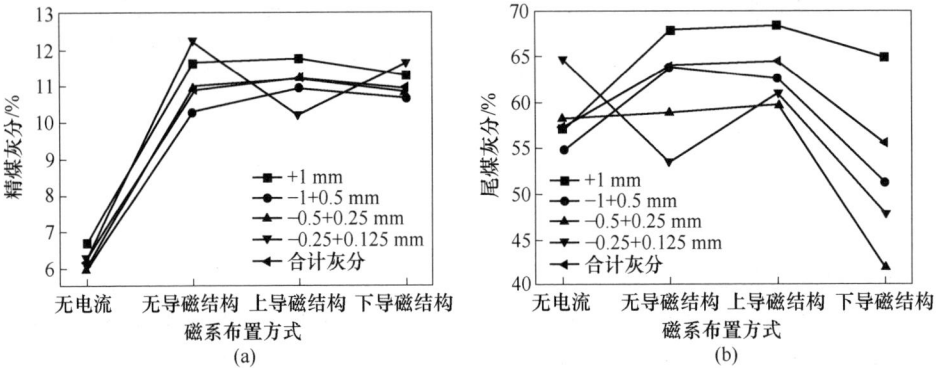

图 7-19　电流 5.0 A 时的产品灰分变化

（a）精煤灰分；（b）尾煤灰分

7.3.2　导磁结构位于锥部对分选效果的影响

7.3.2.1　柱锥面以下 40 mm 对分选效果的影响

A　对介质分配规律的影响

由图 7-20 可知，无导磁结构时，随电流的增加，溢流密度先升高后降低，5 A 时达到最大。施加上导磁结构，溢流密度也是先升高后降低，5 A 时达到最大。施加下导磁结构，溢流密度一直升高，10 A 时达到最大。随电流的增加，底流密度先降低后升高，5 A 时降到最低。施加上导磁结构，底流密度也是先降低后升高，5 A 时降到最低。施加下导磁结构，底流密度先升高后降低，10 A 时降到最低。

B　对粗煤泥分选效果的影响

由图 7-21 可知电流 5.0 A 时，无导磁结构、施加上导磁结构和施加下导磁结构三种条件下，精煤灰分均升高。施加上导磁结构较无导磁结构条件下，−3+0.5 mm 粒级精煤灰分降低，−0.5+0.125 mm 粒级精煤灰分升高，合计精煤灰分由 11.91% 降低到 11.87%，各粒级灰分变化不大。施加下导磁结构较无导磁结构条件下，精煤灰分总体也降低，−3+0.5 mm 粒级精煤灰分降低且低于上导磁结

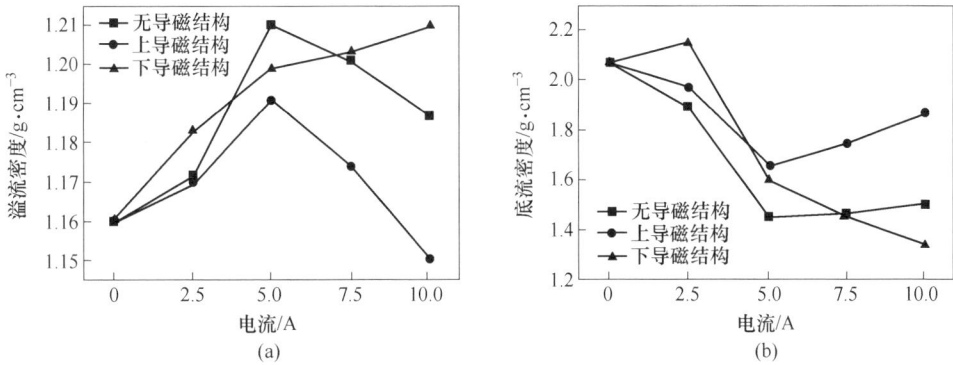

图 7-20　不同磁系布置下的溢流密度(a)和底流密度(b)

构条件下的精煤灰分，-0.5+0.125 mm 粒级精煤灰分升高且高于上导磁结构条件下的精煤灰分，合计精煤灰分由 11.91% 降低到 11.43%。

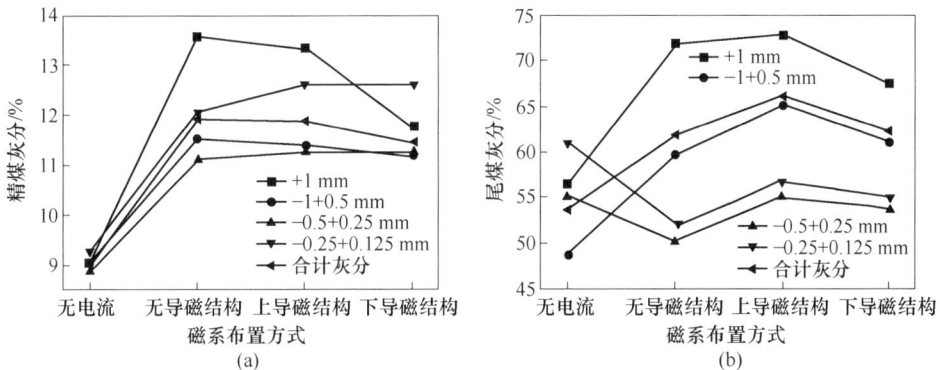

图 7-21　电流 5.0 A 时的产品灰分变化

(a) 精煤灰分；(b) 尾煤灰分

　　电流 5.0 A 时，无导磁结构、施加上导磁结构和施加下导磁结构三种条件下，尾煤灰分均升高。施加上导磁结构较无导磁结构条件下，各粒级尾煤灰分均升高，-0.25+0.125 mm 粒级尾煤灰分低于电流 0 A 时的尾煤灰分，其他各粒级的尾煤灰分均高于电流 0 A 时的尾煤灰分，合计尾煤灰分由 61.82% 升高到 66.18%。施加下导磁结构较无导磁结构条件下，尾煤灰分也升高，但各粒级尾煤灰分均低于上导磁结构条件下的尾煤灰分，且-0.5+0.125 mm 粒级尾煤灰分低于电流 0 A 时的尾煤灰分。

　　由此可见，电流 5.0 A 时，施加上导磁结构，较无导磁结构条件下，精煤灰分总体有降低 (-3+0.5 mm 粒级精煤灰分略有降低，-0.5+0.125 mm 粒级精煤灰分升高)；尾煤中各粒级灰分均升高，-0.25+0.125 mm 粒级尾煤灰分低于电流 0 A 时的尾煤灰分，其他各粒级的尾煤灰分均高于电流 0 A 时的尾煤灰分，分选密度提升。

7.3.2.2　柱锥面以下 80 mm 对分选效果的影响

A　对介质分配规律的影响

由图 7-22 可得以下结论。无导磁结构时,随电流的增加,溢流密度慢慢降低。施加上导磁结构,溢流密度先降低后升高,20 A 时降到最低。施加下导磁结构,溢流密度先升高后降低;随电流的增加,底流密度先降低后升高,5 A 时降到最低。施加上导磁结构,底流密度也是先降低后升高,5 A 时降到最低。施加下导磁结构,底流密度也是先降低后升高,10 A 时降到最低。

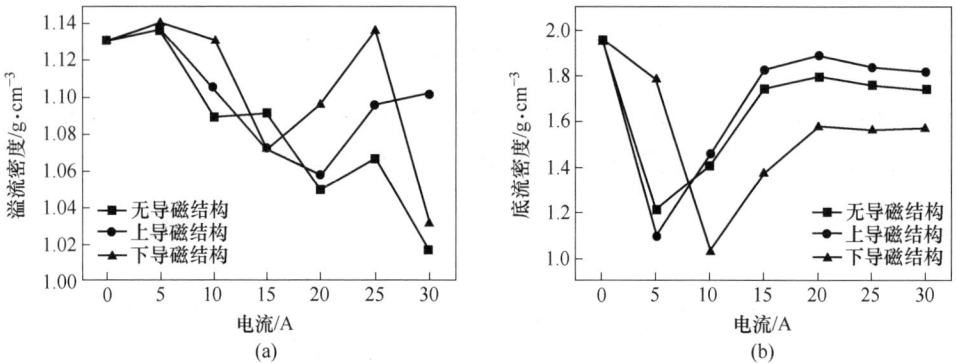

图 7-22　不同磁系布置下的溢流密度(a)和底流密度(b)

B　对粗煤泥分选效果的影响

由图 7-23 可得以下结论,电流 20 A 时,无导磁结构、施加上导磁结构和施加下导磁结构三种条件下,精煤灰分均呈降低趋势。施加上导磁结构较无导磁结构条件下,+1 mm 粒级精煤灰分降低,−1+0.125 mm 粒级精煤灰分升高,合计精煤灰分由 10.61% 降低到 10.40%。施加下导磁结构较无导磁结构条件下,+1 mm 粒级精煤灰分略有降低,−1+0.125 mm 粒级精煤灰分升高,合计精煤灰分由 10.61% 升高到 11.73%。

电流 20 A 时,无导磁结构、施加上导磁结构和施加下导磁结构三种条件下,尾煤灰分均呈降低趋势。施加上导磁结构较无导磁结构条件下,+1 mm 粒级尾煤灰分升高,−1+0.125 mm 粒级尾煤灰分降低,合计尾煤灰分由 60.34% 降低到 56.79%。施加下导磁结构较无导磁结构条件下,+1 mm 粒级尾煤灰分升高,−1+0.125 mm 粒级尾煤灰分降低,合计尾煤灰分由 60.34% 降低到 57.98%。

由此可见,电流 20 A 时,施加上导磁结构,较无导磁结构条件下,精煤灰分总体略有降低(−3+1 mm 粒级精煤灰分略有降低,−1+0.125 mm 粒级精煤灰分升高);尾煤灰分总体降低(−3+1 mm 粒级尾煤灰分略有升高,−1+0.125 mm 粒级尾煤灰分降低),分选密度的进一步降低效果不明显。

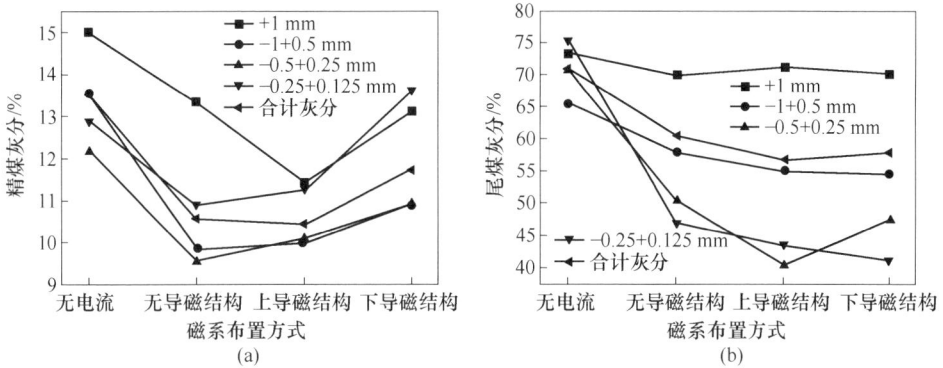

图 7-23 电流 20 A 时的产品灰分变化

（a）精煤灰分；（b）尾煤灰分

7.3.2.3 柱锥面以下 160 mm 对分选效果的影响

A 对介质分配规律的影响

由图 7-24 可知，无导磁结构时，随电流的增加，溢流密度先降低后升高再降低，15 A 时降到最低。施加上导磁结构时，溢流密度一直降低。施加下导磁结构时，溢流密度降低，25 A 时降到最低。随电流的增加，底流密度先降低后升高，20 A 时升到最高。施加上导磁结构时，底流密度先升高后降低再升高。施加下导磁结构时，底流密度先降低后升高，5 A 时降到最低，20 A 时升到最高。

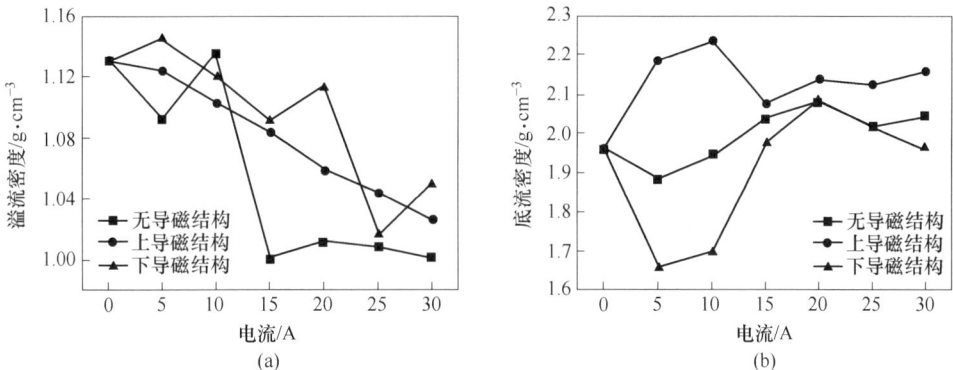

图 7-24 不同磁系布置下的溢流密度（a）和底流密度（b）

B 对粗煤泥分选效果的影响

a 无导磁结构粗煤泥分选试验

由图 7-25 可得以下结论。

（1）无导磁结构时，精煤灰分呈降低趋势。0~10 A，各粒级精煤灰分变化不大，较稳定，合计精煤灰分由 14.01%升高到 14.22%；10~25 A，各粒级精煤灰分均下降，合计精煤灰分由 14.22%降低到 4.79%；25~30 A，各粒级精煤灰分均小幅升高，合计精煤灰分由 4.79%升高到 5.07%。

（2）无导磁结构时，尾煤灰分呈降低趋势。0~5 A，+1 mm 粒级尾煤灰分升高，−1+0.125 mm 粒级尾煤灰分下降，合计尾煤灰分由 64.55%升高到 66.01%；5~25 A，尾煤灰分下降，合计尾煤灰分由 66.01%降低到 39.32%；25~30 A，各粒级尾煤灰分均小幅升高，合计尾煤灰分由 39.32%升高到 40.25%。

由此可见，无导磁结构时，随着电流的增加，磁场强度增加，精煤灰分降低，尾煤灰分降低。15~30 A，精、尾煤灰分均降低，预示着分选密度的降低。

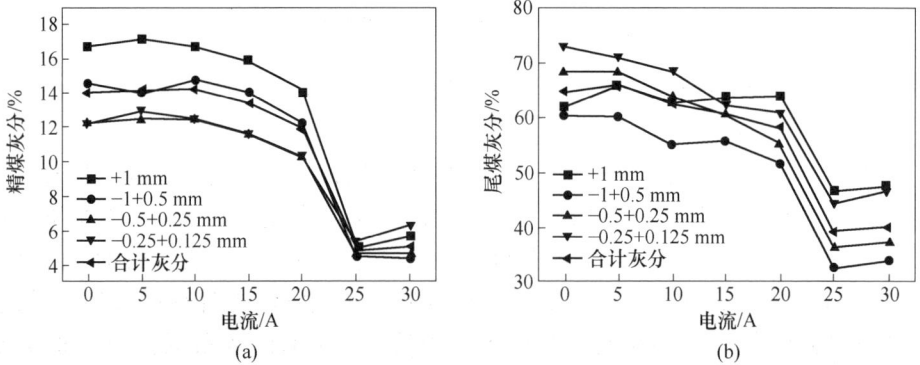

图 7-25   无导磁结构时的产品灰分变化
（a）精煤灰分；（b）尾煤灰分

b   施加上导磁结构粗煤泥分选试验

由图 7-26 可得以下结论。

（1）施加上导磁结构时，精煤灰分呈先降低后升高再降低趋势。0~5 A，各粒级精煤灰分均降低，合计精煤灰分由 14.01%降低到 12.78%；5~10 A，各粒级精煤灰分均升高，合计精煤灰分由 12.78%升高到 14.31%；10~30 A，精煤灰分下降，合计精煤灰分由 14.31%降低到 11.18%。

（2）施加上导磁结构时，尾煤灰分波动较大，但降幅小。0~5 A，各粒级尾煤灰分均降低，合计尾煤灰分由 64.55%降低到 63.07%；5~10 A，−3+0.5 mm 粒级尾煤灰分升高，−0.5+0.125 mm 粒级尾煤灰分下降，合计尾煤灰分由 63.07%升高到 66.69%；10~20 A，尾煤灰分下降，合计尾煤灰分由 66.69%降低到 60.23%；20~25 A，尾煤灰分升高，合计尾煤灰分由 60.23%升高到 63.21%；25~30 A，尾煤中各粒级灰分又下降，合计尾煤灰分由 63.21%降低到 58.56%。

由此可见，当附加上导磁结构时，精煤灰分的下降幅度小于无导磁结构时的

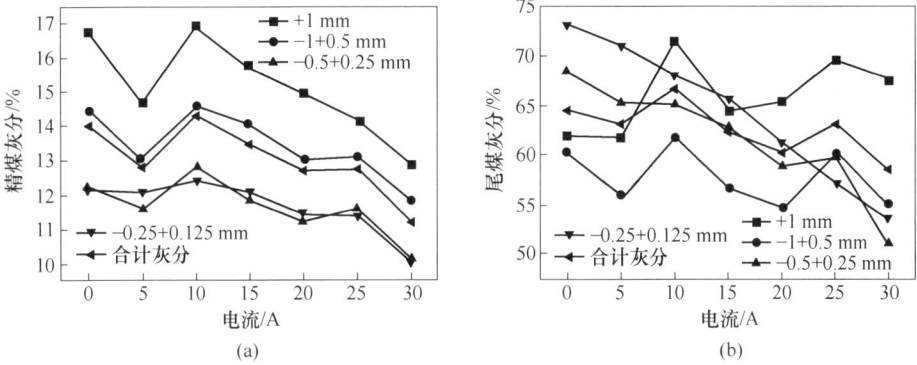

图 7-26 施加上导磁结构时的产品灰分变化
(a) 精煤灰分；(b) 尾煤灰分

精煤下降幅度，尾煤灰分的下降幅度也远远不及无导磁结构时的尾煤下降幅度。
5 A、20~30 A，精煤、尾煤灰分有所降低，降幅不如无导磁结构。

c 施加下导磁结构粗煤泥分选试验

由图 7-27 可得以下结论。

（1）施加下导磁结构时，精煤灰分呈降低趋势。0~10 A，精煤灰分升高，合计精煤灰分由 14.01% 升高到 14.29%；10~15 A，精煤灰分下降，合计精煤灰分由 14.29% 降低到 13.13%；15~20 A，精煤灰分升高，合计精煤灰分由 13.13% 升高到 13.66%；20~30 A，精煤灰分先小幅降低再大幅降低，合计精煤灰分降低到 6.06%。

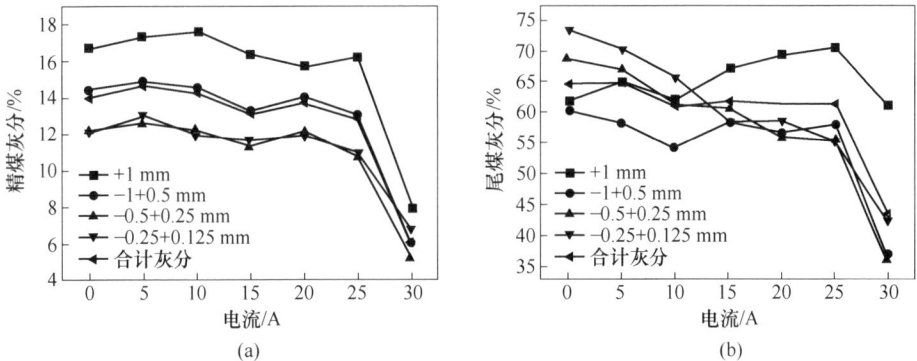

图 7-27 施加下导磁结构时的产品灰分变化
(a) 精煤灰分；(b) 尾煤灰分

（2）施加下导磁结构时，尾煤灰分呈降低趋势。0~10 A，尾煤灰分下降，合计尾煤灰分由 64.55% 降低到 60.73%；10~25 A，−3+0.5 mm 粒级尾煤灰分升高，−0.5+0.125 mm 粒级尾煤灰分下降，合计尾煤灰分变化不大，由 60.73% 升高到 61.36%；25~30 A，尾煤灰分大幅降低，合计尾煤灰分由 61.36% 降低到 43.34%。

　　由图 7-27 可见，施加下导磁结构时，0~25 A，精、尾煤灰分并没有很大的变化，降低幅度不如无导磁结构下的精、尾煤灰分变化；30 A，精煤、尾煤灰分大幅降低，降低了分选密度。

8 旋转磁场对重介质运移特性
及分选效果的影响

8.1 平面旋转磁场对磁性颗粒运动规律的影响

本章主要介绍了在 N-S、N-N 排列的平面旋转磁场下，不同数量的钢珠及悬浮液的运动状态，并对相关现象进行解释。其中，当研究对象为数量大于 3 个以上的钢珠时，将其简称为钢珠群粒，磁场转速以 v_{mag} 表示。

8.1.1 对单颗粒钢珠运动形态的影响

通过观察发现，钢珠的运动主要由自身的旋转和绕容器的圆周运动组成，且钢珠的自转方向与运动转向一致。在不同磁感应强度下，钢珠运动的整体状态基本相同，在个别位置有所差别。图 8-1 所示为钢珠在高强度旋转磁场下的转速和转速比，转速比为磁场转速与钢珠转速之比。

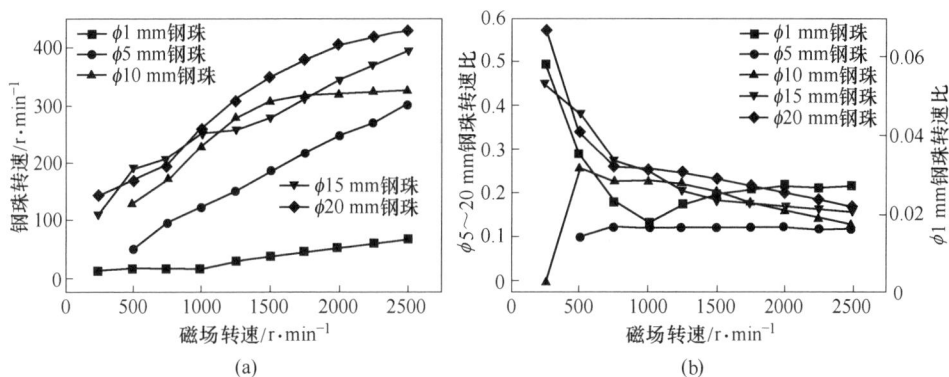

图 8-1 钢珠在高强度(N-S-2000 Gs)旋转磁场下的转速(a)和转速比(b)

在高强度旋转磁场下，钢珠的运动状态分为三类。

第一类为 $\phi1$ mm 钢珠。此类钢珠在所有磁场转速下，整体趋势均逆时针方向转动。在低速（1000 r/min 以下）状态下，钢珠点动向前，只在 N-S 交替时做弧形滚动，且处于磁极中心部分时静止，图 8-2 所示为 $\phi1$ mm 钢珠在 v_{mag} = 500 r/min 时的运动状态。

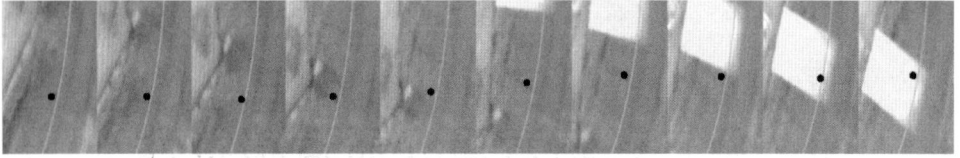

图 8-2　$\phi1$ mm 钢珠的运动状态

在中速（1250~2000 r/min）状态下，钢珠先逆时针前进再后退一小段距离，然后重复这一过程顺时针向前运动，后退距离小于前进距离，处于 N-S 交替上方时后退，处于磁极位置上方时前进，为方便下文描述，将这一现象简称为往复旋转运动。在高速（2250~2500 r/min）状态下，顺时针前进一小段距离后再停止，然后再重复这一过程，钢珠处于 N-S 交替上方时停止运动，处于磁极位置上方时前进，同样将这一现象简称为停顿旋转运动。由于 $\phi1$ mm 钢珠半径较小，所以其转速远远低于其他钢珠转速。

第二类为 $\phi5$ mm、$\phi10$ mm 钢珠。此类钢珠在临界转速 v 以下，钢珠跟随磁场顺时针向前转动，且钢珠一直处于磁极上方与磁场转速同步，定义临界转速 v 为换向转速。在低速（v 约为 1250 r/min）状态下，钢珠沿径向摆动，且随着磁场转速增加，径向摆动幅度减小，图 8-3 所示为 $\phi10$ mm 钢珠在中强度磁场、$v_{mag}=500$ r/min 时的运动状态。其中，方框内为白色反光条黏附在磁场发生装置上，其运动方向为磁场运动方向。

图 8-3　$\phi10$ mm 钢珠的运动状态

在中、高速（1500~2500 r/min）下无径向摆动且沿某一直径圆逆时针转动，其中 $\phi5$ mm 钢珠始终未接触到亚克力圆柱器壁，即磁场对钢珠的径向吸力与钢珠受到的径向摩擦力的合力大于钢珠受到的离心力，而其他直径的钢珠均在某一转速 v_1 后碰壁，定义转速 v_1 为碰壁转速。

第三类为 $\phi15$ mm、$\phi20$ mm 钢珠。此类钢珠在转速 v 以下与磁场转向一致，而在超过此转速后转向发生变化，并在转速 v_1 过后均贴壁周向旋转。由于 $\phi20$ mm 钢珠拍摄较为清楚，对其进行了数字标记，图 8-4 为其在临界转速发生转

图 8-4 φ20 mm 钢珠在磁场转速为 240 r/min 时转向变化过程

向改变的过程。由图 8-4 顺序为先从上到下看完一列后，另起一列从上向下看，左边为第一列。如图 8-5 所示，其中数字 1 下方对应数字 5，其他依次类推。图 8-6 所示为其在临界转速以上的逆时针旋转的运动状态。

图 8-5 钢珠数字标记示意图

图 8-6　ϕ20 mm 钢珠的运动状态

图 8-7 所示为钢珠在中强度磁场下的转速和转速比。其中，图 8-7（b）所示为高强度旋转磁场下，磁场转速与各直径钢珠转速的比值，可以看到，其同样明显分为三个类别。转速比的实际意义是旋转磁场度对磁性物颗粒的加速效果标准，转速比越大，说明加速效果越差，但其不仅与能量损失有关。这是因为在低转速下，钢珠被吸到磁极中心，磁感应强度大于其他位置，加速效果更为明显，随着钢珠转速的增加，其受到的离心逐渐大于其受到的径向摩擦力，钢珠转向器壁位置，磁感应强度较弱，所以加速效果衰减。由于该条件下，碰壁转速未出现在试验点上，所以未见到明显的转速衰减。ϕ5 mm 钢珠由于在低转速时有大距离径向摆动，所以开始时转速比较低，在径向摆动消失后，转速比逐渐稳定。

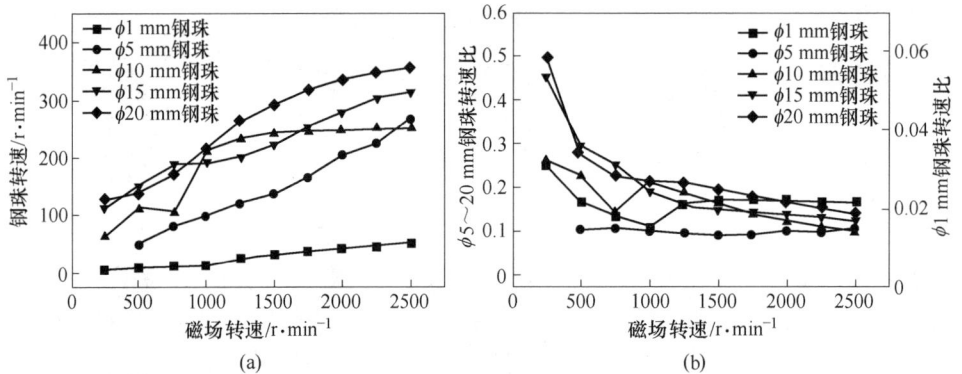

图 8-7　钢珠在中强度(N-S-1500 Gs)旋转磁场下的转速（a）和转速比（b）

中、高强度旋转磁场下钢珠的运动状态较为相似，主要有以下不同点。

（1）钢珠反转转速 v、碰壁转速 v_1 减小，这是由于磁感应强度减弱，磁极对钢珠的轴向吸力减弱，进而摩擦力衰减小于离心力。

（2）ϕ1 mm 钢珠出现反转转速，在 500 r/min 以后无弧形滚动现象，在 2000 r/min 后无停顿现象，一直做逆时针旋转运动。

（3）ϕ5 mm、ϕ10 mm 钢珠的径向摆动幅度在同转速下变大，ϕ5 mm 钢珠在 1750 r/min 时径向摆动才消失，其中 ϕ10 mm 钢珠的径向摆动有碰壁现象，图 8-7（a）是由于摆动碰壁，钢珠转速下降。

（4）ϕ15 mm钢珠在250~1000 r/min出现径向摆动，在1000 r/min以后贴壁旋转。

在低强度旋转磁场下钢珠转速如图8-8所示。钢珠运动形态有较大变化，主要有以下不同。

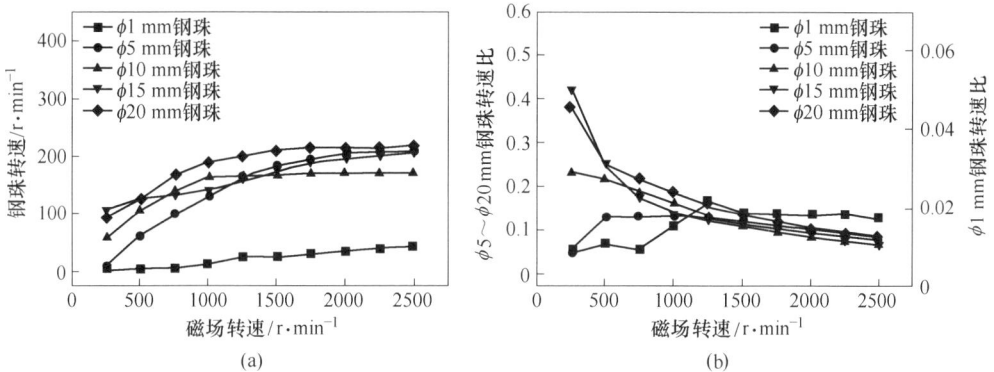

图8-8　钢珠在低强度（N-S-10000 Gs）旋转磁场下的转速（a）和转速比（b）

（1）反向转速v出现形式发生变化。在中、高强度旋转磁场状态下，钢珠在旋转磁场加速度较低时，会自发出现反向旋转现象，且v的波动范围在±50 r/min；但在低强度旋转磁场下，钢珠在任意磁场加速度下均跟随磁场顺时针旋转，只有在磁场转速稳定后放入钢珠，钢珠做逆时针反向旋转。然后逐渐降低磁场转速，钢珠依然做逆时针旋转且转速随之降低，磁场降低到某一转速时，钢珠才重新跟随磁场顺时针旋转。

（2）ϕ1 mm钢珠在250~750 r/min时，钢珠出现往复转动，1000 r/min后沿某一直径圆旋转，无停顿现象。

（3）ϕ5 mm钢珠在250 r/min时出现往复转动，500~1500 r/min出现径向摆动，1750~2000 r/min摆动消失，2250 r/min以后贴壁旋转。

（4）ϕ20 mm钢珠在250~500 r/min出现径向摆动，且摆动幅度较大，出现碰壁现象。

表8-1为不同磁感应强度下，不同直径钢珠出现换向和碰壁时的转速。

表 8-1　钢珠出现换向和碰壁时的转速

磁感应强度/Gs	钢珠直径/mm	换向转速/r·min^{-1}	碰壁转速/r·min^{-1}
1000	5	250	2250
	10	200	1000
	15	202	360
	20	160	250

磁感应强度/Gs	钢珠直径/mm	换向转速/r·min⁻¹	碰壁转速/r·min⁻¹
	5	302	未碰壁
1500	10	220	600
	15	180	414
	20	160	320
	5	372	未碰壁
2000	10	395	1500
	15	202	490
	20	240	410

8.1.2　对钢珠群粒运动形态的影响

磁铁矿粉颗粒在磁场作用下会相互叠加，最终形成磁链，所以这部分试验采用不同数量的钢珠模拟磁铁矿粉。钢珠数量为 2、3、N，其中 N 为钢珠可在磁场中形成单一环的数量。由于 $\phi15$ mm、$\phi20$ mm 钢珠直径较大，质量较重，在旋转磁场中无明显运动特征，故在这部分试验不做详述。在高、中、低强度旋转磁场下，群粒运动状态基本一致，故本节以高强度旋转磁场下群粒运动状态为主，中低强度仅在不同之处进行说明。

当只有 2 个钢珠时，$\phi10$ mm 钢珠在旋转磁场下无移动，仅在原位置上小幅振动，且随着磁场转速的提高，振动频率增加，振幅减小。

$\phi5$ mm 钢珠形成小磁链，在 $v_{mag} = 250 \sim 750$ r/min 时进行逆时针运动，且在磁极上方逆时针平移滑动，在磁极交替处进行翻转。图 8-9 所示为 2 个 $\phi5$ mm 钢珠在高强度旋转磁场、$v_{mag} = 500$ r/min 时的运动状态，而在 $1000 \sim 2500$ r/min 时，钢珠做顺时针平移旋转，且随着磁场转速的增加，平移旋转速度逐渐减小。中、低强度旋转磁场条件下未形成磁链，仅做顺时针平移旋转。

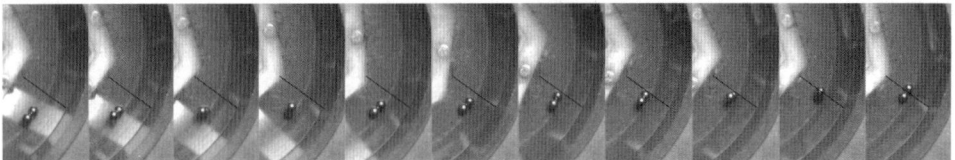

图 8-9　2 个 $\phi5$ mm 钢珠在旋转磁场中的运动状态

钢珠形成磁链在所有转速下均进行逆时针翻转运动，且随着磁场转速的增加，翻转频率增加，与细棒类似，在 N-S 交替时进行翻转。

当钢珠数量为 3 个时，$\phi10$ mm 钢珠做顺时针平移转动，且随着磁场转速增加，平移速度减慢，所有状态下的平移速度均小于 1 r/min。

$\phi5$ mm 钢珠在 $v_{mag} = 250 \sim 1250$ r/min 时，做顺时针旋转平移运动；在 1500 r/min 时，钢珠形成三角形结构，不再平移，图 8-10 所示为其形成三角形聚集的过程。中、低强度旋转磁场条件下其仅做顺时针平移旋转，未形成该结构。

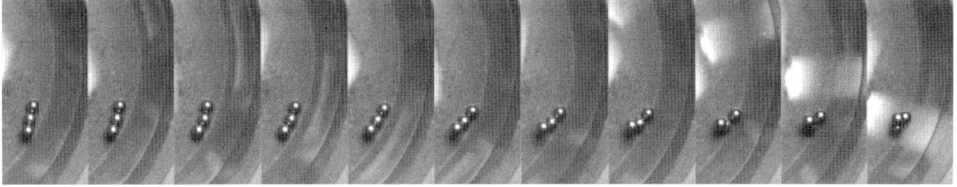

图 8-10　$\phi5$ mm 钢珠形成三角形聚集的过程

$\phi1$ mm 钢珠在 $v_{mag} = 250 \sim 1750$ r/min 时，做逆时针翻转运动；在 $v_{mag} = 2000 \sim 2500$ r/min 时，钢珠形成三角结构，进行逆时针翻转，图 8-11 为其翻转状态。中、低强度旋转磁场下，出现三角形采集结构的磁场速度分别为 1750 r/min、1250 r/min。

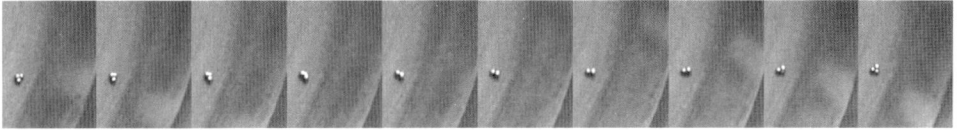

图 8-11　$\phi1$ mm 钢珠形成三角形聚集的过程

由于 $\phi1$ mm、$\phi5$ mm 钢珠直径相对较小，无法形成环状结构。$\phi10$ mm、$\phi15$ mm、$\phi20$ mm 钢珠形成环后，均做顺时针平移旋转，且伴随着径向的极小幅度振动，其转速小于 1 r/min。图 8-12 所示为 38 个 $\phi10$ mm 钢珠在 $v_{mag} = 1500$ r/min 时的运动状态（其中，方框内为白色标记球）。

图 8-12　形成环状 $\phi10$ mm 钢珠的运动形态

$\phi 1$ mm 钢珠虽然无法形成环状形态，但可以形成较长的磁链，图 8-13 所示为高强度旋转磁场下，由 15 个 $\phi 1$ mm 钢珠形成磁链后在 $v_{mag}=250$ r/min 时的翻转运动；中低强度旋转磁场下能形成最长的磁链长度分别为 12 mm、7 mm，但随着磁场转速的提高，磁链翻转频率加快，磁链会分裂成 2 个或 3 个钢珠组成的小磁链进行反转。

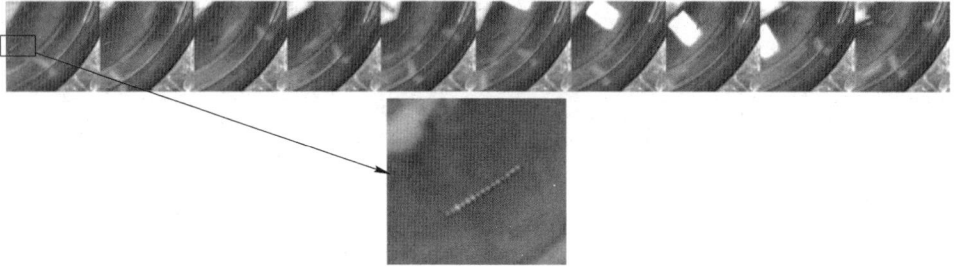

图 8-13　15 个 $\phi 1$ mm 钢珠的翻转过程

在容器内放置质量为 50 g 的 $\phi 1$ mm 钢珠，图 8-14 所示为其在 $v_{mag}=0$ r/min、250 r/min、2500 r/min 时的运动状态，可以看到在静态磁场中钢珠沿磁场线分布。随着磁场的旋转，钢珠出现分层聚集现象，但在外围仍有小部分磁链 [见图 8-13 方框内] 左右晃动。当 $v_{mag}=1500\sim 2500$ r/min 时，钢珠形成稳定分层结构，且完全静止。

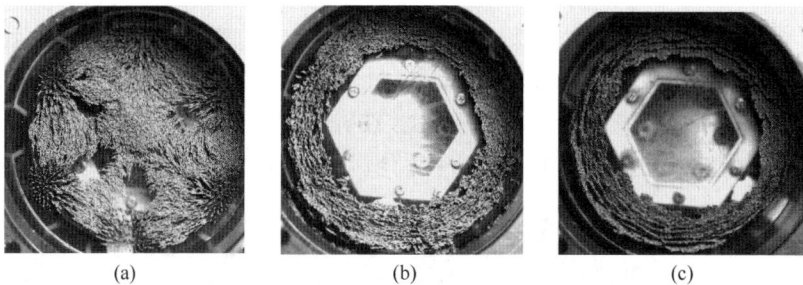

图 8-14　钢珠群粒在不同磁场转速下的运动状态
（a）0 r/min；（b）250 r/min；（c）2500 r/min

8.1.3　对磁铁矿粉及其悬浮液运动形态的影响

8.1.1 节和 8.1.2 节是平面旋转磁场对钢珠和不锈钢细棒运动的影响，本节主要对磁铁矿粉及其悬浮液加速效果的探究。在这部分试验中，干粉在旋转磁场中的运动状态主要分为"反向翻转"和"分层聚集"两种现象。

8.1.3.1　磁链的反向翻转现象

磁铁矿粉在磁场作用下，形成相互排斥的磁链，随着磁场的顺时针旋转进行逆时针翻转运动，形成磁铁矿粉环。磁链的翻转是在磁场 N-S 极转换时发生的，且随着磁场转速的增加磁链长度变短，但翻转频率增加。在承载容器内放置挡块，磁铁矿粉聚集在挡块的上方，说明磁铁矿粉是在做逆时针翻转。图 8-15 所示为 100 g 磁铁矿粉在容器内的聚集情况。

图 8-15　100 g 磁铁矿粉在容器内的聚集情况

由于磁铁矿粉是铁磁性物质，在磁场中，其内部磁畴方向与外部磁场方向一致。以单条磁链为例，如图 8-16 (a) 所示，其近磁极部位为相异磁极 N（磁链的蓝色部分），远磁极部位为相同磁极 S，磁场从右向左前进。磁链主要受到第一磁极向下的吸力 F_B 和向上的斥力 F_C，以及第二磁极向下的吸力 F_A 和向上的斥力 F_D。此时磁链在第一磁极磁场的作用范围，且 F_B 离磁极更近，所以有 $F_C > F_A$、$F_B > F_D$、$F_B > F_C$，磁链从左向右往后翻转。在图 8-16 (a) 向图 8-16 (b) 状态的运动过程中，

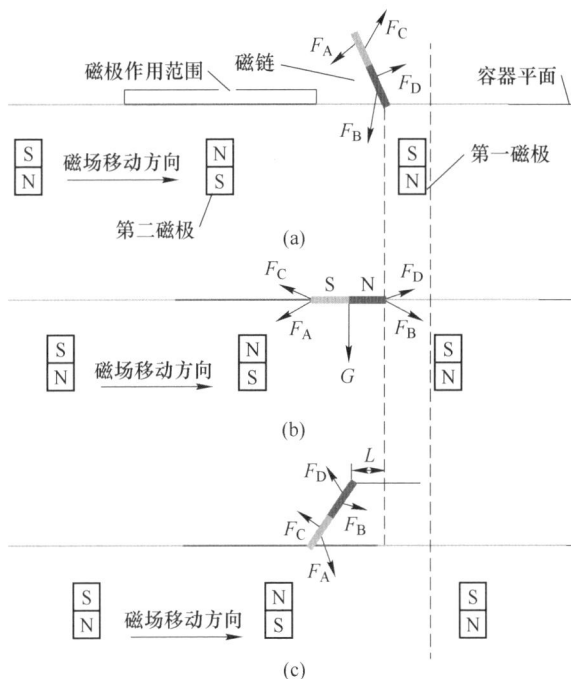

图 8-16　磁链在旋转磁场中受力

(a) 第一磁极磁场作用区；(b) 第一、二磁极磁场作用区；
(c) 第二磁极磁场作用区

彩图

F_A、F_D逐渐增大，F_B、F_C逐渐减小，最终达到平衡状态，使磁链平铺在容器平面上。随着磁场的继续前进，磁链进入第二磁极的磁场作用范围，磁链主要受到第二磁极向下的吸力 F_A 和向上的斥力 F_D，二者形成逆时针转矩，使磁链继续向左翻转，最后磁链的水平移动距离为 L。

8.1.3.2　磁铁矿粉的分层聚集

随着磁场转速不断增加，磁铁矿粉出现类似于年轮形状的 "分层聚集的现象"，以下简称 "分层"。由于旋转磁场对磁铁矿粉悬浮液的加速主要是靠磁链翻转时对液体的扫动，而分层现象的出现缩短了磁链长度，对旋转磁场的加速作用有较大影响，所以观察了不同质量的磁铁矿粉在不同磁感应强度下出现分层的速度范围，并且提出亚分层、全分层和吞噬分层扰动的概念。

亚分层是指用肉眼或普通相机观察到在磁铁矿粉环中形成了 3~5 层磁环，但在高速摄像中观察到的依然是磁链在做翻转运动的现象，如图 8-17 所示。

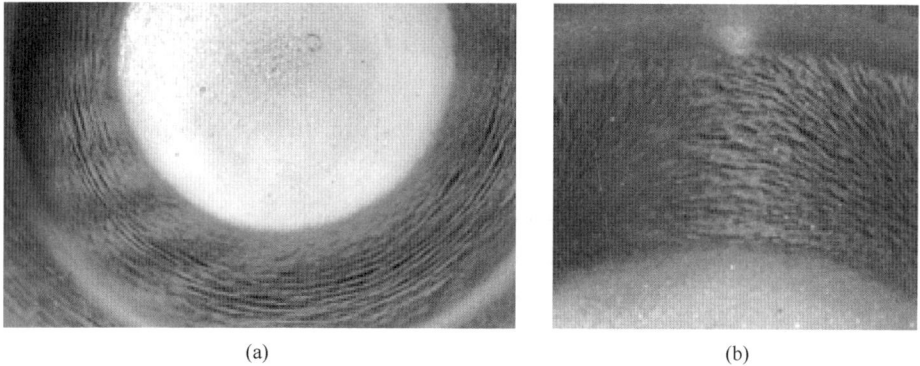

图 8-17　50 g 磁铁矿粉的亚分层现象
(a) 普通相机拍摄；(b) 高速摄像拍摄

全分层是指磁铁矿粉环整体出现分层形成分层磁环的现象，且出现稳定的 "磁环"，磁环上方有短磁链做逆时针方向翻转，如图 8-18 所示。磁环无明显运动，随着磁场转速提高，磁铁矿粉的分层层数增加。

吞噬分层扰动是指在分层磁环中的某一段（吞噬段）未形成磁环而是磁链在做翻转运动，吞噬段占分层磁环约 1/6 弧段，并沿顺时针方向吞噬分层磁环。图 8-19 所示为 50 g 磁铁矿粉在低强度磁场下的吞噬分层扰动现象，v_{mag} = 2500 r/min。

将磁铁矿粉润湿后，分层现象提前出现，其磁环高度随着磁场转速的提高而增高，并伴随着磁铁矿粉向中间聚拢的趋势。在出现分层之前，磁铁矿粉仍做翻转运动。图 8-20 是中强度旋转磁场下，v_{mag} = 1500 r/min 时，150 g 湿磁铁矿粉出现分层的形态，从图中方框中的阴影可以看出湿磁铁矿粉在向中间聚拢的趋势。

表 8-2 是不同质量的干、湿磁铁矿粉在不同磁感应强度下出现亚分层和全分层的磁场转速。

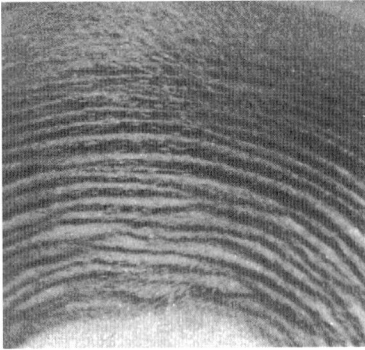

图 8-18 150 g 磁铁矿粉的全分层现象

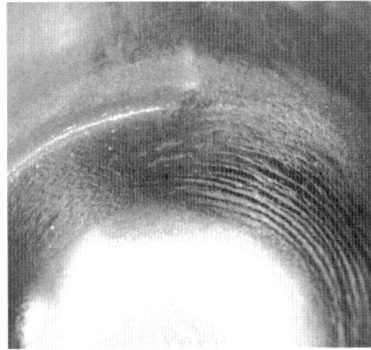

图 8-19 吞噬分层扰动现象

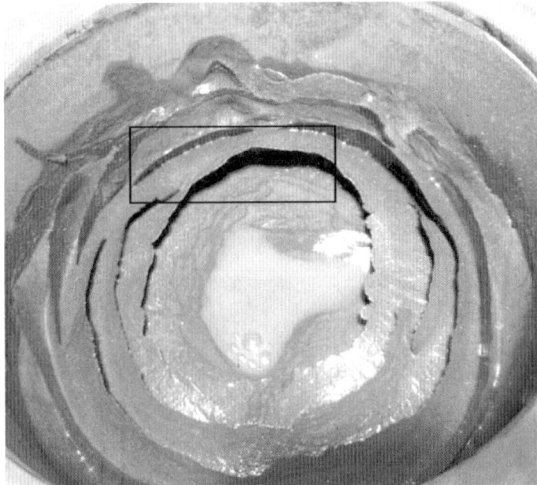

图 8-20 湿磁铁矿粉的分层聚集现象

表 8-2 不同质量的干、湿磁铁矿粉在不同磁感应强度下出现亚分层和全分层时的磁场转速

磁感应强度/Gs	质量/g	磁场转速/r·min^{-1}		
		干粉亚分层	干粉全分层	湿粉全分层
1000	50	1000	1500	750
	150	712	1110	无
	250	692	1050	无

磁感应强度/Gs	质量/g	磁场转速/r·min⁻¹		
		干粉亚分层	干粉全分层	湿粉全分层
1500	50	1096	1872	1000
	150	824	1642	780
	250	832	1150	250
2000	50	1250	2000	1500
	150	1000	1710	1250
	250	950	1500	1000

　　从高速摄像的拍摄中可以观察磁环之间相互独立不接触，分层现象的出现不是在某一固定点突然形成的，而是一个渐进的过程。从表 8-2 中可以得到结论：在相同磁场条件下，磁铁矿粉越多越容易形成分层；当磁铁矿粉质量相同时，磁感应强度越小越容易形成分层。对比图 8-14 中 50 g ϕ1 mm 钢珠形成分层现象的过程，由于钢珠直径远大于磁铁矿粉颗粒，其受到的磁场力更大，颗粒之间的作用力也更大，所以在磁场旋转后颗粒相互吸引，更容易形成分层。

　　图 8-21 是 50 g 磁铁矿粉在高强度旋转磁场中，不同转速下的运动状态。可以观察到磁场转速为 250 r/min 时，在 N-S 交替的位置，磁链形成了图 8-16（b）的状态，这种形态随着磁场转速的增加逐渐消失。在 750 r/min 时，磁链开始发

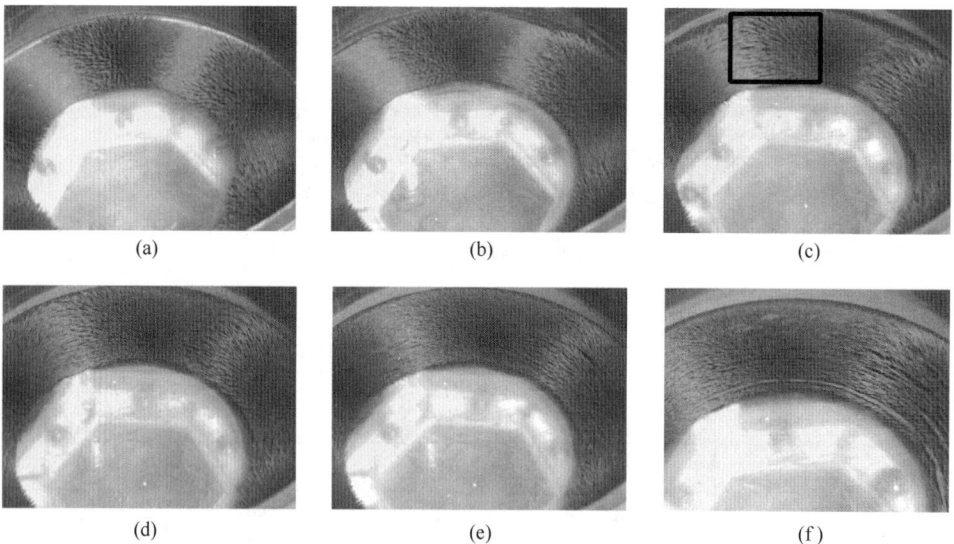

(a)　　　　　　　　　　(b)　　　　　　　　　　(c)

(d)　　　　　　　　　　(e)　　　　　　　　　　(f)

图 8-21　50 g 磁铁矿粉在不同磁场转速下的运动状态

(a) 250 r/min；(b) 500 r/min；(c) 750 r/min；(d) 1000 r/min；(e) 1500 r/min；(f) 2500 r/min

生断裂，并出现从一磁极直接跳向另一磁极的现象，如图 8-22 所示。图 8-22 正是图 8-21（c）方框中的放大图。

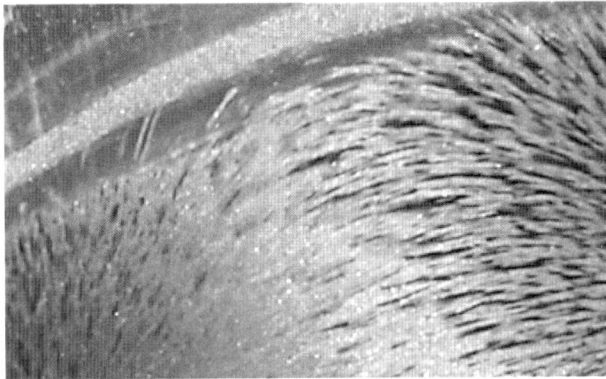

图 8-22 磁链的跳跃形态

根据以上观察建立（见图 8-23）的模型，该模型根据静态磁场下磁铁矿粉的分布将磁场分为 N 磁极区（M_N 区）、S 磁极区（M_S 区）、交替磁极区（T 区），在低转速下三者的关系如图 8-23（a）所示，随着磁场转速的提高，T 区不断减小直至消失而 M_N 区和 M_S 区的磁链逐渐靠近形成图 8-23（b）的形态；随着转速的进一步提高，两个区域的磁条最终吸附在一起形成图 8-23（d）形态，并随着磁场的不断旋转而吸附更多磁链不断累积而形成磁环，在磁环上方的磁链，由于磁感应强度变弱，磁链之间无法形成吸附而继续翻转。

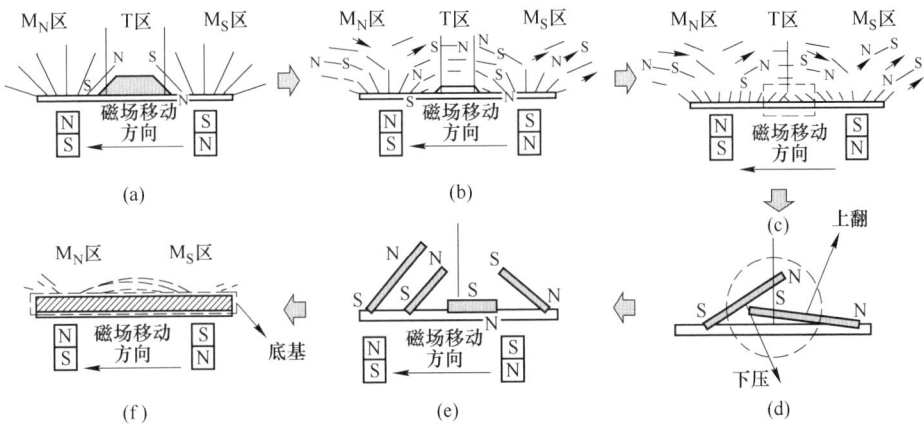

图 8-23 分层形成过程模型

（a）三区初始状态；（b）M_N 区和 M_S 区磁链靠近；（c）T 区逐渐消失；

（d）M_N 区和 M_S 区吸附合并；（e）磁链累积；（f）磁链累积形成磁环

8.1.3.3 平面旋转磁场对磁铁矿粉悬浮液的加速

煤泥分选试验用旋流器流量为 20 L/min 左右，压力为 0.08 MPa，根据公式

$$v = Q/S \tag{8-1}$$

式中　v——旋流器入料流速，m/s；

　　　Q——旋流器入料流量，L/min；

　　　S——旋流器入料口面积，m²。

可以得出旋流器内部沿器壁流体的最大切向速度为 720 r/min。

$$v \cdot R = v \cdot r \tag{8-2}$$

式中　R——承载容器半径，m；

　　　r——搅拌桨半径，m；

　　　v——搅拌器搅拌速度，r/min。

由以上公式计算出搅拌器转速为 1660 r/min，所以这部分试验的磁铁矿粉悬浮液均以此转速进行搅拌。

无机械搅拌情况下不同磁感应强度的旋转磁场对不同浓度磁铁矿粉悬浮液加速后的液位高度如图 8-24 所示。

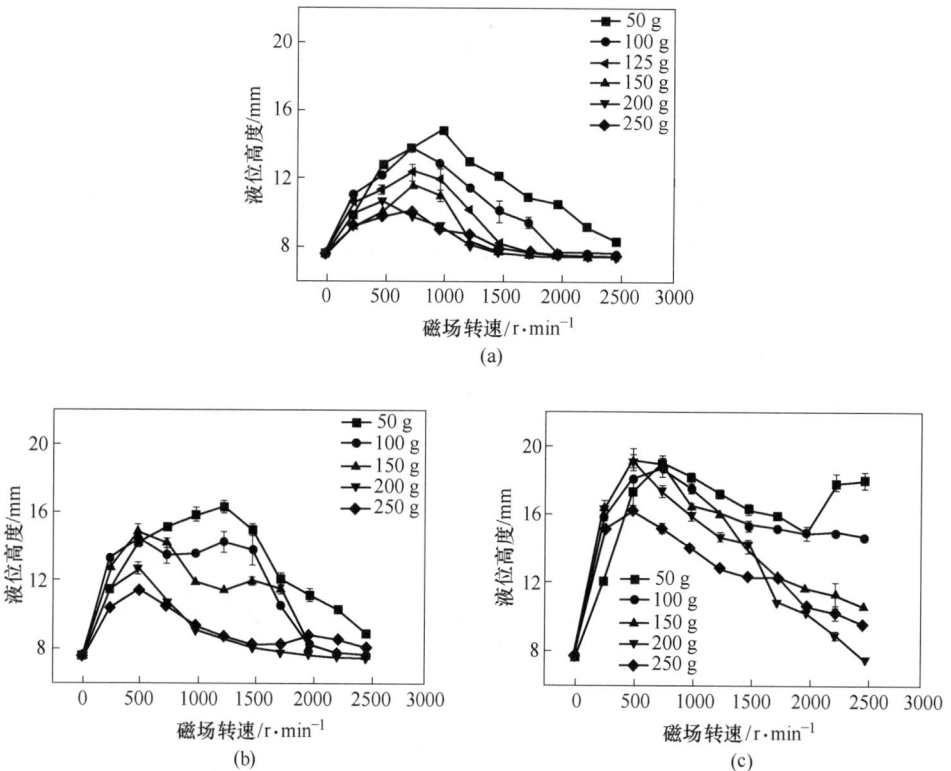

图 8-24　旋转磁场对悬浮液的液位高度
(a) N-S-1000 Gs；(b) N-S-1500 Gs；(c) N-S-2000 Gs

由图 8-24 中可以看出，在相同浓度的悬浮液中，磁感应强度越强，悬浮液的液位越高，即旋转磁场对悬浮液的加速效果更明显；并且几乎所有浓度的悬浮液液位都是随着磁场转速的提高而上升，在超过某一临界转速后，悬浮液液位开始下降。在同一旋转磁场特性下，随着悬浮液浓度的升高，临界转速点提前出现，液位峰值下降。图 8-24（c）是在此状态下，由于吞噬分层扰动现象的出现，且吞噬速度较快，此处液位不降反升。

磁场旋转与搅拌方向相同情况下，不同磁感应强度的旋转磁场对不同浓度磁铁矿粉悬浮液加速后的液位高度如图 8-25 所示。

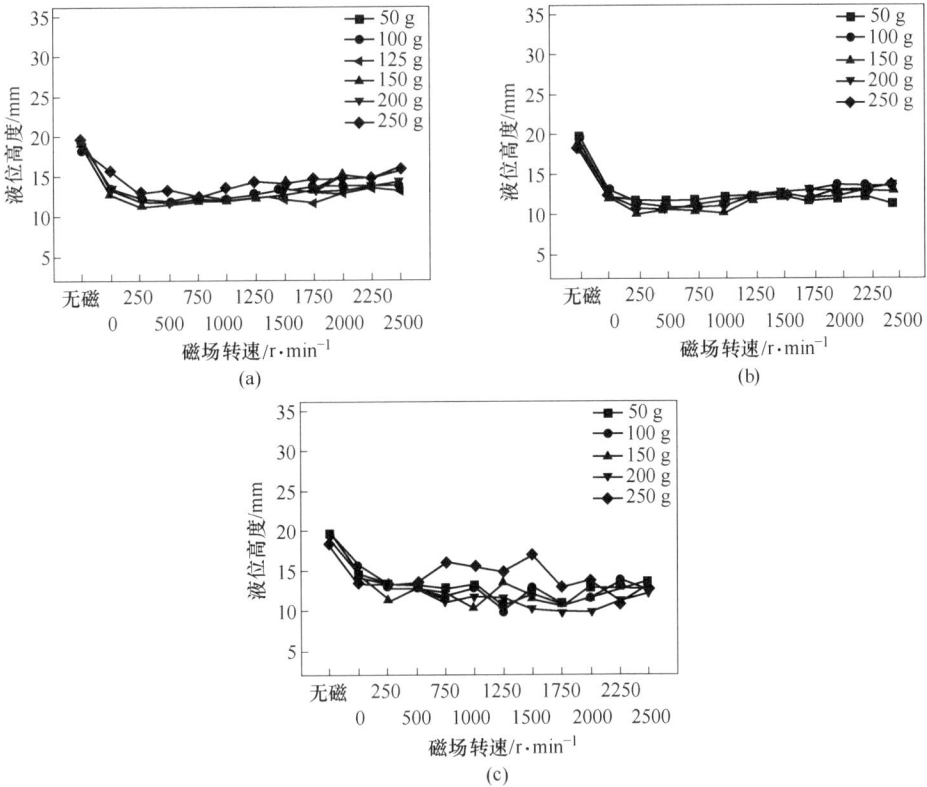

图 8-25 磁场与搅拌器同向时的液位高度

（a）N-S-1000 Gs；（b）N-S-1500 Gs；（c）N-S-2000 Gs

从图 8-25 中可以看出，所有试验条件下的液位均低于无磁时液位，说明同向旋转磁场对搅拌起阻碍作用。图 8-25（c）条件下的液位波动最大，且液位均低于静止磁场状态下的液位；在图 8-25（a）处，当 $v_{mag} > 2000$ r/min 时，同向磁场作用下的液位高于静止磁场时的液位。

图 8-26（a）旋转磁场与矿浆旋转相同时的矿浆液面形态，呈现出的是悬浮液剪切所形成的湍流形态，也可以从一个侧面说明同向旋转磁场对重介质悬浮液的减速作用。此状态下可以观察到部分磁铁矿粉被卷离磁场，且磁铁矿粉颗粒发

生团聚, 使悬浮液内颗粒粒度变大, 如图 8-26 (b) 所示。

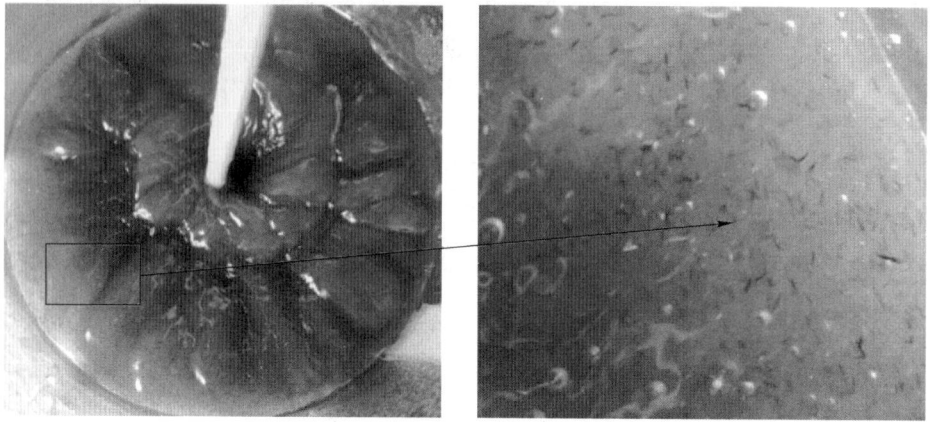

(a)　　　　　　　　　　　　　　　　　(b)

图 8-26　磁场与搅拌器同向时的矿浆液面形态

(a) 悬浮液液面状态; (b) 磁团聚现象

磁场旋转与搅拌方向相反情况下, 不同磁感应强度的旋转磁场对不同浓度磁铁矿粉悬浮液加速后的液位高度如图 8-27 所示。

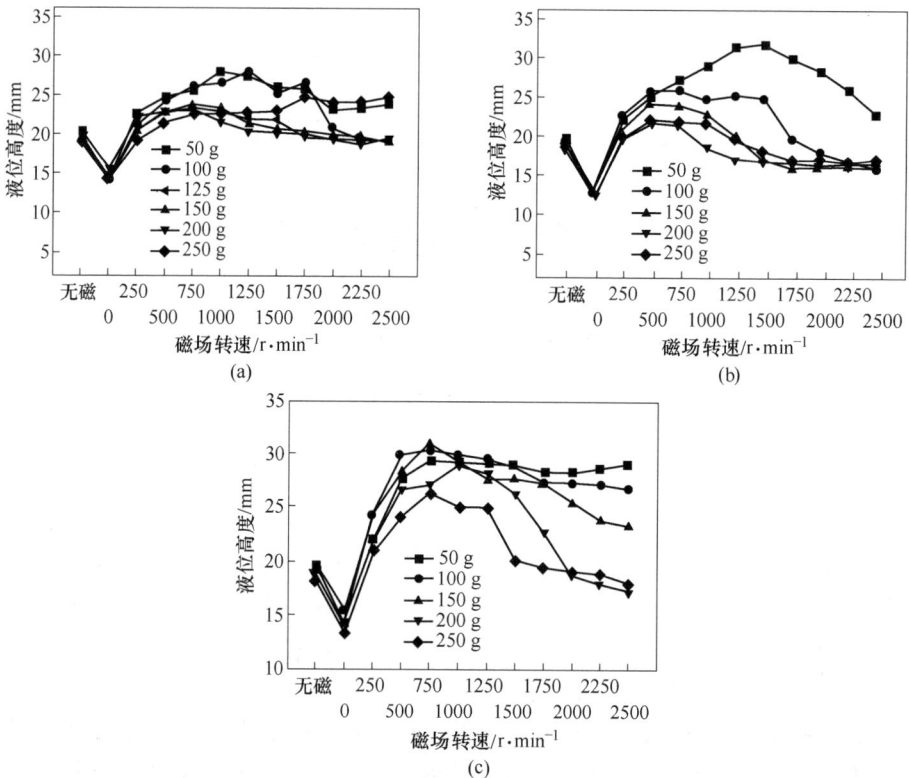

图 8-27　磁场与搅拌器反向时的液位高度

(a) N-S-1000 Gs; (b) N-S-1500 Gs; (c) N-S-2000 Gs

　　图 8-27 是搅拌方向与磁场转向相反时，不同磁感应强度的旋转磁场对不同浓度铁矿粉悬浮液的加速情况。从图 8-27 中可以看到，在加入静态磁场后，液位发生明显下降，且悬浮液浓度越高，液位下降越明显，说明静态磁场对悬浮液的旋转阻碍作用极大。当磁场旋转后，液位上升，且大于无磁时的液位，液位变化规律与图 8-24 基本一致。图 8-28 所示为旋转磁场与矿浆旋转相反时的矿浆液面形态。

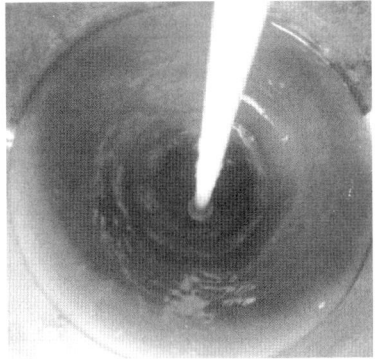

图 8-28　磁场与搅拌器
反向时的液面形态

　　图 8-28 的矿浆液面形态，呈现出的是一种典型的矿浆旋转形态，与图 8-26 有明显区别，也可以从侧面说明反向旋转磁场对重介质悬浮液的加速作用。

8.1.3.4　悬浮液在旋转磁场下的运动状态

　　由于磁铁矿粉较为浑浊且杂质较多，容易产生大量泡沫，不利于试验观察，所以本试验对某选煤厂重介质粉进行多次清洗，加入 200 mL 清水，使清水刚刚没过磁铁矿粉，并采用侧面拍摄的方式进行观察。图 8-29 所示为 150 g 磁铁矿粉在 200 mL 水中不同磁场转速下磁铁矿粉的运动状态。

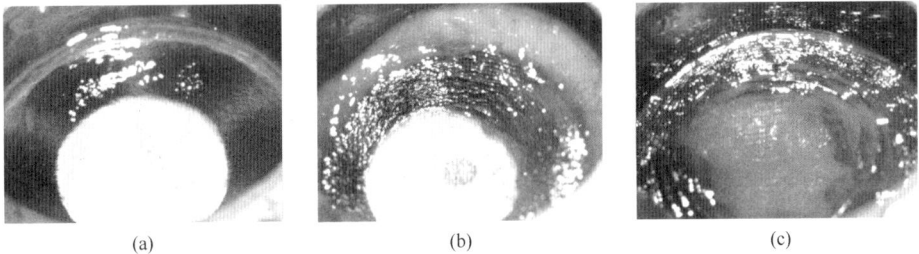

(a)　　　　　　　　　(b)　　　　　　　　　(c)

图 8-29　磁铁矿粉悬浮液在不同磁场转速下的运动形态
(a) 250 r/min；(b) 2000 r/min；(c) 2500 r/min

　　相对于磁铁矿干、湿粉，在水中磁铁矿粉的吞噬分层扰动的现象更加明显。表 8-3 为不同磁场条件下，磁铁矿粉出现吞噬分层扰动和全分层的磁场转速。

表 8-3　不同磁场条件下，磁铁矿粉出现分层吞噬扰动和全分层的磁场转速

磁感应强度/Gs	质量/g	磁场转速/r·min⁻¹	
		吞噬分层扰动	全分层
1000	50	1000	无
	150	400	1250
	250	无	700

磁感应强度/Gs	质量/g	磁场转速/r · min⁻¹	
		吞噬分层扰动	全分层
1500	50	1500	无
	150	1000	2000
	250	无	750
2000	50	2 000	无
	150	1500	2250
	250	1250	1500

8.2　垂直旋转磁场对磁性颗粒运动的影响

本节主要研究了垂直旋转磁场对磁性颗粒运动的影响，同样采用钢珠和细棒模拟磁铁矿粉。与前面的试验相比，这部分试验现象相对单一，大部分重复了之前的试验规律和现象，故本节只重点描述不同之处。

低、中、高强度 N-S 排列的垂直旋转磁场在承载容器壁面上的磁场分布如图 8-30 所示，其中 N 极数值为正、S 极数值为负。

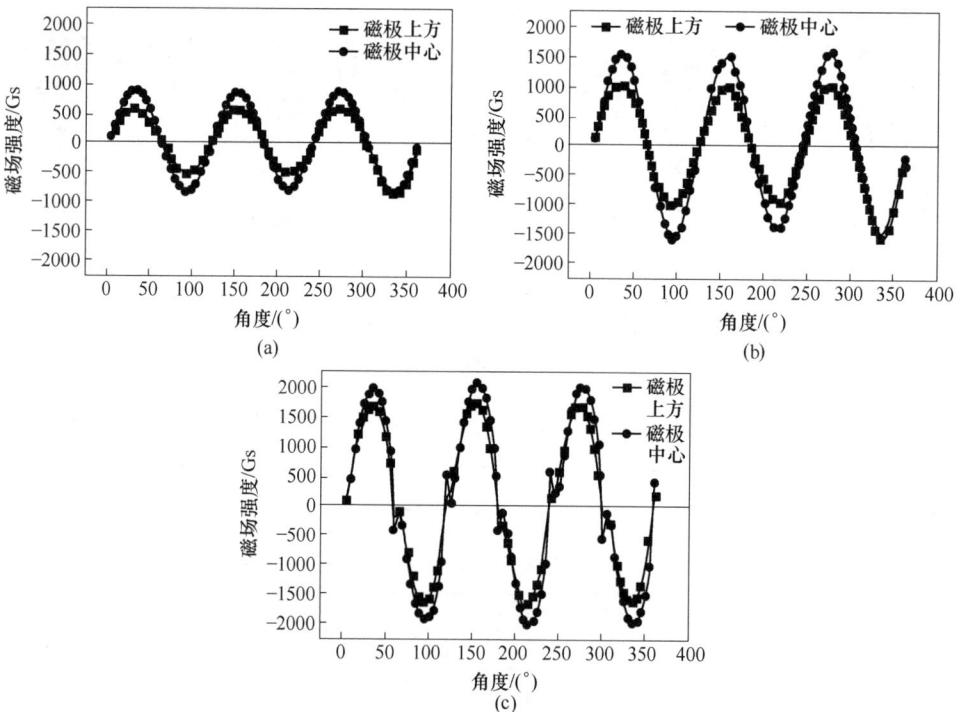

图 8-30　磁场强度在容器上的分布

（a）低强度旋转磁场；（b）中强度旋转磁场；（c）高强度旋转磁场

8.2.1 对单颗粒钢珠运动形态的影响

图 8-31 所示为不同直径钢珠在不同磁感应强度下的转速。

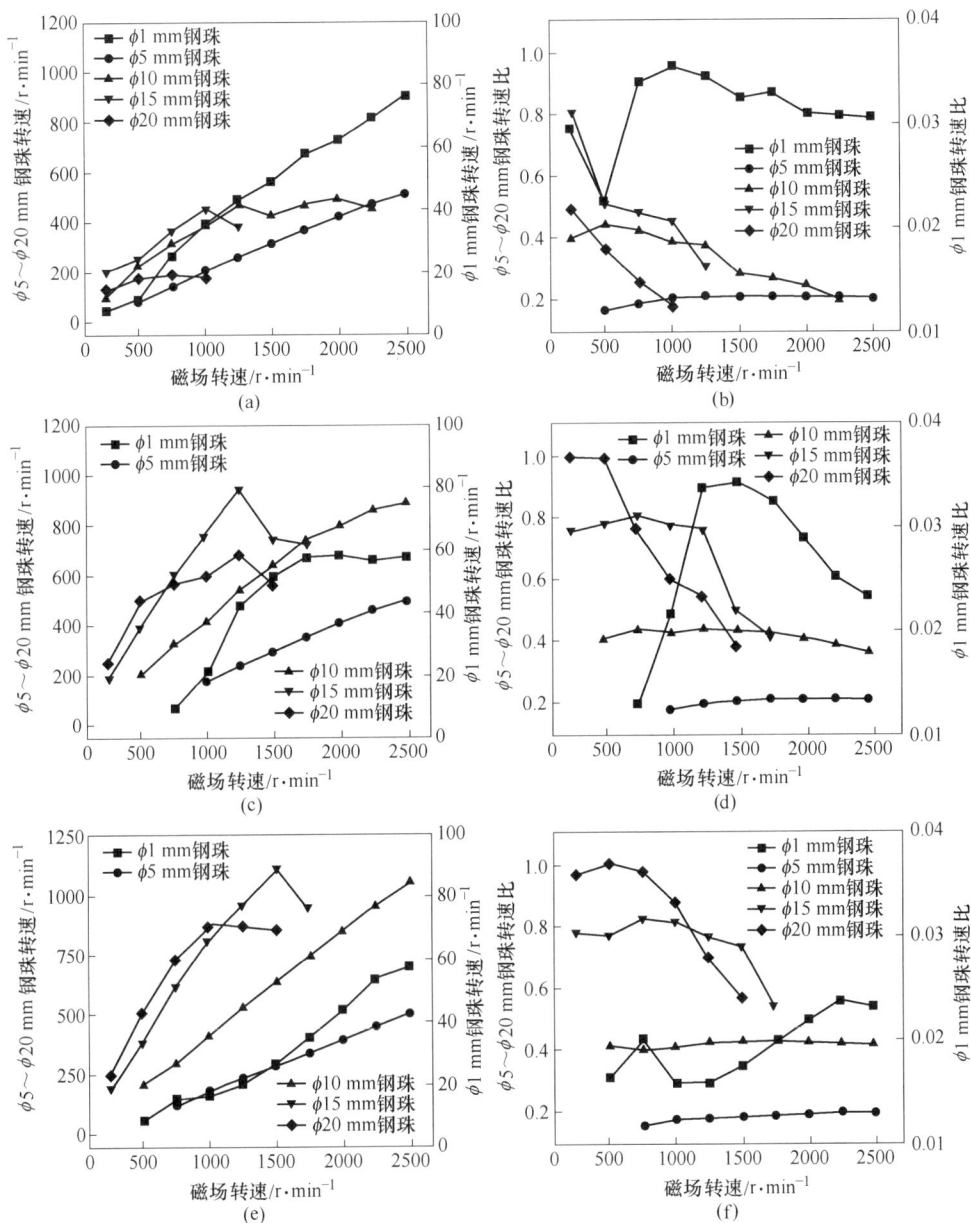

图 8-31 不同直径钢珠在旋转磁场下的转速与转速比
（a）（b）N-S-1000 Gs；（c）（d）N-S-1500 Gs；（e）（f）N-S-2000 Gs

图 8-31 中所有钢珠的转向均为逆时针方向，即钢珠转向与磁场转向相反。这种反向旋转的临界转速与图 8-8 的来源一致，都是将钢珠直接放在稳定转速的旋转磁场中，再降低磁场转速得到的。除 $\phi1$ mm 钢珠外，随着钢珠直径的增大，临界转速越容易出现，但这种情况下的临界转速波动范围在 ±50 r/min（甚至更大），所以本部分试验未对具体的临界转速进行捕捉。图 8-32 所示为 $\phi20$ mm 钢珠在高强度旋转磁场作用下 $v_{mag} = 500$ r/min 时的运动状态。

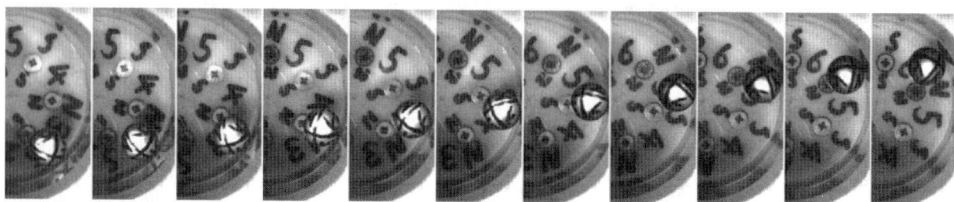

图 8-32　$\phi20$ mm 钢珠旋转磁场中的运动状态

在本部分试验中，钢珠的运动状态同样分为三类。

（1）$\phi15$ mm、$\phi20$ mm 钢珠。从图 8-31 中可以看出，这类钢珠在某一点后转速开始下降。这是由于钢珠脱落磁极至承载容器底部，所受磁场力减小，转速降低。由于其质量和脱落后的转速较大，根据前面试验的经验，随着磁场转速的提高，钢珠转速依然会提升，而其产生的离心力有可能使设备损坏，故只捕捉了其脱落在容器底部后试验点的转速。

图 8-33 所示为钢珠在磁场中的受力，只考虑钢珠在垂直方向上的受力。钢珠主要受到向下的重力和向上的摩擦力，由于试验位置未变，重力只与钢珠的质量有关，是一个固定值。摩擦力与物体的摩擦系数及压力有关，它是变量。

在静止状态下［见图 8-33（a）］，压力主要来源于磁极对钢珠的径向吸力，由此产生的摩擦力等于钢珠的重力，使钢珠吸附在容器壁上。当磁场旋转后，钢

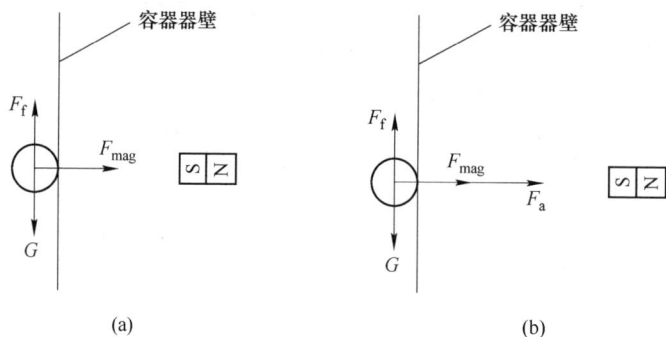

图 8-33　钢珠在磁场中的受力图
（a）静止磁场；（b）旋转磁场

珠受到旋转磁场的转矩作用产生旋转，进而产生与磁力方向相同的离心力，且随着转速的提高，离心力不断变大。钢珠脱落则说明产生压力的磁吸力和离心力的合力减小，但离心力不断变大，说明磁场对钢珠的吸力减小。

（2）$\phi5$ mm、$\phi10$ mm 钢珠。从图 8-31 中可以看到钢珠的转速近似于一条直线，而在低强度旋转磁场条件下，钢珠转速下降，这是由于钢珠产生上下（轴向）摆动，这一现象与图 8-3 类似。

（3）$\phi1$ mm 钢珠。钢珠在低转速下往复运动，整体转速小于 1 r/min，在某一转速后开始做逆时针转动，该运动规律与平面时的状态基本一致。

增加钢珠数量，钢珠在磁场作用下形成磁链。图 8-34 所示为 5 个 $\phi1$ mm 钢珠组成的磁链在旋转磁场下的翻转过程，可以看到磁链在下一磁极来临时，向其滑向一小段距离，在磁极离开时被吸回一小段距离。

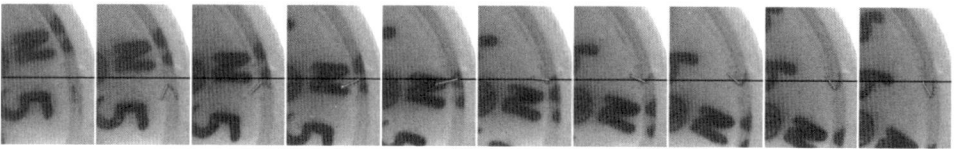

图 8-34 钢珠磁链的翻转过程

图 8-35 所示为 50 g 的 $\phi1$ mm 钢珠在高强度旋转磁场，$v_{mag}=250$ r/min 时的分层聚集。加水后，钢珠悬浮液无任何变化。

8.2.2 对磁铁矿粉运动形态的影响

由于在这部分试验中，磁铁矿粉悬浮液的密度为 1.3 g/cm³，体积为 800 mL，其中磁铁矿粉质量为 292 g，故采用质量为 50 g、150 g、292 g 的磁铁矿粉为研究对象。

整体运动规律与平面磁场时相似，图 8-36 所示为质量 292 g 磁铁矿粉在不同磁

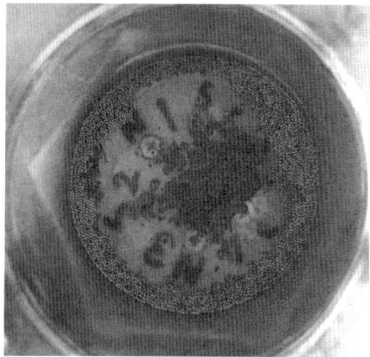

图 8-35 $\phi1$ mm 钢珠的分层聚集现象

场转速下的运动规律，可看到在 $v_{mag}=500$ r/min 时就已经出现磁铁矿粉跳跃至下一磁极的现象，并且在 $v_{mag}=1500$ r/min 时出现全分层现象。从图 8-36（c）中可以观察到，随着磁场转速的提高，磁场对磁铁矿粉的吸附能力减弱，导致容器底部被磁铁矿粉覆盖，也从另一个侧面反映，随着磁场转速的提高，磁场对磁性物颗粒的径向吸力减弱。

由于这部分试验的承载容器直径较小，相机拍摄时整体的进光量较小，因此图片亮度相对较低。相比于平面旋转磁场，该磁极之间的距离很近，磁场梯度相

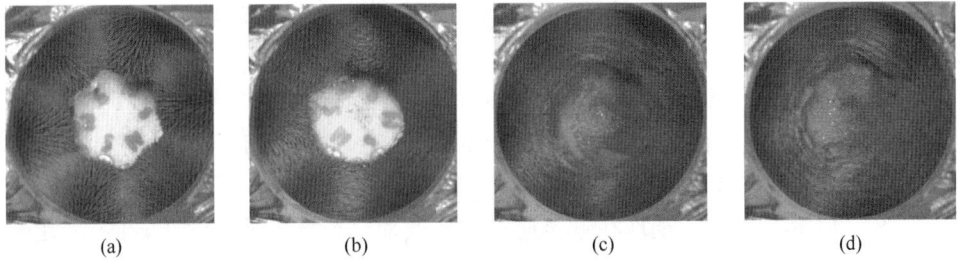

图 8-36　50 g 磁铁矿粉在不同磁场转速下的运动规律

（a）0 r/min；（b）500 r/min；（c）1500 r/min；（d）2000 r/min

对较低，导致磁链在翻转时的角度变小，衰减了其对悬浮液加速效果。

　　在这部分试验中，同样出现了分层聚集现象，基本规律与平面相似。主要有以下不同点。

　　（1）未出现吞噬分层扰动现象，但在加水之后的悬浮液中出现，同样是磁感应强度越低越容易出现。

　　（2）最先出现分层（亚分层）的位置发生变化。图 8-37 是 292 g 磁铁矿粉在高强度旋转磁场下 $v_{mag}=1250$ r/min 时的运动状态，可以观察到分层最先出现在磁粉环的上边缘位置；对比图 8-17（a），分层出现在磁环中心处。根据之前的模型和观察，在磁环中心处的磁感应强度最高、边缘处最低，但是在中心处的磁铁矿粉数量也明显多于边缘位置，所以分层现象出现时的磁场转速需要从磁铁矿粉数量和磁场强度两个角度考虑。

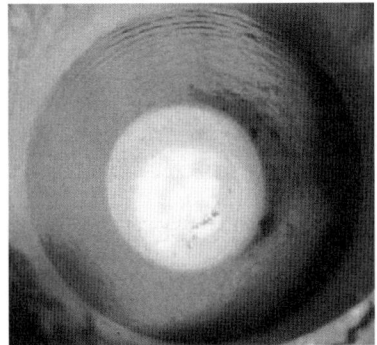

图 8-37　292 g 磁铁矿粉在旋转磁场下的运动状态

　　（3）由于磁场和磁铁矿粉位置的不同，低强度旋转磁场并不能完全吸附 292 g 磁铁矿粉，磁铁矿粉脱落至承载容器底部。

8.3　旋转磁场作用于旋流器顶盖对分选效果的影响

　　本节的主要内容是，探究将同轴旋转磁场放置于旋流器筒体上部即顶盖位置处，对旋流器重介质分配规律及分选效果的影响。研究内容包括两方面：一方面是磁场因素对介质分配规律及分选效果的影响，磁场因素包括磁极布置方式、磁场强度大小、磁场旋转速度；另一方面是操作参数对介质分配规律及分选效果的影响。

8.3.1 磁极布置方式对分选效果的影响

8.3.1.1 对重介质分配规律的影响

本试验中，重介质悬浮液密度为 1.3 g/cm³，试验条件为磁极数量 5 片，入料泵频率为 40 Hz，旋转电机变频数值 0 Hz、15 Hz、30 Hz、45 Hz，磁极的布置方式为 N-S 交替布置方式和全 N 布置方式。测定同轴旋转磁场的不同磁极布置方式对旋流器重介质分配规律的影响，如图 8-38 所示。

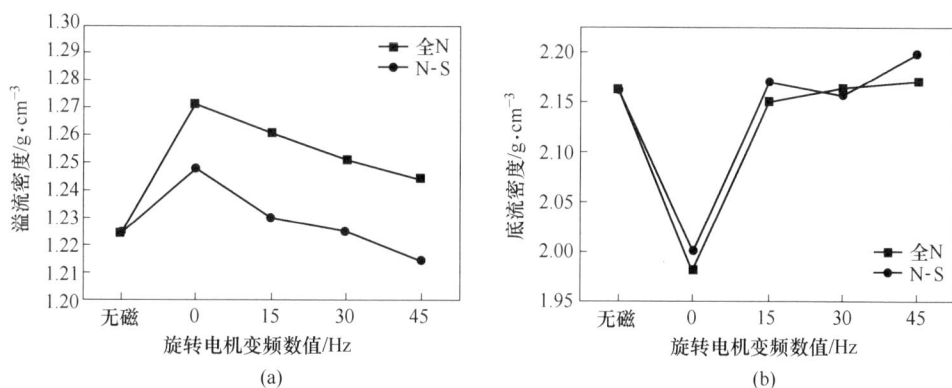

图 8-38 磁极布置方式对介质密度的影响

(a) 溢流密度；(b) 底流密度

从图 8-38 中可以看出，两种磁极布置方式下，底流/溢流密度总体上的变化趋势基本一致，无磁场时溢流密度增加、底流密度降低，随着同轴旋转磁场旋转电机变频数值的增加，溢流密度开始下降、底流密度开始升高。全 N 布置方式下溢流密度增幅小于 N-S 布置方式，最终的溢流密度与无磁时相比，全 N 布置方式溢流密度大于无磁时溢流密度，N-S 布置方式溢流密度小于无磁时溢流密度，两种布置方式底流密度变化趋势基本相同。当同轴旋转磁场位于旋流器顶部时，不同磁极布置方式在底流密度变化趋势基本接近，溢流密度变化趋势相差较大。说明不同磁极布置方式，不仅对磁铁矿粉产生影响，也极有可能对流量的分配产生了影响。

8.3.1.2 对粗煤泥分选效果的影响

试验变量为无磁、磁极 N-S 布置、全 N 布置，旋转电机变频数值 40 Hz，入料泵频率 40 Hz，单个磁极由 5 片磁铁构成。磁极布置方式对产品灰分的影响如图 8-39 所示。

从精煤灰分来看，全 N 布置方式时，+0.5 mm 粒级精煤灰分与无磁场时精煤灰分相比较低，降低了精煤灰分，-0.5+0.25 mm 粒级以及-0.25+0.125 mm 粒级精煤灰分比无磁场时精煤灰分相比较高，所有粒级尾煤灰分大幅度下降。

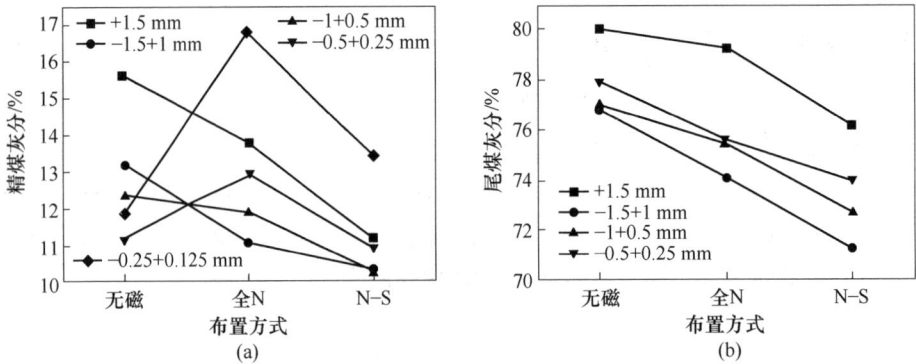

图 8-39 磁极布置方式对产品灰分的影响

(a) 精煤灰分；(b) 尾煤灰分

N-S 布置方式对 +0.25 mm 粒级均能降低各粒级精煤灰分，-0.25+0.125 mm 粒级精煤灰分比无磁时精煤灰分高，各粒级尾煤灰分有所下降。

综上所述，当同轴旋转磁场位于旋流器顶部时，N-S 布置方式对尾煤灰分影响较小的同时会大幅度降低精煤灰分，对旋流器内粗煤泥的分选起到了增益的效果。但是，全 N 布置方式会在大幅度降低尾煤灰分的同时对精煤灰分的降低作用较弱，使一部分的精煤进入尾煤中，破坏了旋流器的分选。所以，N-S 布置方式更适宜在试验中得到运用。

8.3.2 磁极数量对分选效果的影响

8.3.2.1 对重介质分配规律的影响

本试验中，重介质悬浮液密度为 1.3 g/cm³，磁极布置方式为 N-S 交替布置，入料泵频率为 40 Hz，旋转电机变频数值为 0 Hz、15 Hz、30 Hz、45 Hz，构成磁极的磁铁数量为 3 片、5 片、7 片。测定同轴旋转磁场的不同磁场强度对旋流器重介质分配规律的影响，如图 8-40 所示。

从图 8-40 中可以看出，不同磁铁数量所对应的底流/溢流密度变化趋势基本相同，溢流密度呈现先增高后降低的趋势、底流密度先降低后增加；变化幅度随着磁铁数量的不同存在差异，3 片磁铁时对应的磁场强度下溢流密度变化幅度最大、7 片次之、5 片的变化幅度最低。3 片时所形成的磁场强度，底流密度的降低幅度最小，5 片与 7 片底流密度的降幅基本相同。从底流/溢流密度的变化趋势来看，磁场强度随着磁铁数量的增加而增大，对旋流器内的重介质分配规律产生影响，导致进入到底流与溢流中重介质的量有所变化，会导致分选密度降低的幅度存在差异，进而影响粗煤泥的分选。

8.3.2.2 对粗煤泥分选效果的影响

试验变量为构成磁极的磁铁数量 3 片、5 片、7 片，入料泵频率为 40 Hz，固

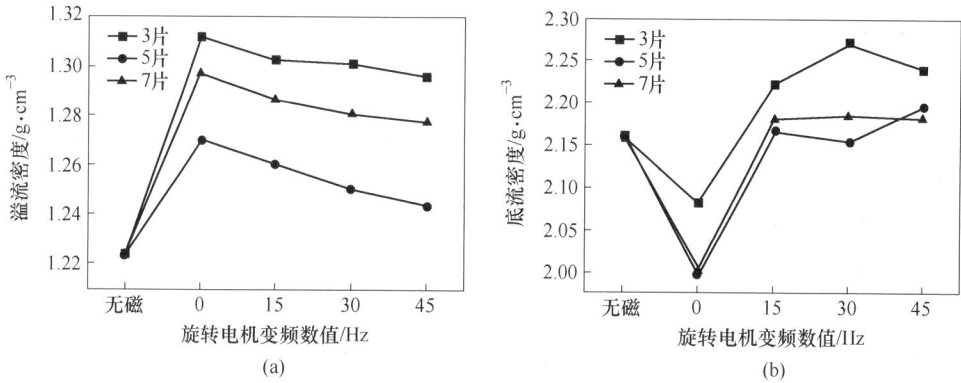

图 8-40　磁场强度对产品密度的影响
（a）溢流密度；（b）底流密度

定旋转电机变频数值为 40 Hz，磁极布置方式为 N-S 布置。不同磁铁数量对产品灰分的影响如图 8-41 所示。

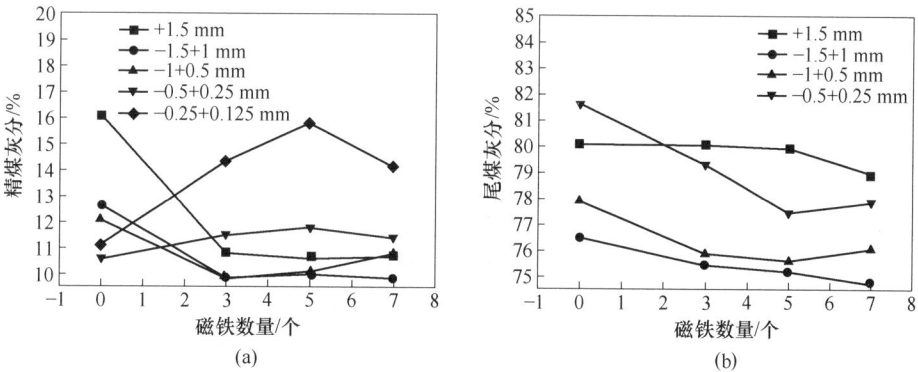

图 8-41　磁铁数量对产品灰分的影响
（a）精煤灰分；（b）尾煤灰分

从图 8-41 中可以看出，+1.5 mm 粒级，−1.5+1 mm 粒级以及−1+0.5 mm 粒级，加装磁场后精煤灰分总体上呈现降低的趋势，+1.5 mm 粒级在 5 片时精煤灰分最低，−1.5+1 mm 粒级在 7 片时精煤灰分最低，−1+0.5 mm 在 3 片时精煤灰分最低。−0.5+0.25 mm 粒级与−0.25+0.125 mm 粒级灰分呈现增高的趋势。从尾煤灰分来看，总体上尾煤灰分呈现下降的趋势，−0.5+0.25 mm 粒级与−1+0.5 mm 粒级在 5 片时获得最低的尾煤灰分。−1.5+1 mm 与+1.5 mm 粒级在 7 片时获得最低尾煤灰分。

综上所述，过大的磁场强度对于旋流器的分选产生负面影响，故在后续试验中采用 3 片、5 片磁铁即可。

8.3.3　旋转电机变频数值对分选效果的影响

8.3.3.1　对重介质分配规律的影响

本试验中，每个磁极由 5 片永磁铁构成，磁极布置方式为 N-S 交替布置，入料泵频率分别为 35 Hz、40 Hz、43 Hz，旋转电机变频数值为 0 Hz、15 Hz、30 Hz、45 Hz。旋转电机变频数值对产品密度的影响如图 8-42 所示。

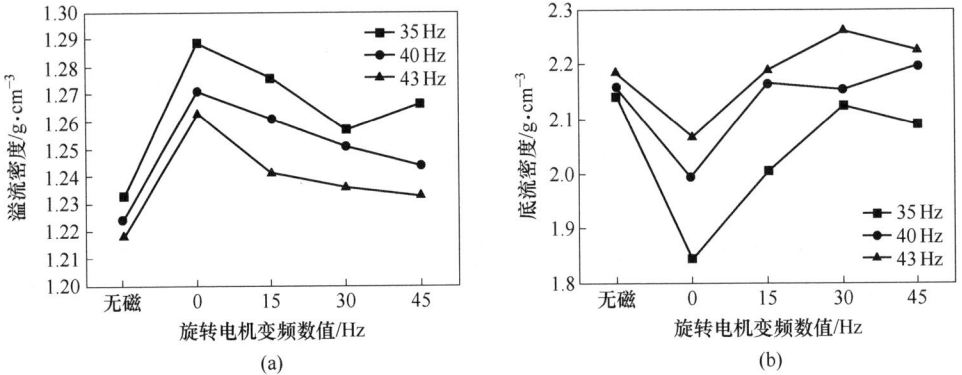

图 8-42　旋转电机变频数值对产品密度的影响

（a）溢流密度；（b）底流密度

总体上变化趋势为，静磁场时溢流密度大幅度升高，底流密度降低。随着旋转电机变频数值的增加，溢流密度开始随之下降、底流密度升高。低压力下溢流/底流密度变化幅度最大，随着入料压力的增加，底流/溢流密度的变化幅度随之变小。以上介质规律分配试验表明，静磁场的存在破坏了旋流器内重介质的分配规律，使得大量重介质进入到溢流中。随着旋转电机变频数值的增加，离心力场与旋转磁场形成的复合力场开始对旋流器内的重介质开始进行分选。由于旋转磁场的存在，对介质的分配规律不再与无磁场时的相同。

8.3.3.2　对粗煤泥分选效果的影响

试验条件变量为旋转电机变频数值 0 Hz、15 Hz、30 Hz、45 Hz，磁极布置方式为 N-S 布置，每个磁极由 5 片磁铁构成，入料泵频率为 40 Hz。不同旋转电机变频数值下产品灰分如图 8-43 所示。

图 8-43 中，+1.5 mm 粒级尾煤灰分，无磁时为 80.00%、静磁场时为 76.91%，随着旋转电机变频数值的增加，整体呈现上升的趋势。15 Hz 时尾煤灰分为 79.73% 与无磁时尾煤灰分相差不大，30 Hz 时灰分略有下降为 78.65%，最终的尾煤灰分为 80.32%，较无磁场状态时尾煤灰分高。各粒级灰分随着旋转电机变频数值增加的变化，+1.5 mm 粒级以及 -1.5+1 mm 粒级精煤灰分总体上呈现下降的趋势，其余粒级精煤灰分呈现先增加后降低的趋势。高速旋转时

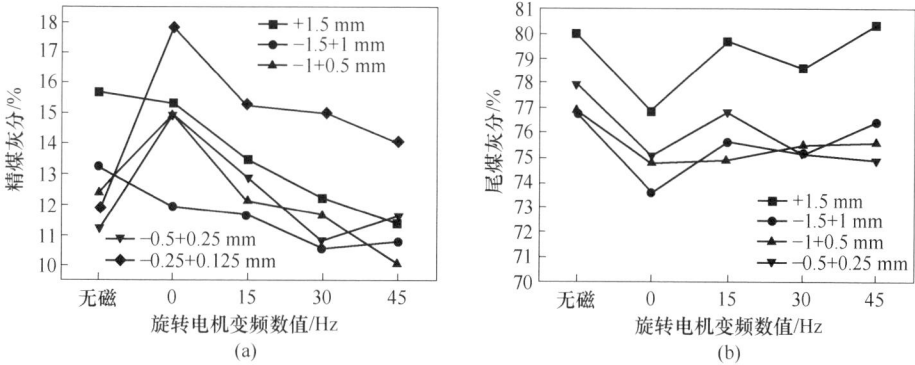

图 8-43　旋转电机变频数值对产品灰分的影响

(a) 精煤灰分；(b) 尾煤灰分

−0.25+0.125 mm粒级以及−0.5+0.25 mm 粒级最终精煤灰分高于无磁时的精煤灰分，其余粒级精煤灰分比无磁状态时低。各尾煤灰分除−0.5+0.25 mm 粒级外总体上呈现先降低后增加的趋势，−0.5+0.25 mm 粒级尾煤灰分随着呈现先降低后增加再降低的趋势，尾煤灰分随着各粒级变化幅度较大，较为波折。

综上所述，旋转磁场的存在，对旋流器中粗细颗粒的分选作用效果不同，降低了粗粒级的精煤灰分，增加了细粒级的精煤灰分，各粒级尾煤灰分略有下降。

8.4　旋转磁场作用于旋流器筒体对分选效果的影响

本节的主要内容是探究将同轴旋转磁场放置于旋流器筒体位置处对旋流器重介质分配规律及分选效果的影响。研究内容包括两方面：一方面是磁场因素对介质分配规律以及分选效果的影响，磁场因素包括磁极布置方式、磁场强度大小、磁场旋转速度；另一方面是操作参数对介质分配规律以及分选效果的影响，操作参数为入料泵频率。以下针对这些影响因素进行单因素试验。

8.4.1　磁极布置方式对分选效果的影响

8.4.1.1　对重介质分配规律的影响

磁极数量为 5 片，入料泵频率为 40 Hz。旋转电机变频数值为 0 Hz、15 Hz、30 Hz、45 Hz，磁极的布置方式为 N-S 交替布置、全 N 布置方式及对角布置方式。测定同轴旋转磁场不同磁极布置方式对旋流器重介质分配规律的影响，如图 8-44 所示。

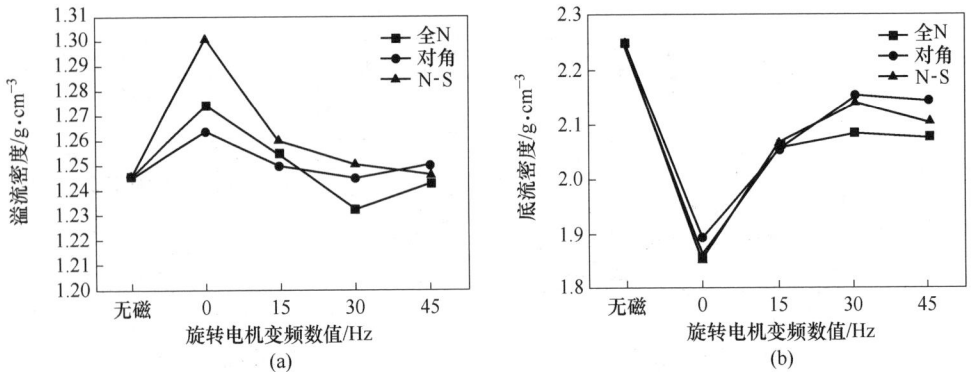

图 8-44　旋转电机变频数值对产品密度的影响
（a）溢流密度；（b）底流密度

　　相较于不同磁极布置方式下的底流密度变化趋势，溢流密度的变化趋势差异较为明显。总体上的变化趋势基本相同，加装磁场后溢流密度升高、底流密度降低。随着旋转电机变频数值的增加，溢流密度降低、底流密度升高。不同磁极布置方式下，溢流密度增加的幅度不同，增幅最大的是 N-S 布置方式，最小的是对角布置方式，全 N 布置方式居中。不同磁极布置方式下的底流密度总体变化趋势基本相同，旋转电机变频数值达到 15 Hz 之后底流密度的变化趋势开始出现差异。

　　不同磁极布置方式下，底流密度变化趋势基本相同，溢流密度变化趋势区别较大，极有可能是磁极布置方式对磁性颗粒产生的差异导致流量的变化，从而影响了介质的分配规律。

8.4.1.2　对粗煤泥分选效果的影响

　　在保持磁场旋转电机变频数值的同时，改变磁极的布置方式，进而得到不同磁场强度下的精煤/尾煤产品灰分，如图 8-45 所示。试验变量为磁极布置方式，N-S 布置、全 N 布置、对角布置。旋转电机变频数值 40 Hz，每个磁极由 5 片磁铁构成，入料泵频率为 40 Hz。

　　从精煤灰分来看，+1.5 mm 粒级与 −1.5+1 mm 粒级精煤灰分在对角布置方式时对应的精煤灰分最低，−1+0.5 mm 粒级与 −0.5+0.25 mm 粒级精煤灰分的最低点为 N-S 布置方式，−0.25+0.125 mm 粒级精煤灰分在旋转磁场中虽然呈现增加的趋势，但是 N-S 布置方式下精煤灰分增加得最少。这说明对角布置方式对 +1 mm 粒级作用效果较好，N-S 布置方式对 −1 mm 粒级更有优势。从尾煤灰分来看，加装磁场后会降低尾煤灰分，但是降低幅度不同；N-S 布置方式下，尾煤灰分降低幅度较低。

　　磁场的存在降低了分选密度，精煤/尾煤灰分同时出现降低。但是，磁极布

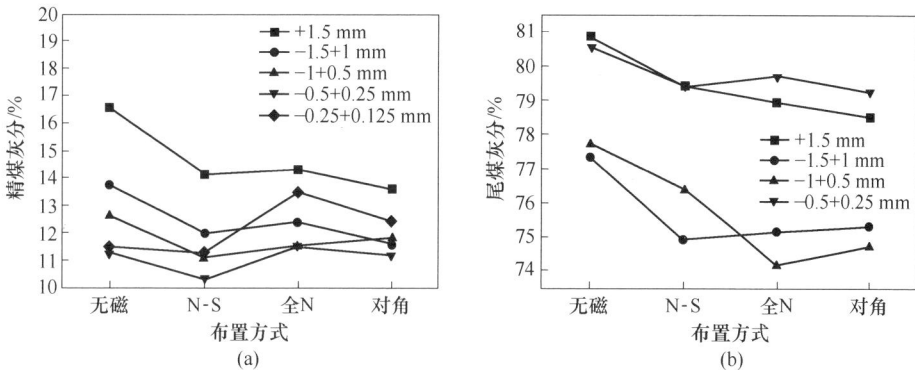

图 8-45　磁极布置方式对产品灰分的影响

（a）精煤灰分；（b）尾煤灰分

置方式的不同导致各粒级进入到底流中的量存在差异，进而精煤/尾煤灰分降低的幅度不同。

8.4.2　磁极数量对分选效果的影响

8.4.2.1　对重介质分配规律的影响

本试验中，重介质悬浮液密度为 1.3 g/cm³，试验条件根据之前的试验结果定为：磁极布置方式为 N-S 交替布置，入料泵频率为 40 Hz，旋转电机变频数值为 0 Hz、15 Hz、30 Hz、45 Hz，构成磁极的磁铁数量为 3 片、5 片、7 片。测定同轴旋转磁场不同磁场强度对旋流器重介质分配规律的影响，如图 8-46 所示。

从图 8-46 中可以看出，3 片磁铁的溢流密度在静磁场时略有上升而后下降，最终溢流密度远小于无磁状态下的溢流密度。5 片与 7 片的溢流密度在静磁场时上升，而后随着旋转速度的增加，溢流密度下降，最终的溢流密度较无磁场时略大，两者变化趋势基本接近。从底流密度的变化趋势可以看出（见图 8-47），不同磁场强度对底流密度影响的变化趋势基本相同。静磁场时，底流密度大幅度降低，随着旋转电机变频数值的增加，底流密度提升。3 片磁铁底流密度变化幅度最小、5 片磁铁变化幅度最大、7 片磁铁的变化幅度居中，5 片磁铁和 7 片磁铁的变化幅度接近。

构成磁极的磁铁数量不同，形成的磁场强度也不相同，随着磁场强度的增加；旋流器内磁性颗粒受到的力也随之增加，静磁场时进入溢流中重介质的量也随之增加。

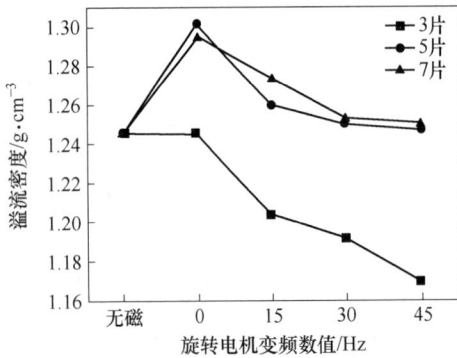

图 8-46　旋转电机变频数值
对溢流密度的影响

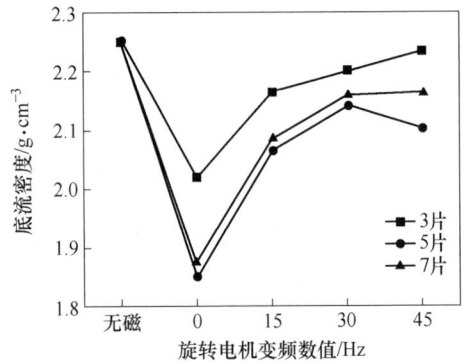

图 8-47　旋转电机变频数值
对底流密度的影响

8.4.2.2　对粗煤泥分选效果的影响

试验条件为入料泵频率 40 Hz，旋转电机变频数值为 40 Hz，磁铁数量为 3 片、5 片、7 片，磁极布置方式为 N-S。在保持磁场旋转的同时，改变构成磁极的磁铁数量，进而得到不同磁场强度下的精煤/尾煤灰分，如图 8-48 所示。

从精煤灰分来看，加装磁场后，精煤灰分总体上呈现下降的趋势，值得注意的是，除+1.5 mm 粒级以外的粒级，在 5 片磁铁处基本得到了最低的精煤灰分，7 片磁铁形成的磁场强度下精煤灰分反倒是有所上升。这说明适当的磁场强度对于粗煤泥的分选呈现增益效果，并不是磁场强度越大对于粗煤泥的分选效果越好。从尾煤灰分来看（见图 8-49），加装磁场后+0.5 mm 粒级基本呈现先降低后增加的趋势，最终尾煤灰分比未加装磁场时尾煤灰分高，呈现增益效果，降低了 −0.5+0.25 mm 粒级的尾煤灰分。

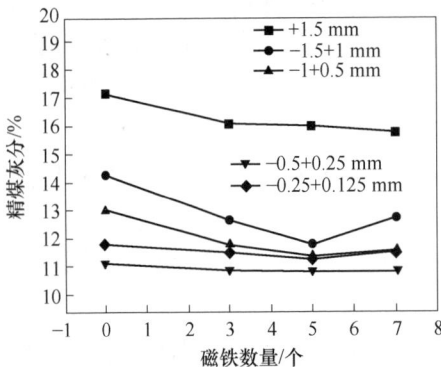

图 8-48　磁铁数量对精煤灰分的影响

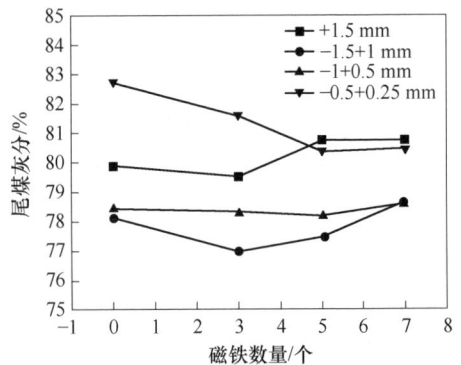

图 8-49　磁铁数量对尾煤灰分的影响

8.4.3　旋转电机变频数值对分选效果的影响

8.4.3.1　对重介质分配规律的影响

本试验中，每个磁极由 5 片永磁铁构成，磁极布置方式为 N-S 交替布置，旋转磁场位于旋流器筒体，入料泵频率分别为 35 Hz、40 Hz、43 Hz，旋转电机变频数值为 0 Hz、15 Hz、30 Hz、45 Hz。

从图 8-50 可以看出，当静磁场时，溢流密度会大幅度增加，底流密度大幅度降低。随着旋转电机变频数值的增加，溢流密度随之下降，底流密度首先大幅度增加，而后趋于稳定。最终的溢流密度大于无磁状态下的溢流密度，底流密度小于无磁状态下的底流密度。

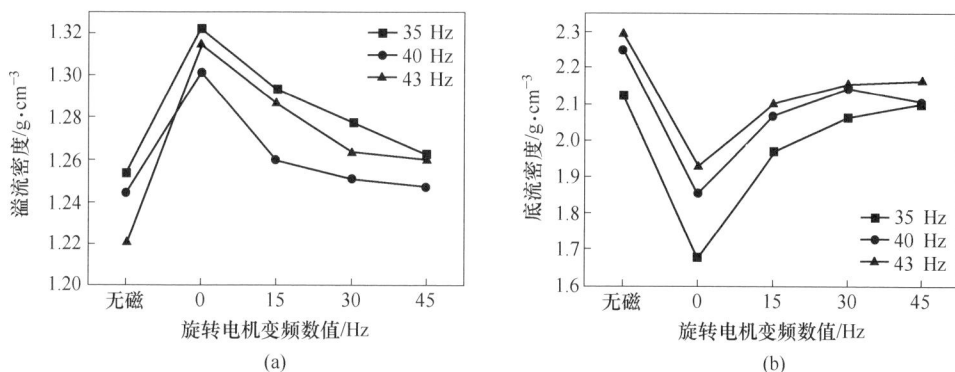

图 8-50　旋转电机变频数值对溢流密度和底流密度的影响
（a）溢流密度；（b）底流密度

由此可见，加装静态磁场，旋流器的底流密度会大幅度降低，溢流密度会大幅度升高。这说明静态磁场的存在极大地影响了旋流器内进入到底流与溢流中磁铁矿粉，进而影响了重介质分配规律。当磁场开始旋转时，底流密度升高，溢流密度降低，说明随着磁场旋转电机变频数值的增加，磁场与离心力场形成的复合力场对重介质的分配效果开始恢复，使得底流密度升高，溢流密度降低。通过介质分配试验可以看出，在粗煤泥分选过程中，分选密度也会随着旋转磁场发生变化，达到提高或者降低分选密度的效果，进而影响各粒级精煤/尾煤灰分。

8.4.3.2　对粗煤泥分选效果的影响

磁极布置方式为 N-S 布置，入料泵频率为 40 Hz，旋转电机变频数值为 0 Hz、15 Hz、30 Hz、45 Hz，单个磁极由 5 片磁铁构成。改变磁场的旋转速度，进而得到不同磁场旋转电机变频数值下的精煤灰分、尾煤灰分，如图 8-51 所示。

从图 8-51 中可以看出，静磁场时，介质分配规律的大幅度变化会使得+0.5 mm 粒级精煤进入到尾煤中，使得尾煤灰分大幅度降低的同时精煤灰分降低。 -0.5 mm 粒级一部分尾煤进入到精煤中使得精煤灰分升高。随着旋转电机变频数值的增加（见图 8-52），分选过程的恢复，尾煤灰分开始升高，精煤灰分开始下降，除-0.25+0.125 mm 粒级最终精煤灰分大于无磁状态时的精煤灰分，其余各粒级精煤灰分较无磁状态下低。这说明静磁场的存在，破坏了旋流器的分选过程。

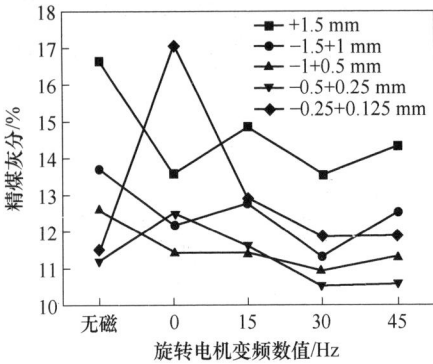

图 8-51　旋转电机变频数值
对精煤灰分的影响

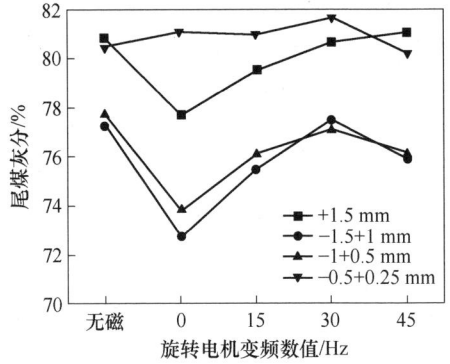

图 8-52　旋转电机变频数值
对尾煤灰分的影响

参 考 文 献

[1] 汪家铭. 国务院发布《大气污染防治行动计划》[J]. 四川化工, 2013, 16 (6): 58.

[2] 尹明. "十三五" 时期我国能源发展若干问题的思考 [J]. 中国能源, 2014, 36 (9): 9-12.

[3] 刘峰. "十五" 期间重介质旋流器选煤技术的研究与发展 [J]. 选煤技术, 2008, 36 (4): 6-11.

[4] 赵树彦, 李叶强. 三产品重介质旋流器二段分选密度的在线调节 [J]. 选煤技术, 1998 (2): 3-6.

[5] 陈仲明. 重介质涡流分选机及其选别流程 [J]. 化工矿山技术, 1988 (3): 16-17.

[6] 赵树彦, 李叶强. 三产品重介质旋流器二段分选密度的在线调节 [J]. 选煤技术, 1998, 4 (2): 3-6.

[7] 赵树彦, 徐学武, 冉晓宁. 用于选煤的三产品重介质旋流器: 03261950.2 [P]. 2004-05-19.

[8] 张雅珊. 重介质旋流器结构参数调整与分选效果的研究 [J]. 选煤技术, 2003 (1): 14-16.

[9] 赵树彦, 李辉. NWSX-710/500 新型三产品重介质旋流器 [J]. 选煤技术, 1993 (4): 3-12.

[10] 赵静, 李世厚, 赵礼兵. 旋流器沉砂口直径自动调节的研究 [J]. 矿业快报, 2005 (11): 14-16.

[11] 胡娟, 王振种, 杜振宝. 浅析选煤重介质旋流器存在问题及解决措施 [J]. 煤炭工程, 2010 (8): 95-97.

[12] 张力强. 大型高效两产品重介质旋流器的研究与应用 [J]. 选矿机械, 2016, 37 (8): 65-68.

[13] WANG B, CHU K W, YU A B, et al. Numerical studies of the effects of medium properties in dense medium cyclone operations [J]. Minerals Engineering, 2009, 22 (11): 931-943.

[14] CHU K W, KUANG S B, YU A B, et al. Particle scale modelling of the multiphase flow in a dense medium cyclone: Effect of fluctuation of solids flowrate [J]. Minerals Engineering, 2012, 33: 34-45.

[15] CHU K W, CHEN J, WANG B, et al. Understand solids loading effects in a dense medium cyclone: Effect of particle size by a CFD-DEM method [J]. Powder Technology, 2017, 320: 594-609.

[16] O'BRIEN M, FIRTH B, MCNALLY C. Effect of medium composition on dense medium cyclone operation [J]. International Journal of Coal Preparation and Utilization, 2014, 34 (3/4): 121-132.

[17] 王瑞, 齐正义, 宋俊超, 等. 悬浮液粘度对旋流器分选下限影响的研究 [J]. 选煤技术, 2017 (2): 25-28.

[18] 杜焕铜, 师文虎. 影响重介质旋流器分选效果的因素分析 [J]. 选煤技术, 2012 (6):

42-44, 48.

[19] 曹辉. 中煤有压再选三段重介质旋流器结构参数优化研究 [D]. 北京：煤炭科学研究总院，2018.

[20] 曹辉，刘烁. 新型重介质旋流器结构参数优化研究 [J]. 煤炭加工与综合利用，2020 (9)：1-5，90.

[21] 卫中宽. 大型三产品重介质旋流器的再创新及其新工艺的研究 [J]. 煤炭工程，2009，10 (5)：103-105.

[22] FREEMAN R J, ROWSON N A, VEASEY T J, et al. The development of a magnetic hydrocyclone for processing finely-ground magnetite [J]. Magnetics, IEEE Transactions on, 1994, 30 (6): 4665-4667.

[23] 汤玉和，刘敏娉，尤罗夫 П П. 新型磁力水力旋流器及其复合力场的研究 [J]. 广东有色金属学报，1998，11 (2)：79-85.

[24] PREMARATNE W, ROWSON N A. Development of a magnetic hydrocyclone separation for the recovery of titanium from beach sands [J]. Physical Separation in Science and Engineering, 2003, 12 (4): 215-222.

[25] FRICKER A G. Magnetic hydrocyclone separator [J]. Transactions of the Institution of Mining and Metallurgy Section C-mineral Processing and Extractive Metallurgy, 1985, 94 (SEP): C158-C163.

[26] 郭娜娜，李茂林，崔瑞，等. 溢流型磁力旋流器径向磁场分析 [J]. 矿冶工程，2013，33 (5)：59-62.

[27] 金乔，李茂林，郭娜娜，等. 溢流型磁力旋流器的分级试验 [J]. 矿冶工程，2014，34 (21)：41-43.

[28] WATSON J L, AMOAKO-GYAMPHI K. Cycloning in magnetic fields [J]. SME-AIME Preprint, 1983.

[29] WATSON J L, LI Z. The application of magnetic forces to enhance solid-liquid separation in the metals industry [J]. Metal Separation Technologies Beyond 2000: Integrating Novel Chemistry with Processing, 1999: 183-192.

[30] BOXMAG-RAPID LTD. Magnetic hydrocyclone thickner: a new mineral processing tool. Mining Journal, 1983.

[31] FREEMAN R J, ROWSON N A, VEASEY T J, et al. The development of a magnetic hydrocyclone for processing finely-ground magnetite [J]. Magnetics, IEEE Transactions on, 1994, 30 (6): 4665-4667.

[32] SVOBODA J, CAMPBELL Q P. Magnetic cyclone and method of operating it: 964132 [P]. 1996.

[33] SVOBODA J, COETZEE C, CAMPBELL Q P. Experimental investigation into the application of a magnetic cyclone for dense medium separation [J]. Minerals Engineering, 1998, 11 (6): 501-509.

[34] VATTA L L, KEKANA R, RADEBE B, et al. The effect of magnetic field on the performance

of a dense medium separator [J]. Physical Separation in Science and Engineering, 2003, 12 (3): 167-178.

[35] 李哲, 宋文官. 磁力旋流器在选煤领域中的应用 [C]//中国煤炭学会第四届青年科学技术研讨会本书集, 1996: 50-53.

[36] 李吉泰, 张富平. 磁流体技术在煤炭分选中应用研究 [J]. 江苏煤炭, 2004 (3): 51-52.

[37] 马亭亭, 刘世超, 樊民强. 电磁场对重介质旋流器分选密度的影响 [J]. 选煤技术, 2013 (1): 5-8.

[38] 赵龙. 磁场对重介质旋流器密度场影响的实验研究 [J]. 煤炭技术, 2014 (9): 285-287.

[39] 刘佳, 赵龙. 磁场中旋流器二段分选密度在线调控探究 [J]. 电子测试, 2014 (1): 22-24.

[40] 柴兆赟, 张洋. 磁场作用下重介质旋流器悬浮液密度调控研究 [J]. 洁净煤技术, 2015, 21 (3): 57-59, 68.

[41] ALI-ZADE P, USTUN O, VARDARLI F, et al. Development of an electromagnetic hydrocyclone separator for purification of wastewater [J]. Water and Environment Journal, 2008, 22 (1): 11-16.

[42] 胡琳, 程安运. 磁力液力旋流器在电火花加工工作液处理装置中的应用研究 [J]. 电加工与模具, 2002 (5): 44-46.

[43] 刘世超. 三产品重介质旋流器二段密度在线调控机理研究与初步设计 [D]. 太原: 太原理工大学, 2012.

[44] 刘秉裕, 曾丽. 磁选柱的磁场、上升水流及其对分选过程的影响 [J]. 中国矿业, 1996 (3): 49-53.

[45] 刘秉裕, 朱巨建. 磁选柱的磁场和分选原理 [J]. 矿冶工程, 1997, 17 (2): 31-34.

[46] LIN I J, KNISH-BRAM M, ROSENHOUSE G. The benefication of minerals by magnetic jigging, Part 1. Theoretical aspects [J]. International Journal of Mineral Processing, 1997, 50 (3): 143-159.

[47] LIN I J, KRUSH-BRAM M, ROSENHOUSE G. The benefication of minerals by magnetic jigging: Part 2. Identification of the parameters and verification of the mathematical model for the theoretical analysis of the mineral particles motion in the magnetic jig [J]. International Journal of Mineral Processing, 1998, 54 (1): 29-44.

[48] BIRINCI M, MILLER J D, SARIKAYA M, et al. The effect of an external magnetic field on cationic flotation of quartz from magnetite [J]. Minerals Engineering, 2010, 23 (10): 813-818.

[49] 伍喜庆, 黄志华. 磁力螺旋溜槽及其对细粒磁性物料的回收 [J]. 中南大学学报 (自然科学版), 2007, 38 (6): 1083-1087.

[50] ROSENSWEIG R E, LEE W K, SIEGELL J H. Magnetically stabilized fluidized beds for solids separation by density [J]. Separation Science and Technology, 1987, 22 (1): 25-45.

[51] ZHU Q, LI H. Study on magnetic fluidization of group C powders [J]. Powder Technology, 1996, 86 (2): 179-185.

[52] FAN M M, LUO Z F, ZHAO Y M, et al. Effects of magnetic field on fluidization properties of magnetic pearls [J]. China Particuology, 2007, 5 (1): 151-155.

[53] FAN M M, CHEN Q R, ZHAO Y M, et al. Fine coal (6-1 mm) separation in magnetically stabilized fluidized beds [J]. International Journal of Mineral Processing, 2001, 63 (4): 225-232.

[54] LUO Z F, ZHAO Y M, CHEN Q R, et al. Separation characteristics for fine coal of the magnetically fluidized bed [J]. Fuel Processing Technology, 2002, 79 (1): 63-69.

[55] LUO Z F, ZHAO Y M, CHEN Q R, et al. Separation lower limit in a magnetically gas-solid two-phase fluidized bed [J]. Fuel Processing Technology, 2004, 85 (2): 173-178.

[56] 宋树磊, 赵跃民, 骆振福, 等. 气固磁场流态化分选细粒煤 [J]. 煤炭学报, 2012, 37 (9): 1586-1590.

[57] AUGUSTO P A, CASTELO-GRANDE T, AUGUSTO P, et al. Supporting theory of a new magnetic separator and classifier. Equations and modeling: Part I -Non-magnetic particles [J]. Current Applied Physics, 2007, 7 (3): 240-246.

[58] AUGUSTO P A, CASTELO-GRANDE T, AUGUSTO P, et al. Supporting theory of a new magnetic separator and classifier. Equations and modeling: Part II -Magnetic particles [J]. Current Applied Physics, 2007, 7 (3): 247-257.

[59] AUGUSTO P A, CASTELO-GRANDE T, AUGUSTO P, et al. Supporting theory of a new magnetic separator and classifier. Limiting conditions: Part I -Non-magnetic particles [J]. Current Applied Physics, 2007, 7 (3): 258-263.

[60] AUGUSTO P A, CASTELO-GRANDE T, AUGUSTO P, et al. Supporting theory of a new magnetic separator and classifier. Limiting conditions: Part II -Magnetic particles [J]. Current Applied Physics, 2007, 7 (3): 264-273.

[61] TOOCO, PARKER M R, GERBER R, et al. Optimization of matrix in HGMS [J]. J Phys Dapplphys., 1986 (19): 11-14.

[62] 孙仲元. 磁选理论及应用 [M]. 长沙: 中南大学出版社, 2009.

[63] 卢东方, 王毓华, 何平波, 等. 旋流高梯度磁选机的原理及分选性能预测 [J]. 中南大学学报, 2014 (1): 1-8.